高等学校地图学与地理信息系统系列教材

地图制图学基础

Basic Cartography

李丹 刘妍 倪春迪 王雷 赵晓明 编著

王文福 主审

武汉大学出版社

图书在版编目(CIP)数据

地图制图学基础/李丹等编著.—武汉:武汉大学出版社,2021.7(2024.8 重印)

高等学校地图学与地理信息系统系列教材
ISBN 978-7-307-22373-8

Ⅰ.地… Ⅱ.李… Ⅲ.地图制图学—高等学校—教材 Ⅳ.P282

中国版本图书馆 CIP 数据核字(2021)第 102903 号

责任编辑:胡 艳 责任校对:汪欣怡 版式设计:马 佳

出版发行:**武汉大学出版社** (430072 武昌 珞珈山)
(电子邮箱:cbs22@whu.edu.cn 网址:www.wdp.com.cn)
印刷:武汉图物印刷有限公司
开本:787×1092 1/16 印张:21 字数:511 千字 插页:1
版次:2021 年 7 月第 1 版 2024 年 8 月第 3 次印刷
ISBN 978-7-307-22373-8 定价:45.00 元

前　言

地图学是地理学的第二语言,地图制图学是地理信息科学、测绘工程等专业的核心课程,也是土地资源规划与管理、旅游资源规划与管理等相关专业的必修课程,其应用范围非常广泛。在现代测绘技术飞速发展的今天,地图制图学作为 3S 技术和数字地球的基础和展示平台,其地位越来越重要。它既是一门综合性学科,又是一门技术性很强的应用性学科。因此,无论在过去还是今天,地图制图学都在各相关专业的课程体系中占居不可替代的地位。近年来,随着信息技术的不断发展,地图的大众化时代已经到来,地图在越来越多的领域应用,越来越多的人离不开地图。

为了适应教学改革不断深入发展的需要,更好地突出地图制图学专业基础课的特点,反映地图制图学的各项新成果,培养学生结合专业知识解决复杂测绘地理信息工程问题的能力,在认真回顾与总结近年来国内外地图制图学发展,以及众多地图制图学教材编写经验和地图制图学的教学规律的基础上,编写了这本教材。

本教材的特点和试图努力的方向是:

1. 站在地图制图学发展的新高度,详细介绍地图学领域的新理论、新概念、新技术、新方法,培养学生运用新理论、新方法解决实际问题的能力。

2. 重新组织传统的教学内容。传统教材中有许多内容现在仍然是不可缺少的,不少传统、经典的知识是现代地图知识的基础。同时,随着现代技术的不断发展,需要注入新的思想,以新的理论作为指导,采用新的技术与方法,形成新的概念。本教材重新组织教学内容,整合传统知识,新增了现代地图制图学的前沿内容。

3. 把握好教材在培养应用型人才中的作用。作为专业核心课教材,需要体现应用型人才培养的核心内容。在内容组织上,本教材注重对学生应用能力的培养,通过地图学课程的改革,来满足进一步深化、整合、构建新一代测绘人学科素质与能力的需要。

4. 结合工程教育专业认证标准,教材编写突出"以学生为中心"的理念,按照课程大纲编写教材内容,满足教材对课程内容的支撑,进而达到毕业要求,实现培养目标。

5. 在编写过程中,深入挖掘课程思政元素,在每一章后增加了"课程思政园地",可以供相关教师在教学中融入课程思政,提高学生职业素养。

本书的作者由黑龙江工程学院从事地图制图学教学科研的教师组成,经过十余年的一线教学经验总结,结合实际科研项目,本教材既有教学经验的沉淀,又有科研成果的积累,结合工程实际,满足应用型人才培养的需求。

本教材的第三章、第六章由李丹老师编写;第四章由刘妍老师编写;第二章、第八章由倪春迪老师编写;第七章、第九章由王雷老师编写;第一章、第五章由赵晓明老师编写。全书由李丹老师统稿,由王文福老师担任本教材的主审。

本书是国家级新工科项目"面向新工科的工程实践教育体系与实践平台构建"的研究

成果之一,同时是国家级一流专业建设点"测绘工程"专业的建设内容,本书的编写得到上述项目的支持。同时,本书的编写参阅了大量地图学著作、期刊和网络资料,由于篇幅所限未一一注明,请有关作者见谅,在此衷心感谢!

本书是编者在多年教学实践基础上的一次全新的探索和尝试,由于编者水平有限,书中难免存在不足之处,敬请广大读者批评指正。

编者

2021 年 4 月

目　　录

第一篇　地图概述

第三篇　地图设计与编制

第一篇　地图概述

第1章　地图与地图学

1.1　地图的概念

地图的概念经历了一个比较复杂的认识过程，因为地图的概念总是随时代的发展而变化的。

地图是先于文字形成的用图解语言表达事物的工具。过去，人们曾称地图是"地球表面在平面上的缩写"，或称为"地球在平面上的缩影"。这个概念简单粗浅，虽易为一般人所理解，但很不确切、不全面，因为这一概念也同样适合于一张地面照片、航摄像片或卫星像片，亦适合于风景画等，所以这一概念不能充分表达地图所具有的特性。

随着人们对地图实质的深入理解，地图的特性日趋凸显。这些特性宣示了"地图"的内涵，彰显了地图与其他事物的区别。基于地图特性上的研究，使地图概念更趋科学。

有关地图概念的讨论，国内外学者有着许多不同的见解。这反映了在科学与技术不同发展阶段，或者从不同的理论视角对"地图"所包含深刻内涵的认识差异。在《多种语言制图技术词典》中，地图的概念是："地球或天体表面上，经选择的资料或抽象的特征和它们的关系，有规则按比例在平面介质上的描写。"国际地图学协会（International Cartographic Association，ICA）地图学概念和地图学概念工作组的负责人博德（Board）和韦斯（Weiss）博士给出的概念是："地图是地理现实世界的表现或抽象，以视觉的、数字的或触觉的方式表现地理信息的工具。"美国地图学家罗宾逊（A. H. Robinson）认为，"地图是周围环境的图形表达"。还有些外国学者提出，"地图是空间信息的图形表达"，"地图是反映自然和社会现象的形象符号模型"，"地图是信息传输的通道"，"地图是空间信息的抽象模型（符号化模型）"，等等。

多年来，我国地图学界对"地图"比较通用的概念是："根据一定的数学法则，运用制图综合的方法，以专门的图式符号系统把地球表面的自然现象和社会经济现象缩绘在平面上的图形，称为地图。"近年来，我国也有地图学者在讨论了地图的现代理论和生产技术特征之后，指出，"地图必须有一个可度量的、精确的数学基础；把按一定比例缩小的地球表面的图形、数据和现象表示在一个平面上；这种缩小和表示都是经过了选择、简化的过程，并转换成了符号"。他们定义："地图是用符号表示的地面的概括化了的图形，它必须经过数学变换来建立在平面上，地图作为人们认识和研究客观存在的结果，可以反映各种自然、社会现象的空间分布，也可当作人们认识和研究客观存在的工具，去获得新知识"。我国还有学者提出："地图是根据一定的数学法则，将地球（或其他星球）上的自然和社会现象，通过制图综合所形成的信息，运用符号系统缩绘到平面上的图形，以传递它们的数量和质量，在时间上和空间上的分布和发展变化。"运用构成地图数学基础的数学

3

法则、构成地图可视化基础的符号法则和构成地图内容地理基础的综合法则，将地球表面缩绘到平面上的表象，反映了各种自然和社会现象的空间分布、组合、联系及其在时空中的变化和发展。构成地图数学基础的数学法则，是任何类型的地图都不可能缺少的。构成地图内容地理基础的综合法则，从广义上讲，包括符号系统和制图综合，符号化是地面物体和现象抽象化表示，制图综合则是地图内容的选取、简化和概括。因为使用符号就意味着综合，所以我们把符号系统和制图综合统称为综合法则。由于各种自然和社会现象在地图上的符号化表示都是精确定位的，所以，地图上的符号相应地反映各种自然和现象的空间分布特征，地图上符号的组合反映实地上各种自然和社会现象的组合（区域）特征，地图上各种符号之间的关系反映实地各种自然和社会现象之间的联系。同一地区不同时间的时间序列地图当然能反映各种自然和社会现象随时间的变化和发展，这是容易理解的；就是在一个时间的一幅地图上，也可以用统计曲线图的形式表示某种自然和社会现象随时间的变化和发展。

显然，上述地图概念中所说的"地图"，是用符号表示制图对象的。在对地图有了这样一个基本的认识后，还应该看到可能使人们的认识进一步深化的某些因素。因为随着人类社会实践的深化和科学技术的发展，地图的内容和形式已经发生了许多变化。例如，在纸介质上用符号表示制图对象已不再是地图的唯一形式，还有数字形式、电子地图形式和多媒体电子地图形式等，这就是前面所说的地图表现形式的多样化特征；地图制图不再是凭经验，已经进入模型制图时代，特别是数学模型的应用极大地提高了地图的科学性，这就是如前所述的地图作为客观世界模型的特征；地图不再只是二维的、静态的，还可以表示多维、动态信息，这就是前述的地图的多维动态特征，等等。这些都将使人们对地图有更进一步的认识。

目前被我国地图学界普遍接受的定义是：地图是地理现实世界的表现或抽象，以视觉的、数字的或触觉的方式表现地理信息的工具。地图研究的对象是地理现实世界，这就突破了地球和星球的界限。地图是信息的载体、信息源以及信息传递的工具。地图应用了科学的抽象，是从大量的现象以及各要素之间的联系中进行归纳，可以演绎出各现象以及要素间相互作用和发展变化的科学规律，创造出新的信息。简言之，地图是地学信息的图示。

1.2 地图的特征

1.2.1 可量测性

地图由于采用特殊的数学法则，因此具有可量测性。

地面像片和风景画都是建立在透视投影的基础上的，随观测者位置的不同，物体的大小会产生比例上的变化，即所谓"近大远小"的透视关系，这种关系显然不符合可量测性的要求，航空像片由于航拍飞机飞行高度不大，其影像是一种中心投影，加上地面起伏和飞行上的原因，同样不能保证所描绘的范围内各处的比例尺一致。它虽比透视投影精度增高许多，但仍然不能精确地确定地面物体和现象的相应位置，不可能按同样的精度和详细程度反映地面物体和现象，当然就更谈不上严密的定向方法。

地球的自然表面是一个三维空间极不规则的曲面，有高出海面8848.86m的珠穆朗玛峰，深达水下11034m的马里亚纳海沟，因此是个不可展开的曲面；而地图却是个具有二度空间的平面，要将球面转为平面，不破裂、不重叠是不可能的。绘制地图时，首先必须将地球表面换算到近似该面的旋转椭球体上，即将地球自然表面上的点沿垂直方向投影到地球椭球面上来，这种椭球是经过复杂的天文大地测量而获得的接近地球体的、能用数学方法表达的旋转椭球。这项工作由测量工作者来完成。然后，再将投影到椭球面上的点运用数学方法投影到某种可展面(圆柱面、圆锥面、平面等)上。经过这两步，就将地面上的点投影到平面上了。

1.2.2　直观性

地图由于采用了专门符号表示地理事物，因此具有直观性。

地图上表示的图形不是地面物体形象的简单缩小，而是通过使用地图语言系统，包括符号、色彩、文字等来实现的。如图1-1、图1-2所示。

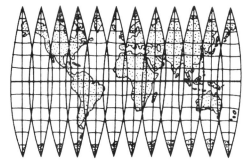

图 1-1　球面展开为平面的破裂与重叠

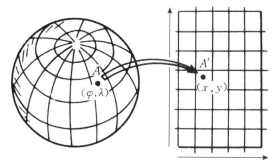

图 1-2　球面上的点向平面转移

使用地图语言表示地理实体，比语言、文字等更直观。它与风景画和像片截然不同。风景画虽经过画家对内容进行选择和再加工，但终究是"见物绘物"而无地图语言系统，地面照片或航片、像片、卫片虽然也很直观，但它只不过是客观实体的缩影，即使是经过纠正镶嵌的平面图，尽管有了投影，也仍不能称之为地图，因为它同样没有使用地图语言来显示。

使用地图符号表示地理事物主要有以下优点：

(1)大大简化了物体的图形。地面的物体往往具有复杂的轮廓和外貌，使用了地图符号是对地面物体的抽象和概括，即把它们分类、分级并分别给予相应的标记，这样就可以使地面各种物体的图形大大简化。不管地图的比例尺怎样缩小，仍可以具有清晰的图形。

(2)能根据需要显示那些小而重要的物体。实地上有些物体，如控制点、烟囱、路标等，它们的形体虽小，却在某一方面有重要意义。这些物体在航空像片上不容易辨认，甚至完全没有影像，而地图上则可以根据相关规定设计相应的符号，使这些物体显示出来。

(3)能显示出相互重叠的物体和现象。像片上受遮盖的物体是无法辨认的，使用了符号的地图就不受这种限制。例如，用必要的注记表示地貌，可以不受森林遮盖的影响，正确地表示其坡向、高程和高差等立体特征。

(4)能显示事物的质量特征。地图上可以通过符号表示出许多事物的质量特征。例如，湖水的性质、温度、深度，房屋的坚固程度、路面材料、桥梁的载重、河水流速等，这些内容在航空像片上是不可能显示的。

(5)能显示出不能直接看到的自然和社会现象。有些自然和社会现象，如磁差线、经纬线、等温线、降雨量、居民地的人口数、工业产值等都是无形的现象，通过地图符号才能显示出来。

综上所述，使用地图语言再现了客观实体，使地图具有很强的直观易读性。图上不仅能表示大的物体，而且还可以表示小而重要的物体；不仅能表示质的特征，还可以表示量的大小。地图成为一个客观实体的模型，让人一目了然。它既是人们认识客观存在的结果，同时又成为人们研究、认识客观世界的不可缺少的工具，扩大了人们的视野，使人们直观地看到广大区域的空间关系，这一点是任何文字语言所无法替代的。

1.2.3 一览性

由于制作过程中采用了制图综合手段，因此地图具有一览性。

地面的事物是错综复杂的，要想在地图上全部毫无遗漏地表现出来，在任何情况下都是不可能的。用归纳的方法对实地事物进行分类和分级，对性质和大小相近的事物，不顾及它们的差别而赋予同样的符号，这就是所谓第一次抽象。随着地图比例尺的缩小，地图面积迅速缩小，可能表达在地图上的物体的数量也必须相应地减少，这就要求去掉那些次要的物体，表示出主要的物体，即进行"选取"；同类物体也要求减少它们的等级，简化轮廓的碎部，从而使地图表示的事物更具有典型性和代表性，这就是"概括"。选取和概括组成制图综合完整的概念。

由于实施了制图综合，使地图上表示的事物不是对地面简单的缩小，而是经过了科学加工，使之主次分明，确切地表示出各要素之间的相互联系，更容易理解事物的本质和规律，这就是所谓的第二次抽象，使地图具有了航空像片所不及的一览性。

一般说来，比例尺较小的地图，内容要简略一些，因为地图的载负量有一定的限度。当然，地图的用途和地区的情况，对地图繁简内容也有决定作用。

总之，地图内容要根据一定的要求，经过选择，舍去次要的，突出主要的，同时概括出基本特征。

1.2.4 记载性

地图是地理信息的载体，因此地图具有记载性。

地图容纳和贮存了数量巨大的信息，它们来自客观实体。这些地图信息不仅能被积累、复制、组合、传递，还能被使用者根据自身的需要加以理解、提取及应用。由于地图种类增多、应用广泛，使地图可以记载事物的发展变化，并成为重要的科学依据。例如，在不同时期的地图上，可以显示出海岸线位置的变化、河流从幼年到老年期的变化、居民地名称和行政意义的变化、各种历史事件的变迁及其发展变化过程等。正是由于地图具有的独特的科学性，使地图成为具有重要意义的法律文件。

地图作为信息的载体，可以是传统概念上的纸质地图、实体模型，可以是各种可视化的屏幕影像、声像地图，也可以是触觉地图。

随着现代科学技术的发展，地图已经发生了一系列变化：

（1）地图不再把用地图符号表示事物作为唯一的方法，而可用影像甚至数字的形式来存储和表示地图。比如，数字地图就不是用图形的形式，而是用数字形式来表示，便于计算机识别和记录。

（2）地图正在由"纸质"地图向"无纸"地图转变。目前主要的新型地图有电子地图、数字地图、声控地图、激光地图、光栅地图、计算全息地图等。现在的地图不仅可以印制在纸张、织物、聚酯薄膜和缩微胶卷上，还能进行屏幕显示。显示在屏幕上的地图，具有瞬时变化的性质，它是另一种形式的地图，有人称之为"临时地图"，这种形式的地图使地图信息用计算机数字显示得到了充分的发展，这种地图可以包含常规地图的全部信息内容。随着地图信息的计算机处理和屏幕显示的发展，有人提出了"实的地图"和"虚的地图"概念。实地图（real map），是指具有直接能看到的地图图形，并且有固定形式的地图实体的任何地图产品。至于它是由机械的、电子的方法所产生的，还是由人工方法所产生的，并没有多大关系。虚地图（visual map）有三种类型：①具有直接能看到地图影像，但它是一种瞬变的实体，例如显示在屏幕上的地图；②具有一定的形式，但不能直接看到地图影像，一般这类地图形式都要进一步处理成为能看得见的地图，即能在硬拷贝介质上出现的形式，如地面模型的全息照相、激光磁盘数据、立体影像等；③具有前面两种类型的特点，而且很容易被转换成实的地图，这种形式的地图易被计算机转换成实的地图，如存储在磁带或磁盘上的数字化地图、数字地图模型等。国外有的学者认为现在的地图都是静态的，其中包括了较多的与主题无关的内容，用起来有困难。他们提出，未来的地图应使用图者除了在一定距离内看得到外，还应根据用图者的目的，以图形的形式放映在屏幕上，而且可以将与用图者主题有关的内容用声音跟踪方法播放出来，成为"讲话地图"。这些都说明了新型地图的发展正逐步突破原有的旧模式。

（3）地图不再单纯地描绘地球表面。由于航天技术的发展，地图描绘的对象从地球扩展到其他星球。在传统概念中，地图表示的对象是地球。但宇航技术的发展，使人们的认识范围从地球表面扩展到宇宙空间。现在已经有月球地形图、月球地质图、火星一览图等。

（4）更加强调制图对象的空间联系和随时间的变化。地图上日益加强数量指标和数学分析方法的应用，特别是计算机技术的飞速发展，使得这种分析更加深入，可以演绎出空间事物的内在规律，从而说明它们之间的联系。而且在机器的存储中，人们将可以得到关于制图物体的空间分布、组合、联系等方面随时间变化的信息。

1.3　地图的分类

随着经济建设和科学教育的发展，编制和应用地图的部门和学科越来越多，地图类型与品种也日益增多。为了便于了解和分析所有地图的种类，需要将地图按照地图比例尺、制图区域范围、地图功能、地图内容、地图用途、地图形式、地图图形等几个方面进行归并和区分，也就是从不同的角度对地图进行分类。

1.3.1　按比例尺分类

地图比例尺的大小决定地图内容表示详细程度，一幅地图包括的制图范围以及地图量测的精度。目前，我国把地图比例尺划分为以下几类：

1.3.1.1 按比例尺划分

按前面比例尺的划分规格可将普通地图划分为大、中、小比例尺地图。由于小比例尺普通地图上反映的是一个较大的区域中地理事物的基本轮廓及其分布规律，故又称其为地理图或一览图。中比例尺的普通地图介于详细表示各种地理要素的大比例尺地图和概略表示地理特征的地理图之间，称为地形地理图或地形一览图。按照这样的逻辑，大比例尺普通地图自然应当是地形图。这是一般的说法。然而，在我国对地形图赋予了特殊的含义：它们是按照国家制定的统一规格、用指定的方法测制或根据可靠的资料编制的详细表达普通地理要素的地图。

（1）大比例尺地图：是指比例尺大于和等于1∶10万的地图，如1∶10万、1∶5万、1∶2.5万、1∶1万、1∶5000等。它详尽而精确地表示地面的地形和地物或某种专题要素。它往往是在实测或实地调查的基础上编制而成的。作为城市、县乡规划和专业详细调查使用，可进行图上量算或者作为编制中小比例尺地图的基础资料。

（2）中比例尺地图：是指比例尺小于1∶10万、大于1∶100万的地图，如1∶25万、1∶50万等。它表示的内容比较简要，由大比例尺地图或根据卫星图像经过地图概括编制而成，可供全国性部门和省级机关作总体规划、专用普查使用。

（3）小比例尺地图：是指1∶100万和更小比例尺的地图，如1∶100万、1∶150万、1∶250万、1∶400万、1∶600万、1∶1000万、1∶2000万等。它随着比例尺的缩小，内容概括程度增大，几何精度相对降低，用以表示制图区域的总体特点以及地理分布规律的区域差异等，主要用在一般参考及科学普及等方面。

1.3.1.2 国家基本比例尺地图

在我国，1∶500、1∶1000、1∶2000、1∶5000、1∶1万、1∶2.5万、1∶5万、1∶10万、1∶25万（原来是1∶20万）、1∶50万和1∶100万共11种比例尺的普通地图，都是由指定的国家机构和其他公共事业部门按照统一规格测制或编制的。

1.3.2 按内容（主题）分类

地图按内容（主题）分为普通地图和专题地图两大类。

1.3.2.1 普通地图

普通地图是指以相对平衡的程度表示地表最基本的自然和人文现象的地图。它以水系、居民地、交通网、地貌、土质植被、境界和各种独立目标为制图对象，随着地图比例尺的变化，其内容的详细程度有很大的差别。

普通地图又可以按不同的标志进行划分。按比例尺、内容的概括程度，区域及图幅的划分状况等，普通地图可进一步分为地形图和地理图。地形图通常是指按照一定比例尺和统一的数学基础、图式图例、统一的测量和编图规范要求，经过实地测绘或根据遥感资料，将地面上的地物和地貌按水平投影的方法（沿铅垂线方向投影到水平面上），缩绘到图纸上的地图。地理图是指概括程度比较高，以反映要素基本分布规律为主的一种普通地图。地貌多以等高线加分层设色表示；地物概括程度较高，多以抽象符号表示。

1.3.2.2 专题地图

专题地图是指根据专业的需要，突出反映一种或几种主题要素的地图，其中作为主题的要素表示得很详细，其他的要素则围绕表达主题的需要，作为地理基础概略表示。主题要素可以是普通地图上固有的内容，但更多是普通地图上没有而属于专业部门特殊需要的内容，如人口、工业产值、交通运输、气候、水文等。

专题地图按内容分为以下三大类：

(1)自然地图，是以自然要素为主题的地图。根据其表达的具体内容可分为地质图、地貌图、地势图、地球物理图、气象图、水文图、土壤图、植被图、动物地理图、景观地图等。

(2)人文地图，是以人文要素为主题的地图。根据其表达的具体内容可分为政区图、人口图、经济图、文化图、历史图、商业地图等。

(3)其他专题地图，是指不能归属于上述类型的为特定需要编制的地图，如航空图、航海图、城市地图等，它们既包含自然要素，也包含人文要素，是用途很专一的地图。

关于地图按主题(内容)分类，还有几种观点需要提及。有的主张增加另一类地图，即工程技术图，包括工程勘测图、规划设计图、土地利用图、工程施工图、海洋和内河航行图、航空图、宇航图等。不过，此时地图分类的标志已不只是地图主题(内容)，而多少趋向于按地图用途分类了，这就破坏了地图分类的逻辑原则。

也有观点认为，在地图按主题(内容)分类时，应区分出"边缘作品"，即属于普通地图和专题地图之间的一类地图，如交通图等。这些地图一般都有专门性的名称，有确定的主题，但是它们在内容及其表示方法上和普通地图却很少有重大的差别。地图的这种区分，揭示了其过渡性的特点，对认识地图的性质和规律、发展新的地图品种具有一定意义。但是，从地图分类的角度看，它们仍可明确地属于普通地图或属于专题地图，因此没有必要单独区分出来。

还有观点建议，区分出一种中间类型的地图，即自然和经济地图，综合反映自然和社会经济现象。实际上确实存在这类地图，但是作为一种分类方法，会给地图分类的实际工作带来困难。例如，地质图属于自然现象地图，但是矿产图有时却具有工业资源的特征，显然属于经济地图，因此可以划归社会经济地图。所以，也没有必要再区分出中间类型的地图，因为几乎所有的社会经济地图都表示这种或那种自然要素，特别是水系要素。

1.3.3　按制图区域分类

地图按制图区域分类时，可以按自然区和行政区两方面划分。

按自然区域，可划分为世界地图、半球地图(东半球、西半球地图)、大陆地图(如亚洲地图、欧洲地图)、大洋地图(如太平洋地图、大西洋地图)，还有自然区域地图是以高原、平原、盆地、流域等为范围，如青藏高原地图、黄淮平原地图、四川盆地地图、黄河流域地图，等等。

按政治行政区域，可划分为国家地图、省(市、区)地图、市图、县图等；还可以按经济区划或其他标志来区分，如淮海经济开发区、苏南、苏北地区等。

1.3.4　按用途分类

地图按用途可分为通用地图和专用地图。

通用地图是指为广大读者提供科学或一般参考的地图，如地形图、中华人民共和国地图等。

专用地图是指为各种专门用途制作的地图，它们是各种各样的专题地图，如航海图、水利图、旅游图等。

1.3.5　按使用方式分类

地图按使用方式可分为以下几类：

(1)智能地图：融合了 5G、AI、IoT、无人车等新技术，以高精地图为例，在 5G 时代，自动驾驶、智能交通、智能车联等应用爆发，地图发展进入了又一轮爆发阶段。

(2)互联网地图：该应用最初为 Android 版本，随后又推出了 iPhone、iPod Touch 和 iPad 版本，应用能显示互联网服务提供商(ISP)、互联网交换节点，以及协助路由网络流量的组织，如百度地图、高德地图、GOOGLE 地图等。

(3)电子地图：以计算机、手机或其他电子设备屏幕显示的地图，如多媒体电子地图、互联网地图和真三维地图等。

(4)挂图：挂在墙上使用的地图，其中，挂图又有近距离阅读的一般挂图和远距离阅读的教学挂图。

(5)袖珍地图：通常包括小的图册或便于折叠的丝绸质地图，以及折叠得很小巧的旅游地图等。

(6)桌面用图：放在桌面上使用，能在明视距离阅读的地图，如地形图、地图集等。

(7)野外用图：经常在野外使用的防雨水、耐折叠的地图，如丝绸地图及其他在特殊纸张上印刷的地图。

1.3.6　按维数分类

地图按维数可分为以下几类：

(1)2 维地图：一般的平面地图。

(2)2.5 维地图：一般的立体地图，如立体模型地图、塑料压膜立体地图、光栅立体地图、互补色立体地图等。

(3)3 维地图：真正的三维立体显示，能在任意方向和角度显示三维图像，在三维地图基础上利用虚拟现实技术，形成"可进入"地图，使用者有身临其境的感觉。

(4)4 维地图：除三维立体以外，再增加一维属性值(一般是时间维)的地图。利用四维地图可分析并预报水灾、暴风雨、地震等。

1.3.7　按其他标志分类

(1)按综合程度划分：可分为单幅综合地图、综合系列地图与综合地图集。

(2)按地图图型划分：地图图型是以不同表示方法和手段表示地图科学内容的地图基本类型。每种图型可能表示一项或多项内容，也可能采用一种表示方法或多种表示方法的组合。其中：

①分布图是表示制图对象分布位置或分布区域范围的一种图型；

②类型图是表示制图对象质量特征的类型划分及其地理分布的图型；

③区划图是根据自然或社会经济现象在地域上总体和部分之间的差异性与相似性，划分不同区域的图型；

④等值线图是用一组相等数值点的连线，表示连续分布且逐渐变化现象的数量特征的图型；

⑤点值图是用大小与形状相同且代表一定数值的点子，表示分散分布现象的分布范围、数量和密度的图型；

⑥动线地图是采用不同宽度与长度的箭形符号，表示制图对象的运动方向、路线、质量、数量和结构等特征的图型；

⑦统计地图是运用统计数据，以图形与图表形式，表示统计单元之内制图对象数量特征的图型；

⑧网格地图是以网格为单元，表示制图对象质量或数量特征空间分布的图型。

(3)按语言种类划分：可分为汉语地图、各少数民族地图、外文地图。

(4)按历史年代划分：可分为古地图、历史地图，近代地图、现代地图。

(5)按感受方式划分：可分为视觉地图(线划地图、影像地图、屏幕地图)，触觉地图(盲人地图)，多感觉地图(多媒体地图、多维动态地图、虚拟现实环境)等。

(6)按印刷色数划分：可分为单色图、多色图、黑白图、彩色图。

(7)按出版形式划分：可分为印刷版、电子版、网络版。

(8)按数模性质划分：可分为模拟地图(实物图、屏幕图)与数字地图(矢量图、栅格图)。

(9)按时间状态划分：可分为静态地图和动态地图(动画图、交互图、虚拟现实环境)。

地图分类标志很多，分类角度各异，它们又相互交叉，一种地图既可以按这种标志划分，也可以按另一种标志划分。

1.4　地图学

1.4.1　地图学发展史

1.4.1.1　国外地图学的发展历史

1. 国外古代地图学发展回顾

在国外，已经发现的最古老的原始地图是在古巴比伦遗址北 320km 的加苏古城发掘出来的巴比伦地图，迄今已有 4500 余年的历史。它是一块手掌大小的陶片，绘有山脉、流入海洋的河流、巴比伦城及其他三个城市，反映出人们当时对世界的认识仅仅局限于他们所居住的范围，如图 1-3(a)所示。图 1-3(b)所示是古埃及绘制在芦苇草上的金矿图(前3200 年)，描绘了古埃及的金矿情形。公元前 6—前 4 世纪，古希腊人埃拉托色尼(Eratosthenes，前 276—前 195 年)在他的地理学著作内所附的世界地图，不仅包括的地域范围大，而且最早测量了地球的曲率、周长，并在地图上绘制了经纬线，还以"毛毛虫"来表示山脉。87—150 年，希腊天文学家和地图学家托勒密（Ptolemy）首先采用简单圆锥投影方法绘制世界地图，采用了天文点测量的成果，绘图时注意到方位，有了投影概念，在地图上绘有经纬线网，所包括的地域范围广大，他所写的由 8 部地理学著作组成的《地理学指南》，对当时已知的地球各部分作了较详细的叙述，其中有包括对 8000 个点的经纬度的说明。《地理学指南》还附有 27 幅地图，是世界上最早的地图集雏形。托勒密还提出编制地图的方法，同时他还创造了世界地图的两种新的地图投影：球面投影和普通圆锥投影，并用普通圆锥投影绘制了世界地图。该图在西方古代地图史上具有划时代的意义，一直被使用到 16 世纪。如图 1-4（a）所示。

 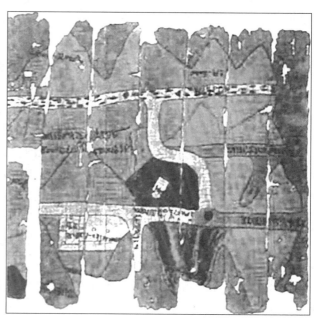

（a）陶片上的巴比伦地图　　　　　　　（b）古埃及绘在苇草上的金矿图

图 1-3　原始地图到古代地图

但是到了中世纪，由于宗教占统治地位，地球球形的概念遭到排斥，地图不再是反映地球地理知识的表达形式，而成为神学著作中的插图。这类地图几乎千篇一律，把世界绘成一个圆盘，把耶路撒冷画在圆的中心，圆的南部画一横，两半分别为尼罗河和顿河，中间一竖为地中海，构成"丁"字形水体，分隔为欧、亚、非三个大陆。这种地图既无经纬网格，又无比例尺，完全失去了科学和实用的价值。中世纪是地图史上一个大倒退时期。

15 世纪至 16 世纪是西欧的文艺复兴、工业革命和地理大发现时期，地图科学这时也同样得到大发展。由于航海的需要，对大区域的地图有了要求，出现了科学的世界地图。如 16 世纪荷兰地图学家墨卡托（Mercator，1512—1594 年）绘制了第一张世界地图，创造了等角正轴圆柱投影，这是从北极的角度俯视绘制而成。这对当时的航海帮助很大，其投影至今仍为航海图和航空图所采用，如图 1-4（b）所示。

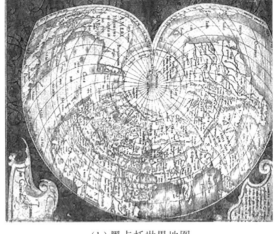

(a)托勒密编制的世界地图 (b)墨卡托世界地图

图1-4　历史上国外有影响的世界地图

17 世纪以来，随着英、法、德、美等国家资本主义的发展，对地图的精度要求提高，过去的概略地图已不能满足需要，越来越需要精确、详细的更大比例尺的地图，而编制大比例尺的地图必须借助于仪器，在实地进行角度、距离、高差的测量。当时罗盘、望远镜、象限仪、水银气压计、平板仪等仪器的发明，使测绘精度大为提高，特别是三角测量成为大地测量的基本方法，为大比例尺地形图奠定了基础。后来，又出现了晕渲表示地形的方法，尤其是发明了等高线表示地形的方法，从此许多国家开始系统测制主要以军事为目的的大比例尺地形图。

2. 国外近代地图学发展

1891 年在瑞士伯尔尼召开的第五届国际地理学大会上，讨论和通过了编制国际百万分之一地图的决议，并在 1909 年 11 月在伦敦召开了百万分之一地图国际会议上，通过了百万分之一地图的基本章程。1913 年又在巴黎召开了第二次讨论百万分之一地图编制方法和基本规格的专门会议，进一步确定了该地图的投影、分幅、统一编号以及地图整饰要求等具体规范，这对后来各国百万分之一地图的编制起到了积极的推动作用。

从 19 世纪开始，由于自然科学的进一步分工与深化，普通地图已不能满足有关学科发展的需要，从而产生了表示有关专门要素和现象的专题地图。特别是随着地学和生物学等学科的发展，地理、地质、生物、海洋考察的加强和气象、水文定位观测资料的积累，陆续产生了地质、气候、水文、地貌、土壤、植被等专题地图。例如，德国伯格豪斯编制出版的《自然地图集》，包括气象、水文、地质、地磁、植物、动物、人种、民族等 8 个部分共 90 幅专题地图；巴康和海尔巴特森根据世界 29000 个气象台站长期观测记录资料编制了巴特罗姆气候地图集；俄国道库恰耶夫编制了北半球土壤图与俄国欧洲部分土壤图等，这都对当时专题地图的发展起了很大的推动作用。

3. 国外现代地图学发展情况

20 世纪初，飞机出现，并很快成功研制出航空摄影机和立体测图仪，从此地图的测绘开始采用航空摄影测量方法。黑白航空像片成了专题地图制图的重要资料来源。照相平版彩色胶印技术的应用，使地图的科学内容、表现形式和印刷质量都提高到一个新的水平。

由于普遍采用了航空摄影测量方法，许多国家都在20世纪40—50年代较短时期内完成了各种比例尺地形图的测绘或更新。同时，根据资源的合理开发与利用和经济与社会的进一步发展的需求，特别在第二次世界大战以后，各国为了迅速恢复和加快经济建设，都加强了地质与矿产、土地、森林、生物、气候与水资源，以及煤炭、石油等能源的勘探和调查，编制了相关的专题地图。1937年苏联编制出版的《苏联世界大地图集》第一卷系统地反映了世界自然、经济的全面概况和苏联的总貌，当时在国际上得到很高的评价，被誉为是一部"地理大百科全书"，荣获国际地理联合会的金质奖章。

20世纪50—70年代，一些发达国家相继编制了世界地图集。在国际上产生影响较大的有：英国的《泰晤士世界地图集》、德国的《施蒂勒地图集》、意大利的《旅行俱乐部国际大地图集》、美国的《古特世界地图集》，这些地图集反映了地图科学与技术的进步。与此同时，英国、法国、德国、瑞典、比利时、荷兰、匈牙利、波兰、瑞士、印度、日本、加拿大和美国等国家出版了一大批国家地图集，全面系统地反映了各个国家的自然、人口、经济、文化、历史等概况，对于促进国际地图学学术交流和促进地图学科技术的进步起到了重要作用。在此期间，新的制图支撑技术也在日新月异地发展，如20世纪50年代航空遥感方法推动了地质、林业、土壤、植被等各部门专题制图的发展，60年代开始地图制图自动化的研究实验，70年代初步实现地形图、地籍图的数字测图与专题地图自动化编绘，所有这些成果推动了地图制图技术的重大突破。

20世纪70年代以来，随着航天遥感技术的发展，大大推动了地学、生物学、环境科学和空间科学的发展，并为专题制图提供了全球范围的极其丰富的信息源；80年代计算机制图的全面发展，逐渐改变了传统的地图制作方法；90年代形成计算机制图与自动出版一体化的生产体系，电子地图集与地图集信息系统迅速在各国推广，从而实现了从传统的手工制图到计算机自动化制图与制版的根本转变。与此同时，一些国家推出了计算机出版生产出版系统软件，比较有名的如美国的"Intergraph地图出版生产系统"、比利时的"BARCO Graphics电子地图出版生产系统"等。在此期间，随着遥感技术的高速发展及图像处理技术的日臻完善，为各种专题地图提供了最有效的、最快速的获取信息手段，并形成了地图学—遥感—地理信息系统一体化的研究体系。

此外，还形成了地图学新的理论，主要有地图信息论、地图传输论、地图模式论、地图认知论、地图感受论等。近年来，国际上对科学计算可视化、地图自动综合、数字地图及应用、网络地图等前沿问题开展了深入的研究和讨论，并已经取得一定进展。

20世纪后期，科学技术的进步推动了地图学的快速发展。在这一时期，地图信息传输模式、地图符号论、地图信息论、地图感受论等地图核心理论相继产生并发展，地图学理论得到完善。进入21世纪以后，随着信息通信技术的发展，人类社会进入地理空间、人文社会空间和信息空间耦合而成的三元空间，以大数据、云计算、5G网络、虚拟现实、增强现实等为代表的新技术彻底改变了地图学发展的技术背景和条件，大大增强了用户对地图的参与性和交互性，地图制图的目的、主体、客体和应用环境等均发生了深刻变化，地图学开始从科学研究、行业应用等专业领域逐步走向大众化、社会化。新时代背景下，地图学领域的重要特征为：地图制作和应用的门槛大幅度降低，大量非专业的地图爱好者成为地图制作的主力；地图制作的方法也不再受限于经典的地图学理论(如地图投影、地图综合、符号系统)，出现了各种有别于传统地图的新型地图创作方式，地图制作呈现出典型的泛化特征。

1.4.1.2　我国地图学的发展历史

1. 我国古代地图学的历史回顾

在我国，地图的萌芽可追溯到 4000 年前夏代或更早。鼎地图的传说记载于《左传》，由于是"贡金九牧"而铸鼎，且鼎上铸有山川形势、奇物怪兽，故后人称其为《九鼎图》。后在《山海经》中也有绘着山、水与动、植物及矿物的原始地图，如图 1-5 所示。

图 1-5　山海经图

3000 年前西周初期(约公元前 1020 年)，周召公为修建洛邑时绘制的洛邑城址地图，便是我国地图史上第一幅具有实际用途的城市建设地图。由于地图有明确疆域田界的作用，所以从周朝开始，地图就被统治阶级作为封邦建国、管理土地必不可少的工具。

我国考古工作者还在河北省平山县的战国时期中山国都城遗址以西一座大型墓内，发掘出刻在铜版上的"兆域图"(宫堂图)。这是一幅墓地设计平面地图，图上除绘有"宫""堂""门"规则图形外，还有文字与距离数字，并且刻绘得相当精细。该图是公元前 310 年前的作品，是我国现存发现最早的平面地图。

《管子·地图篇》对当时地图的内容和地图在战争中的作用进行了较详细的论述，并明确指出"凡兵主者，要先审之地图"，只有这样才能"行军袭邑，举错知先后，不失地利"。《战国策》记载着荆轲为刺秦王而献督亢地图的故事，因为地图象征着国家主权和疆域土地，献地图就能接近秦王，可见封建统治者对地图的重视程度。

1973 年，长沙马王堆汉墓出土了三幅军事地图，为我们研究汉代军事地图提供了珍贵的实物资料。这三幅地图是地形图、驻军图和城邑图，它们均绘制在帛上，为公元前168 年以前的作品。《地形图》的图幅为 86cm×96cm，彩色普通地图，包括的范围为东经

111°~112°39′，北纬 23°~26°之间，相当于今湖南、广东、广西三省区交接地带，比例尺约为 1∶18 万。地图内容很丰富，包括山脉、河流、聚落、道路等要素，如图 1-6 所示。采用闭合曲线表示山体轮廓及其延伸方向，并绘以高低不等的 9 条柱状符号，以表示九嶷山 9 座不同高度的主要山峰。《驻军图》是一幅高 98cm、宽 78cm，用黑、朱红、田青三色彩绘的军事地图。比例尺约为 1∶10 万，在简化了的地理基础之上，用朱红色突出表示了 9 支驻军的名称、布防位置、防区界线、指挥城堡、军事要塞、烽隧点、防火水池等军事地形要素，与军事驻防有密切联系的居民地、道路亦作为重要要素表示，还记载了居民户数、移民并村的情况。《城邑图》高约 40cm、宽约 45cm，图上绘有城垣范围、城门堡、城墙上的楼阁、城区街道、宫殿建筑等。长沙马王堆汉墓地图的发现，给中外地图学史增添了灿烂一页。它成图时间早、内容丰富，在地图绘制原则的运用、绘制水平、使用价值等方面，都处于当时世界领先地位。

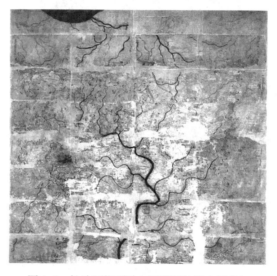

图 1-6　长沙国深平防区地形图(缩小图片)

魏晋时期裴秀(223—271 年)的地图作品《禹贡地域图》及《地形方丈图》，不仅绘有新的郡国、府县的政区划分、居民地的位置，而且把古代的九州、历史上各王朝曾经举行会议的会址、签订条约的地点、古地名皆一一表示在地图上。以此推断，该图具有历史沿革地图的性质。这种古今地名同绘一图的表示方法，对于用图者了解历史及古地名的变迁，无疑大有益处。此外，裴秀还将他总结和创建的制图理论运用于此图。他提出了有名的"制图六体"：分率、准望、道里、高下、方邪、迂直。分率就是比例尺，即确定面积和长宽的比例；准望就是方位，即校正地图各部分之间的相对位置；道里就是距离，即道路的里程；高下，即相对高程；方邪，即地面坡度起伏；迂直，即实地的高低起伏距离与平面图上距离的换算。裴秀还反复阐述了"六体"之间的相互制约关系及其在制图中的重要性。裴秀的制图六体概括了我国古代地图制图的数学基础，标志着我国古代地图学的辉煌成就，奠定了我国地图学的基石。

唐代贾耽(730—805 年)编制了一幅全国地图《海内华夷图》，该图宽三丈、高三丈三尺，是魏晋以来第一大图。在制图方法上吸取了裴秀制图理论的不少优点，如讲究"分率"（一寸折成百里），图上古郡县用黑墨注记，当代郡县用朱红色标明。所以，该图不论从理论发展、绘制技术，还是地图大小、内容的选择和描绘来看，都是西晋以来所没有的，是中国地图学史上的伟大作品。

宋代对地图一向很重视，宋王朝不但要地方按时造送地图，中央政府还专门派人到各地测绘或校正地图。《淳化天下图》是北宋统一不久编绘成的第一幅规模巨大的全国总舆图。该图是根据各地所贡地图400余幅编制而成的。南宋1137年刻于石碑上的《禹迹图》上刻有方格，是目前看到的最早的"计里画方"的地图作品。地图图形更为准确，图上所绘水系，特别是黄河、长江的形状很接近现代地图，是现存最早带有制图网格的地图。

元、明两朝是中国历史上统一时间较长的封建王朝，在地图测绘方面也有长足的进步。元代朱思本绘制的《舆地图》，资料收集广泛，取舍慎重，采用计里画方控制，与先人所绘地图相比有很大进步。但因其图幅太大，不便翻刻，故后世流传不多。《广舆图》是在《舆地图》基础上编制的，由明代罗洪先完成，其主要特点是按照一定的分幅办法改制成地图集的形式。《广舆图》是明代有较大影响的地图，前后翻刻了6次，从明嘉靖到清初的250多年间流传甚广，目前在国内外图书馆有珍藏。此外，我国明代著名的航海家郑和（1371—1435年）先后7次航行在南洋和印度洋上，历时20余年（1405—1431年），经历了30多个国家，留下了4部重要的地理著作和我国第一部航海图集——《郑和航海图集》，它不仅是我国著名的古海图，也是15世纪以前最详细的亚洲地图。

清朝是我国历史上地图制图发展较快的时期，在康熙、乾隆两代，我国的地图测绘进入了一个新的阶段。康熙聘请了一批西方传教士，进行了全国性的大规模的地理经纬度和全国舆图的测绘，采用天文测量和三角测量相结合的形式进行。从康熙二十三年（1684年）开始，到康熙五十八年（1719年）结束，历时35年。在测图的基础上编成著名的《皇舆全览图》，在我国测绘史上具有重要意义。清末地理学家魏源（1794—1859年）编制的《海图图志》，全图集共绘地图74幅，内容包括半球图、各大洲和各国地图，在绘制方法上，完全脱离了中国传统的计里画方法，采用经纬度控制法，统一起始经纬度，地物符号的设计与现今的世界地图有类似之处，是中国地图制图学史上一部关于世界地图集方面开创性的著作。

2. 我国近代地图学的发展历史

我国是世界上最早有地图的国家之一，产生过一批很有水平的地图作品，到了近代，由于外来的侵略和内政的腐败，我国的地图制图技术落后于西方国家。在清同治年间刊行的《大清一统舆图》，是根据康熙年间的《皇舆全览图》和乾隆年间的《乾隆内府舆图》改编而成的中国地图册，图册区域范围为：北抵北冰洋，西及里海，东达日本，南至越南，远超出本国范围，故又名《皇朝中外一统舆图》。

1903年成立陆地测量局，继续进行天文及三角测绘。同时，民间开始成立地图编制出版机构，先后出版了《中外舆地全图》《中国分省新图》《邮政地图》以及《历代舆地沿革险要图》《中华民国地理新图》《中国历代疆域战争全图》《中华铁路现势图》等早期的普通地图、专题地图和地图集。

我国从20世纪30年代初才从德国引进航空摄影测量仪器设备，开始采用航测方法测制大比例尺地形图。但测图进展较慢，直至1949年才完成全国面积的三分之一，而且这些地形图没有建立全国统一的测量基准和坐标、高程系统，没有完善的制图作业规范，因而成图精度较低，邻省间地图不能拼接。唯一能代表中国早期地图制图水平的是 20 世纪 30 年代中期由丁文江、翁文灏、曾世英主编的"申报馆"地图，即《中华民国新地图》及其缩编本《中华民国分省新图》。《中华民国新地图》图集为八开本，雕刻铜版制印，包括全国性序图(专题图)10 幅、省区图及人文地图 22 幅、61 个城市的地图，以及 37190 条地名索引。该图集采用圆锥投影和 1000 多个实测天文点进行控制，并首次用等高线加分层设色表示地貌。这是中国早期现代地图集的代表作品，当时在国内外都产生了深远的影响。

3. 我国现当代地图学的发展简况

中华人民共和国成立后，随着经济建设与文化、教育、国防、科研进一步发展，中国测绘与地图事业也蒸蒸日上，地图学获得了迅速发展。在 20 世纪，50 年代开始机助地图制图研究，经历了原理探讨、设备研制、软件设计。60 年代迅速发展起来的遥感技术已在天气预报、资源调查、灾害监视、环境监测等方面发挥越来越大的作用。遥感信息已成为地图与地理信息系统的重要资料来源，遥感图像制图已成为专题地图制图的主要方法。地图印刷在材料和技术工艺等方面都发生了很大变化。在印刷材料方面，印刷油墨的品种及技术指标均能满足要求，地图用纸已定型生产，电子分色扫描片、拷贝片、感光撕膜片及 PS 版的质量不断提高；在印刷技术工艺方面，软片化生产工艺、地图四色印刷及减色印刷工艺已被广泛采用；在印刷标准化及质量控制、测绘图像色彩数据库、色彩传输的数学模型、印刷过程的自动控制等方面也取得了明显进展。70 年代机助地图制图系统在地质、石油、水文、气象、环境监测、测绘等许多部门得以应用。80 年代后，开始应用一些高速度、高精度新型机助制图设备，对机助制图软件的研究也越来越重视，地图数据库纷纷建立，在地图数据库基础上，由单一的或部门的机助制图系统发展为多功能、多用途的综合性地图信息系统或地理信息系统。90 年代后期以来，随着计算机技术、遥感技术、网络技术、移动通信技术、地理信息系统技术、虚拟现实技术等信息技术的进一步发展，地图学出现了信息化、知识化和智能化的特征。这一时期的地图学被称为信息时代的地图学。21 世纪以来，网络地图、手机地图以及各种专题地图和地图 App 的出现，扩大了地图学的研究领域和应用领域；地理信息系统的深入发展和广泛应用拓展和延伸了地图学的理论、方法与功能；空间信息可视化与虚拟现实技术的使用改变了现代地图的使用方法和表现形式，成为地图学新的生长点。太空摄影、卫星定位、移动电话、搜索引擎、宽带网络技术的发展催生了新的地图产品，以位置为基础的地图服务越来越普及，地图作品变得生动、活泼和个性化，并出现了智能化的特征。地图要解决的问题基本上是思维科学问题，物联网与互联网的智能融合即传感网的接入实现了对地理世界的更透彻的感知、更全面的互联互通、更深入的智能化，解决了智能地图学的实时动态数据源问题。云计算技术是一种新的计算能力的服务模式，解决了海量数据的智能处理问题，可实现多源异构数据的智能融合、智能地图制图、智能分析、智能数据挖掘与知识发现等。

(1)普通地图制图的发展。我国建立的全国统一大地坐标网和国家基本地形图系列采用了"1954 年北京坐标系""1956 年黄海高程系"与高斯-克吕格投影，制定了各级比例尺外业测图与制图规范及图式图例。开始全国基本地形图测制，至 20 世纪 60 年代末期完成了全国一部分地区 1∶10 万和 1∶5 万国家基本地形图的测绘。1960 年编制出版了中华人民共和国第一代 1∶100 万地形图。与此同时，全国与各省区多种比例尺普通地图相继开展。

20 世纪 70 年代中期完成了以 1：5 万比例尺为主，部分地区 1：10 万和 1：2.5 万的国家基本地形图，覆盖了全国大陆。1981 年完成全国 1：20 万、1：50 万地形图的编制出版。1983 年将 1：20 万地形图改为 1：25 万，80 年代末已全部完成。1982 年又编制出版了第二代 1：100 万地形图。在编制过程中，除使用 1：50 万地形图外，还部分直接使用了 1：5 万、1：10 万和 1：20 万地形图，部分使用了地理调查研究成果与卫星像片资料，还参考了全国各专业部门提供的居民地、交通网、水系、行政区划等资料，资料较新、精度较高，基本上反映了各要素的区域特点。第二代 1：100 万地形图的编制出版，标志着我国国家基本地形图制图工作已经达到一个新的水平。

1978 年 4 月在西安召开全国天文大地网平差会议，确定重新定位，建立我国新的坐标系。为此有了 1980 年国家大地坐标系。1980 年国家大地坐标系采用地球椭球基本参数为 1975 年国际大地测量与地球物理联合会第十六届大会推荐的数据。该坐标系的大地原点设在我国中部的陕西省泾阳县永乐镇，位于西安市西北方向约 60 公里，故称为 1980 年西安坐标系，又简称西安大地原点。高程基准面采用青岛大港验潮站 1952—1979 年确定的黄海平均海水面（即 1985 国家高程基准）。

近 20 多年来，由于计算机、全站仪、GPS 等新一代测绘仪器的普及及遥感技术的广泛应用，我国已有一些省、市、自治区测绘部门采用数字制图技术完成了新一代大比例尺地形图的更新。国家测绘局 1994 年建成了全国 1：100 万地形数据库（含地名）、数字高程模型数据库，1：400 万地形数据库等；1998 年完成全国 1：25 万地形数据库、数字高程模型和地名数据库建设；1999 年建设七大江河重点防范区 1：1 万数字高程模型（DEM）数据库和正射影像数据库；2000 年建成全国 1：5 万数字栅格地图数据库；2002 年建成全国 1：5 万数字高程模型（DEM）数据库，并更新了全国 1：100 万和 1：25 万地形数据库；2003 年建成 1：5 万地名数据库、土地覆盖数据库、TM 卫星影像数据库。目前，正在建立全国 1：5 万矢量要素数据库、正射影像数据库等；各省正在建立本辖区 1：1 万地形数据库、数字高程模型（DEM）数据库、正射影像数据库、数字栅格地图数据库等，并正在进行省、市级基础地理信息系统及其数据库的设计和试验研究。

（2）专题地图制作的开展。由于国家经济建设和科研教育的迅速发展，急需摸清我国资源的分布情况，从而使得专题制图进入快速发展时期。从 20 世纪 50 年代开始，地质、林业、农业、气象、水文、海洋等部门，在全国综合科学考察、各部分勘查、普查与定位台、站长期观测所积累的大量第一手资料的基础上，进一步完成了一大批全国与各省区的中小比例尺专题地图的编制，如 1：5 万、1：10 万、1：25 万与 1：100 万及其他小比例尺地质图、矿产图、水文地质图、林业图、农业区划图、土壤图、土地利用图、水利图、气候图等。与此同时，一些科研单位主持完成了自然区划、农业区划和流域规划专题地图。如 1958 年中国科学院地理研究所编制了 1：100 万的单幅《中国地势图》，这是由我国地图学家陈述彭、黄剑书编绘的一张划时代作品，他们运用地图概括的理论，对我国的区域地理特征进行科学的概括，如对我国西北干旱区，设计了多形态的沙地、黄土沟壑、雪山冰川、残丘的符号；对喀斯特、沼泽地貌也有专门表示；对我国水流丰富的河网地区，设计了主支流的深蓝色常流河符号和次级河网的淡蓝色常流河符号，形成视觉上的两个层面。从此，使测绘部门的作业开始重视地图上的地理适应性和地图概括中区域特征的制约因素。

国家地图集和省区地图集的编制在 20 世纪 50、60 年代后也相继展开，如 1965 年中科院地理所编制的《中华人民共和国自然地图集》达到 20 世纪 60 年代国际地图集的先进水平；1986 年中科院地理所主编的《中华人民共和国人口地图集》是中华人民共和国成立以来第一部全面和系统地反映我国当时人口特征和地理特征分布规律的大型地图作品；1996 年国家地图集编辑委员会完成《中华人民共和国国家普通地图集》等。除传统的国家、省市综合地图集外，还相继编制出版了《黄河流域地图集》《青藏高原地图集》《长江流域地图集》，特别是还出版了一批国土资源、环境生态、自然灾害、疾病医疗、城市规划、人口经济等新兴领域的综合性专题地图集 150 多部，这些地图集充分反映了我国地学、生物学、环境科学、空间科学等方面最新调查研究成果及其研究的广度和深度。其中有一部分地图集应用了遥感制图与计算机制图技术，有相当一批地图集达到了国际先进水平，多次在国际地图展览中展出，受到广大读者的欢迎，并得到国际地图学界权威们的高度评价。

除地质、地球物理、地貌、气候、水文、土壤、植被、农业等传统专题制图外，我国今后将重点深入发展资源、环境、灾害、疾病、海洋、城市以及人口、经济、人文等部门专题制图，并使区域与部门专题制图更进一步向综合制图、系统制图、动态制图与实用制图的方向发展。地图的设计与编制将进一步以"地理系统""地表物质与能量迁移转换""地带规律""人地关系""地域结构"等地理学理论为指导，为解决人与自然的相互关系，为解决人口、资源、环境与可持续发展问题，为防灾减灾与全球变化对策提供科学依据与研究手段。同时，以地图信息论、传输论、模式论、感受论、符号学、可视化、认知论、综合制图、地图概括等地图学理论为指导，创造更多更好的地图表现形式，深入反映各部门的调查研究成果，加强基础信息的深入分析与深层次开发，编制更多的评价地图、预测预报地图、规划地图，从而进一步提高地图的科学性与实用价值，以满足国民经济各部门与科研、教学单位的需要。

（3）全新的制图技术的普及与推广。我国计算机制图，从 20 世纪 70 年代中期组织设备研制与软件设计，到 80 年代后期逐渐建立和完善了计算机普通地图、专题制图软件系统。先后采用计算机制图技术完成了《中国人口地图集》《中国国家经济地图集》《中国国家普通地图集》《深圳电子地图集》《北京电子地图集》等电子版地图。

从 20 世纪 70 年代开始，遥感技术的应用在全国范围展开，80 年代后期遥感制图从假彩色合成与目视判读发展到计算机图像数字处理与自动分类制图，在 90 年代前后遥感技术已广泛应用于地质、地貌、土壤、林业、土地利用、土地资源、气象、海洋、农业、水利等各项专题制图。

从 20 世纪 80 年代中期开始，我国及时开展地理信息系统的研究和建立，现已在地理、测绘、地质、矿产、农业、林业、气象、水利等部门陆续建立了一批全国或区域地理信息系统，其中包括国家基础地理信息系统 1∶100 万与 1∶25 万地形图数据库，全国土地资源、自然资源等数据库等。

全球定位系统为地图测制、遥感与地球信息系统的实时动态快速定位创造了条件，由全球定位系统与电子地图相结合的电子导航系统已在飞机、舰船与汽车导航中广泛应用。

目前以普通地图或专题地图为底图，地理信息系统与遥感技术相结合，广泛应用于资源调查、环境保护、区域规划、灾情预测、灾后评估等众多领域。

(4)地图制图理论研究。中华人民共和国成立后，我国的地图学，特别是地图制图学得到了迅速发展。1950年建立的中国人民解放军总参谋部测绘局及1956年设立的国家测绘总局，成为军队和地方测绘工作管理和组织实施的两大机构，统一领导全国测绘工作。1946年成立的解放军测绘学院及1956年成立的武汉测绘学院，从军方和地方两方面担负起了培养地图制图高等科技人才以及学科建设的重任，引进先进的地图编制理论与技术，逐步建立起我国的地图学科体系。我国测绘与地理方面的专业人员在地图编制技术与平台、地图投影研究、专题地图设计与编制原理和方法、地图综合原理与方法、数字地图制图原理与方法、电子地图集的制作与方法、计算机地图制图以及遥感制图等领域取得了长足的进步，并对地图信息传递理论、地图模型论、地图感受论、地图符号论、地图综合(包括自动综合)等新的理论展开了深入研究。现在，地图学已经不满足于对地理环境各种原始测绘数据加工，而是更注意开发高层次、知识密集型的地图产品，地图出版的数量和品种都是过去所无法比拟的。总之，目前地图正朝向多维、动态、多媒体、网络等方向发展。

1.4.1.3　地图学发展趋势

如今，地图流行的领跑者早已不是以ESRI为代表的地图行业内企业，而是以Google为代表的地图行业外的互联网巨头。和地图行业内企业相比，Google在搜索上占有巨大的优势，突破了传统的地理信息系统提供几何和属性信息限制，将其他关联信息链接、压缩融入地理信息中。今后，互联网将成为地图编制与应用的主要平台，地图会更加大众化、个性化、智能化与实用化。

由于传统地图学在物理空间传统约束下的限制，需要寻求跳出地图学的传统技术和理论限制的路径，整合技术与艺术，突出表达方式，从专业、政府应用到公众全民普适。大数据通过三维动态地图可视化，能够显示事物和现象的空间格局与区域分异及时空动态变化，进而作出分析评价、预测预报、区划布局、规划设计、管理调控。对自适应地图、虚拟地图、智慧地图、隐喻地图、实景地图、全息地图、时空动态地图等地图新概念、新理论有众多探讨，有助于大数据、互联网和人工智能时代新的地图学理论体系的建立。

进入21世纪以后，随着信息通信技术(Information and Communication Technology, ICT)的发展，人类社会进入地理空间、人文社会空间和信息空间耦合而成的三元空间，以大数据、云计算、5G网络、虚拟现实、增强现实等为代表的新技术彻底改变了地图学发展的技术背景和条件，大大增强了用户对地图的参与性和交互性，地图制图的目的、主体、客体和应用环境等均发生了深刻变化，地图学开始从科学研究、行业应用等专业领域逐步走向大众化、社会化。新时代背景下地图学领域的重要特征为：地图制作和应用的门槛大幅度降低，大量非专业的地图爱好者成为地图制作的主力；地图制作的方法不再受限于经典的地图学理论(如地图投影、地图综合、符号系统)，出现了各种有别于传统地图的新型地图创作方式，地图制作呈现出典型的泛化特征。泛化在很大程度上推动和促进了地图作品的繁荣。ICT技术推进了地图从纸质走向数字，开启了众多独特的可视化表达方式，让我们更直观、快捷地观察、理解空间和世界中复杂、多元甚至难以理解的现象，或增强相应的空间认识。地图学向三维、实时、动态、虚实、多视角、新兴元素表达的方向发展，使地图语言真正体现人类普适语言的作用。

1.4.2 地图学与其他学科的关系

1.4.2.1 地图学的定义

早期在地图学方面的研究主要围绕地图投影、地图设计与编辑原则、编绘和整饰方法、制印技术等问题。20世纪50年代，苏联、法国、西德、美国、波兰等国对地图编制过程中的制图综合(地图概括)原理与方法开始了系统研究。60年代以后，随着国家和区域综合地图集以及成套系列地图编制的广泛开展，在专题制图和地理学综合研究的基础上，发展了专题地图与综合制图理论。

20世纪70年代起，电子技术、航天技术、信息论、控制论等新兴理论与技术，以及现代数学方法不断向地图学渗透，使传统的地图学研究发生很大变化，一些地图学家先后提出了地图信息传递理论、地图模型论、地图感受论、地图符号论等新的理论；计算机辅助制图、遥感制图不断冲击传统的成图方法；地图的应用范围也在不断扩大。这些都促进了地图科学的结构和体系的变化，丰富和加深了地图学的内涵，加速了对地图学定义的不断修改与更新。

在20世纪60年代，部分学者提出地图学是"研究地图及其制作理论、工艺技术和应用的科学"。20世纪70年代，国际上许多著名的地图学家先后提出了关于地图学的定义和内涵的新的看法。如苏联萨里谢夫从模型论的角度出发，认为"地图学是用特殊的形象符号模型(地图图形)来表示和研究自然和社会现象的空间分布、组合和相互联系及其在时间中变化的科学"；美国莫里逊及苏联希里亚耶夫从信息论的观点，分别提出了地图学的定义，他们认为"地图学是空间信息图形传递的科学"以及"地图学是空间信息图形表达、存贮和传递的科学"；《多种语言制图技术术语辞典》对地图学的定义是："地图学是根据有关科学所获得的资料(野外测量、航空摄影测量、卫星图像、统计资料等)进行有关地图和图形生产时，所进行的科学、技术和艺术全部工作的总称"；我国一些地图学家也从不同方面对地图学的定义进行了探讨，如认为"地图学是以地理信息传递为中心的，探讨地图的理论实质、制作技术和使用方法的综合性科学"，与目前流行的其他一些地图学定义相比，这一定义更为概括地总结了现代地图学的学科特点及研究内容，有利于地图学基本理论及地图学学科体系的探讨。

随着人类社会实践、生产实践和科学技术的进步，作为地图学研究的主要对象，地图也经历了一个不断发展的过程，人们对地图的认识也在不断地深化。这最明显地表现在不同时期人们关于地图的定义的演变与进步上。当然，不同时期关于地图的定义都只能反映当时的科学技术水平、地图的水平和人们的认识水平，随着科学技术的发展，地图的定义将会进一步充实和完善。

1.4.2.2 地图学的学科体系

1. 学科名称的变化

20世纪，地图学的学科名称几经变更，标志着该学科内容的不断变化，从中体现了学科重点转移的过程。

地图学一直是在两个一级学科(测绘科学与技术、地理学)中并行发展的。

在地理学领域，地图学一直是其中的一个二级学科。由于地图是地理学研究的出发点和成果的表达形式，对地图使用的研究始终是比较重视的，该学科在20世纪70年代以前一直都被称为"地图学"。20世纪80年代，地理信息系统(GIS)技术逐渐成熟，在地理学研究中作为模拟地理机理、研究过程和预测的工具，起到了越来越大的作用，又由于它同地图学的天然联系，于是将"地图学"改称为"地图学与地理信息系统"。从使用的角度看，完善的地理信息系统可以替代地图，且更加方便和实用，所以又于20世纪90年代将该学科的本科专业名称改为"地理信息系统"，硕士和博士研究生专业需要在地理信息可视化、地理信息系统构建方面作更深入的研究，于是仍保留"地图学与地理信息系统"的名称。

在测绘学(20世纪90年代改称"测绘科学与技术")中，该学科起初名为"制图学"，为避免同机械学科的制图相混淆，20世纪60年代将该学科改称"地图制图学"，在20世纪70年代国际地图学协会倡导将地图使用纳入学科领域以后，我国于20世纪80年代将该学科改称"地图学"(其实国际上一直使用cartography这个词)。20世纪90年代，测绘科学与技术中的二级学科的本科专业全部归并为"测绘工程"，培养地图制图人才的本科专业称为"测绘工程(地图制图学与地理信息工程)"，而硕士和博士研究生专业仍然单独保留"地图制图学与地理信息工程"的名称。显然，其学科对象仍然偏重于在电子技术条件下的地图制作和地理信息系统软件开发、系统构建及应用工程等诸方面。

2. 地图学的学科体系

早期的地图(制图)学结构是在20世纪40—50年代形成的，包括数学制图学、地图编制学和地图制印学或地图学概论、数学制图学、地图编制学、地图整饰和地图制印。60—70年代以来，地图学理论的发展除了原有的地图投影、制图综合等理论不断充实提高外，又产生了地图传输、地图信息、地图模式、地图感受、地图符号学等新的理论；而且，现代地图编制的方法技术也有很大发展，如计算机制图、遥感制图等，与传统的常规制图方法技术相比，有了根本的变革。传统的地图学体系已不能反映和适应现代地图学的发展。1980年西德弗雷塔格则把地图分为三个部分：地图学的理论、地图学的方法、地图学的实践。这三部分比较完整地反映了现代地图学的学科体系，他提出的地图学的理论包括：符号-心理理论(地图句法)、符号-意义理论(地图语义)、符号-效用理论(地图实用)、地图传输理论；地图学的方法论包括：符号识别方法、地图学分析系统方法、地图学教学方法、地图学组织方法；地图学的实践包括：地图制图的组织、地图编辑、地图生产、地图处理、地图制图中的辅助活动、地图人员的培训。目前国内地图学界一致认同我国地图学家廖克提出的由理论地图学、地图制图学、应用地图学三大部分构成现代地图学体系的看法。如图1-7所示。

(1)理论地图学，主要研究现代地图学中的理论问题，它不仅涵盖地图投影(数学制图学)、地图符号(地图语言学)、制图综合、综合制图理论、地图发展历史等传统理论内容，以及地图信息论、地图传输论、地图模型论、地图认知理论、地图可视化原理等现代理论，而且还把地学信息图谱理论纳入其中，反映人们对空间事物和现象更深层次认知的结果，使得地图学研究范畴得到进一步的拓展。地学信息图谱是地图学更高层次的表现形式与分析研究手段，它是由遥感、地图数据库、地理信息系统与数字地球的大量数字信息，经过图形思维与抽象概括，并以计算机多维动态可视化技术，显示地球系统及各要素和现象空间形态结构与时空变化规律的一种手段和方法。传统、现代和新兴地图学理论一起构成了地图学的理论基础，而地图信息传输理论则是地图学理论基础的核心。

(2)地图制图学，包含实际制作地图的工艺方法和应用理论的学科，其分支学科涉及

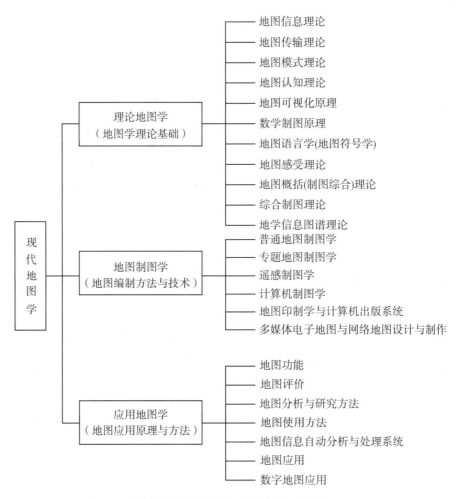

理论地图学
（地图学理论基础）
- 地图信息理论
- 地图传输理论
- 地图模式理论
- 地图认知理论
- 地图可视化原理
- 数学制图原理
- 地图语言学(地图符号学)
- 地图感受理论
- 地图概括(制图综合)理论
- 综合制图理论
- 地学信息图谱理论

现代地图学

地图制图学
（地图编制方法与技术）
- 普通地图制图学
- 专题地图制图学
- 遥感制图学
- 计算机制图学
- 地图印制学与计算机出版系统
- 多媒体电子地图与网络地图设计与制作

应用地图学
（地图应用原理与方法）
- 地图功能
- 地图评价
- 地图分析与研究方法
- 地图使用方法
- 地图信息自动分析与处理系统
- 地图应用
- 数字地图应用

图 1-7　现代地图学体系（廖克，2003）

地图生产中空间信息获取、信息的存储与管理、信息处理、地图制作和地图复制等各个环节所用到的方法与技术。就内容与目前的科技水平而言，它具体可以包括普通地图制图学、专题地图制图学、制图信息采集方法、遥感制图学、计算机地图制图技术、电子地图设计与制作、地图数据库、地图出版系统与地图印刷、移动制图学等分支学科。

（3）应用地图学，主要是围绕地图应用而形成的一门基础学科。应用地图学的分支学科包括地图评价、地图分类与使用方法、地图解译、地图数据库和 GIS 应用、地图发布和地图教育等，每一分支学科因对象不同还可做进一步划分，它包括模拟地图应用与数字地图应用；从面向的空间对象划分，它包括地球地图应用和外星地图应用等。相对而言，应用地图学是地图学体系中开展系统研究最迟的，因此它所属的次一级内容，更需要不断深入与完善。

这个体系将相互联系的三大部分和其次一级内容一起组成了一个完整体系。该体系完整，各分支组成比较全面，体现了现代地图学的发展特点和趋势。现代地图学体系的研究适应了当代地图科学技术的发展，也展示了地图学的广阔领域和发展前景，更重要的是拓

24

展了视野，让我们在边缘、交叉学科领域寻找地图学新的生长点。

1.4.2.3 地图学与其他学科之间的关系

地图学在长期发展过程中，起初与测量学、地理学有着十分密切的联系。测量学一直是地图的信息源。包括自然地理、人文地理、经济地理在内的地理学及其各分支学科，都把地图作为自己的第二语言，并把它当作是成果表现的最重要方式。经过近 30 年地图学在数据获取以及地图的生产方式的不断变革，地图学又不断地扩大同许多传统及新兴学科的联系，特别是与地理学、测绘学、数学、符号学、艺术、心理学等传统学科，以及遥感、地理信息系统、全球定位系统等新兴学科的联系更为密切，下面介绍地图学与其中几门学科的关系。

(1)地图学与科学技术哲学。为了正确地研究和反映客观实际，用辩证唯物主义的思想方法去认识和揭示自然界、人类社会和思维的一般规律是十分重要的。离开了科学技术哲学，就不可能正确解释地理事物的发展规律，不能理解制图综合中的诸多概念，不能对制图经验和地图学中的许多理论问题做出正确分析。地图符号数量的增加(细分)和减少(概括)，地图表示方法的"立体—平面—立体"，地图的分析与综合，电子地图和网络地图的二维与三维，静态与动态等，都遵循着矛盾的运动、对立统一和否定之否定的规律。当今，我们要利用科学技术哲学的理论和方法，来研究地图学的过去、现在和将来，只有这样，我们才能把握地图学未来的发展。

(2)地图学与地理学。地图学作为地理学的一个二级学科，同地理学的联系不言而喻。地理环境是地图表示的对象，地理学以自然、人文和经济地理的知识武装制图人员，同时地理学又利用地图作为研究的工具。地图学与地理学交叉形成许多新的边缘学科，如地貌制图学、土壤制图学、经济地图学等。

(3)地图学与测量学。地图(制图)学与测量学同是测绘科学与技术的组成学科。测量学中的大地测量学，精确测定和建立地球的平面控制网和海拔高程网，这些经纬度坐标(或平面直角坐标)与海拔高程数据是大、中比例尺地形图的数学控制基础；工程测量、地籍测量与海洋测量是普通地图、工程平面图、地籍图与航海图的基本资料来源，反过来，地图又是上述测量成果的主要表现形式。摄影测量与遥感像片是地图的主要数据源，是地图快速更新的重要依据，遥感又与地图学结合形成一门新的学科——遥感制图学；我国的北斗卫星导航系统(BeiDou Navigation Satellite System)、美国的全球定位系统(GPS)、欧盟的伽利略卫星导航系统(Galileo Satellite Navigation System)、俄罗斯全球导航卫星系统(GLONASS)等，不仅可以精确进行平面控制测量，还可以同电子地图相结合，进行飞机、汽车、舰艇等交通工具的导航、跟踪、定位等。

(4)地图学与地理信息系统。地图是 GIS 最重要的数据源和输出形式，地图数据库是GIS 数据库的核心。对于地图学与地理信息系统的关系，有不少观点，陈述彭院士曾做了高度概括："地理信息系统脱胎于地图。"王之卓院士也提出："地理信息系统是地图(制图)学中一个重要部分在信息时代的新发展。"地图和地理信息系统都是信息载体，都具有存储、分析、显示功能，只是地图学更强调图形信息的传输，而 GIS 则更强调空间数据处理与分析。

(5)地图学与摄影测量与遥感。地图学和摄影测量与遥感的关系非常密切。地图学的第一个难题是数据源，遥感信息是地图制图的重要数据源之一；全数字摄影测量是获得大比例数字地图的主要方法，卫星遥感技术获得的遥感影像信息可满足各种比例尺地图制图和地图数据更新的需要，遥感影像制图是专题地图制图的主要方法。实际上，从生产地图的角度讲，摄影测量与遥感也是一种地图制图方法，采用矢量数字地图数据与数字正射影像数据配准叠置的方法更新地图数据。网络地图采用部分矢量数字地图数据与遥感影像数据叠置来更加直观地显示地图信息。

(6) 地图学与艺术。欧洲长时间把地图制图看做"制图的艺术、科学和工艺"。著名地图学家英霍夫认为"地图制图学是带有强烈艺术倾向的技术科学"，他认为制作一幅艺术品肯定不是地图学家的任务，但要制作一幅优秀的地图，没有艺术素养是不行的。英国皇家学会在《地图学技术术语词汇表》中称地图制图学是"制作地图的艺术、科学、技术"；国际地图学协会(ICA 也指出，"地图学，制作地图的艺术、科学和技术，以及把地图作为科学文件和艺术作品的研究"。艺术是用艺术形象反映客观世界，地图制图则是在科学分类和概括的基础上借助被抽象的艺术手段反映客观世界，不能简单地认为地图就是艺术作品，但艺术对于提高地图(包括电子地图和网络地图)的可视化效果肯定是非常有效的。

随着地图学科学体系的确立，地图产品表现形式越来越丰富多元，比如制作精美、采用一定艺术表现手法的旅游地图成为吸引游客的重要手段，再如极具艺术表现力的地图产品成为装饰的手段之一。信息时代地图学蓬勃发展，使得制图者、使用者范畴进一步拓宽，地图制作工艺也不仅局限于约定俗成的规则，更加丰富的艺术手段被引入地图制作，如 Charlotte 等将现代绘画作品的配色方案引入地图配色，使得表达效果更加突出。地图作为时代见证者，能对艺术进行时空维度的表达；随着地图学的扩充，基于地理空间数据挖掘艺术行为在空间上的关系，为艺术作品发现、保护提供了有效帮助；丰富多元的地图可视化形式更为激发新艺术提供了新的动力。

(7) 地图学与数学。地图学与数学科学的关系越来越密切。构成地图数学基础的数学法则——地图投影，就是数学科学在地图学中应用的范例，正是运用数学方法才解决了地球曲面与地图平面之间的转换，以及不同地图投影之间的相互转换。地图制图数学模型涉及数学的许多分支学科，特别是应用数学，现在，任何一门新兴的应用数学(灰色系统模型、数学形态学、分形分维理论、小波理论、神经网络理论)都会很快被引用来研究地图要素的规律、地图制图综合、地图分析应用等领域。地图分析需要利用数学方法来建立各种分析模型；用检测视觉感受效果的方法来提高地图的设计水平时，对专题制图数据进行分类、分析和趋势预测时，都需要使用数学方法；地图自动制图综合的实现要以人工智能为基础，但更多还是采用现代数学方法建立各种模型和算法。可以这样说，如同数学是自然科学、社会与人文科学、技术与工程科学的方法和基础那样，数学已经成为地图学的方法和基础，这标志着地图学的理论化。

(8) 地图学与信息科学。地图学属于信息科学的范畴，所以地图学与信息科学关系密切。作为信息科学两大支柱的计算机科学和通信网络技术，促使地图学更加快速发展。计算机科学与技术的应用，使地图制图实现了由手工方式向全数字化方式的跨越式发展。计算机的软件和硬件的快速发展，实现了全数字地图制图。速度更快、集成度更高、存储容量更大、体积更小、多功能的新一代计算机，使海量地图空间数据的存储、管理和处理成为可能。通信网络技术的发展，为网络地图制图的发展提供强有力的基础平台，使数字地图在网上分发成为可能，基于网格(grid)技术、物联网和云计算发展地图空间信息数据将在真正意义上实现信息共享和远程互操作，充分地发挥地图信息服务功能。

地图学与其他学科的联系的增强，是科学技术进步的必然结果。物理学、化学、电子学的新成就对于改善地图制作技术及地图复制都是非常重要的。信息论、系统论、控制论不但为地图制作提供认识事物的观点和思想方法，它们的许多原理和方法也在计算机地图制图中得到了直接应用。

思　考　题

1. 叙述地图的分类方法。
2. 浅述地图定义的变化。
3. 结合实际谈一谈地图的用途。
4. 地图学同测绘学、地理学有什么联系？
5. 地图具有哪些基本特征和功能？
6. 说明地图的基本特性和定义。
7. 结合日常生活，谈一谈你是如何使用地图的。
8. 试述地图学与 RS、GIS、GPS 的区别。

课程思政园地

人工智能开启地图学的新时代

人工智能的广泛应用正在给人类社会带来巨大的变革，地图学也不例外，地图(学)有着 5000 余年的历史，曾经有过三次突破，在地图学发展史上留下了光辉的一页，作为地图学功能的拓展与延伸的 GIS 在近 60 年的发展历程中也有了深刻的变化，广泛应用于人类社会的方方面面。地图、天气图、GIS 成为"改变世界的十大地理思想"的智慧之作。人工智能时代的到来，促使地图学再度崛起。深度学习为解决智能地图制图"知识工程"瓶颈问题提供了一条新的途径。类脑智能研究将为面向智能地图制图基础理论研究打开一扇大门。计算机人工智能与人类智能深度融合，是解决智能地图制图问题的良药。人工智能技术开启以密集型计算为特征的地图学与"GIS"科学范式的新时代，促使地图服务更加多样化、个性化、智能化。

(王家耀，2020)

图穷匕见①

战国时，秦国逞强，时常侵略其他各国。当时秦国本土在今陕西中部一带，远在河北北部的燕国，受尽它的欺侮。燕王喜的太子丹，被秦王政(即秦始皇)扣留在秦国作抵押，待遇很恶劣。太子丹逃回燕国，立志要报仇，经人辗转介绍，认识了一位勇士，名叫荆

---

① 图：地图；穷：尽；见：通假字，同"现"。比喻形迹败露，事情到最后显露出了真相。出自《战国策·燕策三》："秦王谓轲曰：'起，取武阳所持图。'轲既取图奉之。发图，图穷而匕首见。"

27

轲。太子丹请荆轲作刺客，到秦国去谋刺秦王。这就是历史上著名的"荆轲刺秦王"的故事。

《史记·刺客列传》说，荆轲是卫国人，他的祖先是齐国人。他从卫国来到燕国，同善于击筑（一种乐器）的音乐家高渐离以及另外一些豪侠之士结为朋友，经常在一起喝酒、唱歌；当时燕国极有学识的田光先生也很赏识他。

太子丹急于要报仇雪恨，同他的老师鞠武反复商量，想不出妥善的办法。鞠武建议他去请教田光。田光推荐了荆轲。太子丹要求田光千万不要泄露机密，以免误了国家大事。田光笑着答应，当即恭敬地去拜访荆轲，把荆轲正式介绍给太子丹，为了表明自己绝不泄露机密，他自刎而死。

荆轲见了太子丹，丹把他当作上卿接待，请他刺杀贪暴的秦王。这时，秦将王翦率领的军队攻破了同燕国南部接壤的赵国，俘虏了赵王，严重威胁燕国。丹很着急，催促荆轲快些出发。

秦将樊於期因为得罪秦王，逃于燕国，秦王正悬赏拿他。荆轲说，如能带着樊於期的头去见秦王，秦王一定不疑；如能带着督亢（燕国南部的肥沃地区，现今河北易县东南）地图前去，秦王一定更加欢迎。樊於期支持荆轲，拔剑自杀，荆轲便把他的头收藏在一个盒子里。丹又出重价征求得一把特别锋利的匕首，并且叫人在匕首上加了烈性的毒药。

荆轲就带着樊於期的头、督亢地图和匕首，作为燕国的使者，"访问"秦国去了。太子丹、太子的宾客以及荆轲的好朋友高渐离等一同为荆轲送行，一直送到燕国南方边境的易水之滨，才挥泪而别。

荆轲到了秦国，秦王听说燕国使者来献樊於期的头和督亢地图，非常高兴，立即在咸阳宫接见。秦王首先检验了樊於期的头，然后来看卷着的督亢地图。"秦王发图，图穷而匕首见"（秦王展开地图，地图展完时，藏在图中的一把匕首露了出来）。荆轲迅速抓起匕首，一把拉住秦王的衣袖，企图威逼他答应将侵占各国的领土全部归还。秦王吓得魂不附体，扯断衣袖，狼狈而逃。荆轲举起匕首，奋力掷去，却掷在铜柱上，没有刺中。荆轲被当场杀死。《战国策·燕策》亦有记载。

上述"图穷而匕首见"这句话，就是成语"图穷匕见"或"图穷匕首见"的出处（"见"读xiàn，也可写作"现"）。这个成语，我们并不正面引用，一般用它来比喻事情发展到最后，真相和本意终于完全暴露，多指阴谋诡计到底无法掩盖。

第2章 地图数据源与成图方法

2.1 地图的数据源

用于制图的数据主要来源于实测数据、影像数据、既有地图数据、监测与统计数据及文字记载数据。

2.1.1 实测数据

实测数据为制作地图提供点位坐标及精确的制图资料，其获取手段包括数字测量、数字摄影测量及激光测量等。

2.1.1.1 数字测量

数字化测量技术基本内容是将连续变化的被测模拟量转换成离散的数字量，经过数据采集、计数、编码、数据传输与存储，最后完成数据处理、图像处理、显示及打印工作。本节主要针对地面测量数据进行介绍。

（1）控制测量，分为高程控制测量和平面控制测量。高程控制测量的目的是为了测定高程控制点的高程，建立高程控制网，其测量方法采用水准测量和三角高程测量；平面控制测量的目的是为了测定平面控制点的平面位置，建立平面控制网，其测量方法主要采用导线测量和三角测量。高程控制网和平面控制网一般是独立布设的，但它们的点也可以共用，即一个点既可以是高程控制点，同时也可以是平面控制点。控制测量也可以用 GPS 仪器进行观测。

（2）碎部测量，是利用全站仪或 GPS 等仪器在某一测站点上测绘各种地物、地貌的平面位置和高程的工作。根据临近的控制点来确定碎部点对于控制点的关系。

（3）数字测量仪器，主要有水准仪、经纬仪、全站仪、GPS-RTK 等。

水准仪：高程测量是测绘地形图的基本工作之一，此外，大量的工程、建筑施工也必须量测地面高程，利用水准仪进行水准测量是精密测量高程的主要方法，见图 2-1（a）。

经纬仪：是测量工作中的主要测角仪器。它由望远镜、水平度盘、竖直度盘、水准器、基座等组成，见图 2-1（b）。

全站仪：即全站型电子速测仪（Electronic Total Station），是一种集光、机、电为一体，集水平角、垂直角、距离（斜距、平距）、高差测量功能于一体的测绘仪器系统。因其一次安置仪器就可完成该测站上全部测量工作，所以称为全站仪。它广泛用于地上大型建筑和地下隧道施工等精密工程测量或变形监测领域，见图 2-1（c）。

GPS-RTK：俗称 GPS，实质为 RTK（差分测量系统），RTK 接收卫星信号进行测量，与全站仪功能相差无几，其优势在于作业区域广，作业效率快，单人即可测量，不受通视限制，见图2-1(d)。

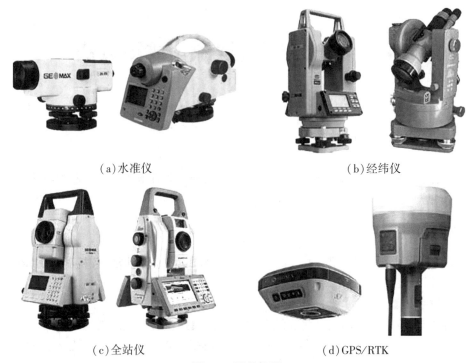

(a)水准仪   (b)经纬仪

(c)全站仪   (d)GPS/RTK

图2-1　测量仪器

2.1.1.2　数字摄影测量

数字摄影测量以数字影像为基础，通过计算机分析和量测来获取被摄物体的三维空间信息，正成为地图数据获取的重要手段。数字摄影测量就是利用计算机，加上专业的摄影测量软件，代替了过去传统的摄影测量仪器。它包括纠正仪、正射投影仪、立体坐标仪、转点仪、各种类型的模拟测量仪以及解析测量仪。相对于传统的模拟、解析摄影测量，其最大的特点是将计算机视觉、模式识别技术应用到摄影测量，实现了内定向、相对定向、空中三角测量自动化。数字摄影测量将传统摄影测量仪器各种功能全部计算机化，提高了地图数据采集功效。用数字摄影测量方式生产的地形图DLG不仅精度可达到分米级，而且减少了野外地面控制测量，像片扫描解析空中三角测量等作业过程中许多中间环节。数字摄影测量为地图数据的获取注入了活力，利用数字摄影测量，可以高效率地获得现势性好的数字线划地图数据。

2.1.1.3　激光测量

目前，传统意义上的测量数据已经不能满足信息化时代人们对地理信息数据的需求，信息化时代的测量数据不再只是传统意义上的位置坐标信息，而是包含了与时间、空间特征以及与人们日常生活息息相关的位置资源数据。激光雷达测量是顺应大数据时代的到来而出现的一种新型测量数据获取手段，激光雷达测量的核心为激光雷达扫描仪，通过将激光雷达扫描仪搭载在飞机、车、船等移动平台上，获取空间地理信息数据，记录存储，后期再通过计算机硬件和软件对这些地理信息数据进行测量、处理、分析、管理、显示和应用。由于飞机的飞行速度快，测绘时覆盖的面积大，单位时间获取的数据量极大。普遍认为机载激光雷达测量手段的出现是测绘行业由传统测量时代进入数字化测量时代的象征。

2.1.2 影像数据

影像数据包括卫星像片、航空像片和地面摄影像片。它们是测制大比例尺地图和更新地图的基本依据。

(1)卫星像片(卫片)。卫星像片是借助于发送到外层空间的地球卫星拍摄的像片。由于卫星技术的不断发展，影像分辨率已由原来的 80m、50m、30m、20m、10m 达到 1m，甚至可以达到厘米级。由于其覆盖面积大、速度快，还可以获得不断重复拍摄的影像，它们不但可以直接用于测制地形图，而且也是研究地面动态变化的优良依据。

(2)航空像片(航片)。航空像片和卫片对制图有着大体一致的用途。由于航片的比例尺更大，可以分辨地面细微的变化，甚至可以用于更新单体建筑物、判认建筑物的高度等，在城市制图及土地利用监测中有着不可替代的作用。

(3)地面摄影像片。地面摄影像片对专题地图制图有着更重要的价值，它不但可以直接成为图面上的要素，而且也是研究事物特征、美化图面不可缺少的资料。

2.1.3 既有地图数据

既有地图资料是编图所用资料的主要来源，它包括以下几种类型的地图：

(1)地形图。大比例尺实测地形图是研究制图区域地理情况、鉴别其他地图质量的主要依据，同时也是编图时作为基础底图的主要依据。

(2)各种专题地图。专题地图的主题内容都表达得详细、真实，不但可以将它们用于研究地理环境，也可以作为编绘同类型较小比例尺专题地图的基础底图，如地质图、土壤图等。

(3)全国性的指标图。为了统一全国的制图工作，配合编绘规范，编制出一套全国性的指标图，如山系图、河系类型图、河网密度图、居民地密度图、典型地貌分布图等，它们是确定各要素选取指标的重要依据。

(4)国界(系列)样图。为确保我国国界的正确描绘，国家颁发了整套系列国界标准样图，规定了各种比例尺地图上国界的画法。凡公开出版的地图，国界描绘必须与其一致，对于重点地段，甚至其符号配置都必须同国界标准样图严格一致。

2.1.4 监测与统计数据

统计资料是制作专题地图中一个重要类别地图——统计地图的基本依据。我国各级政府都有相应的统计部门，各专业部门也都有相应的统计机构，这些部门和机构不断地收集、整理和发布各种统计数据。

2.1.5 文字记载数据

用于编图的文字资料有以下几类：

(1)地理考察资料。地理考察是实地研究地理事物的方法，往往有对制图目标详细、具体的描述。尤其在缺少实测地图的区域，地理考察报告及其附图甚至可能成为制图物体在地图上定位的主要依据。

(2)各种区划资料。许多专业部门都有自己的专业区划,如农业区划、林业区划、交通区划、地貌区划等。这些区划资料都是相应部门的科研成果,且往往附有许多地图,是编制相应类型地图的基本依据。

(3)政府文告、报刊消息。每年发布的我国行政区划简册,表明制图物体位置、等级、特征变化的消息(如报刊发布的有关新建铁路、水利工程、行政区划变动的消息),我国同邻国签订的边界条约,我国政府对世界其他地区发生的重大事件的立场等,都可能成为编图时的依据。

(4)各种地理学文献。它们是地理学家对自然和人文环境进行各种研究后获得的成果,是编图时了解制图区域地理情况的良好依据。

2.2 地图的成图方法

2.2.1 地图测绘

传统实测成图法常分为图根控制测量、地形测量、内业制图和制图印刷几个过程,如图 2-2 所示。

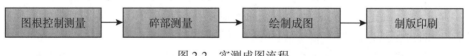

图 2-2 实测成图流程

实测成图法是在大地测量的基础上,利用国家大地控制网和国家高程控制网来完成测图的。大地测量的任务之一就是精确测定地面点的几何位置。国家大地控制网为国家经济建设、国防建设和地球科学研究提供地面点的精确几何位置,是全国性地图测制的控制基础,也是远程武器发射和航天技术必不可少的测绘保障。国家高程控制网是在全国范围内,由一系列按国家统一规范测定高程的水准点所构成的网络。为便于应用,大地控制点,如三角点、导线点、天文点和高程控制点等,在地面上都有固定标志。

图根控制测量是直接为测图区建立平面控制点和高程控制点所进行的测量。其原理是利用大地测量所得控制点的平面坐标、高程,通过测角、测边长、传递高程的方法,测定待定的图根控制点的空间位置。图根控制点是后续地形测量的基础。

地形测量是直接对地面上的地物、地貌在水平面上的投影位置和高程进行测定。地形测量分为普通地形测量和航空摄影地形测量。

普通地形测量是利用平板仪或经纬仪、水准仪等,根据控制点来测定地物特征点和地貌点,即地物轮廓点、地貌坡度变换点的平面位置和高程,将有关地物、地貌按比例尺用规定符号绘制在图上,获得外业地形原图。此方法目前仅在小范围地图测量和工程测量图中使用。

航空摄影地形测量是传统测绘地形图的基本方法。首先,对测图区进行航空摄影,获得地面的航空相片;然后,进行相片调绘,即通过相片判读和野外调查,把地物、地貌及地名标注在像片上；最后，进行航测内业，即进行控制点的加密工作，并利用各种光学机械仪器，在航片所建立的光学模型上测绘地形原图。

内业制图的任务是用清绘或刻绘方法，将地形原图绘制成出版原图。

制版印刷是将出版原图经过复照、制版、印刷等程序复制成大量印刷地图。

2.2.2 地图编制

2.2.2.1 地图制图方法分类

由于制图对象种类多样、地图比例尺与用途不同，因此地图的获取手段、表示方法和制图方法都有很大差别。根据数据来源，归纳起来，主要有下列几种制图方法：

1. 实地测图和摄影测量制图

这是一种使用地面普通测量仪器或航空摄影与地面立体摄影测量仪器测制地图的方法。用这种方法可以测制大比例尺地形图、水利图、工程平面图、城市平面图等，而所测制的地图内容详细准确，几何精度较高。目前普遍采用将全球定位系统与数字测图技术相结合，包括地面全站仪数字测图与航空及卫星数字摄影测量技术测制地籍图与地形图。其中，航空与卫星摄影测图必须有 40%~60% 的影像重叠，同时地面和航空与卫星摄影测量制图都必须有一定数量的大地与水准控制点，以便根据控制点进行各项纠正处理，最后通过建立光学立体地形模型或数字立体模型，通过立体测量与数字解析测图仪完成大中比例尺地形图测制。

2. 野外调查制图

这是指通过野外实地踏勘、考察和调查，进行观察分析，在已有的地形图上填绘专业内容和勾绘轮廓界线，所以这种方法也称为野外填图。在野外考察和调查中，还需采集一些标本，如岩石、植物、土壤等标本。进行室内定性定量分析，有助于类型的正确划分。在野外填图的基础上，室内再进行地理内延外推，编绘整个地区的专业内容与轮廓界线。这是编制大中比例尺地质、地貌、土壤、植被、土地利用等专题地图的主要方法。

3. 数据资料制图

这是指利用各种观测记录数据，包括固定或半固定台站、不固定测站、航空或遥控观测记录数据、统计数据(包括人口普查、经济统计资料)，经过分析整理计算，编制成各种地图。这是编制地磁、地震、气象、气候、水文、海洋、环境污染和各种人口、经济统计地图的主要方法。其中，气象、水文要素台站积累了较长期的观测数据，而且这类要素一般呈周期性且有一定幅度的变化，因此必须取多年平均值，有时以半定位的观测数据作补充。数据资料制图需根据数据内容的详细程度和地图用途选择反映制图对象数量特征的指标与图形，然后合理选择数量分级与梯度尺，进行计算处理和地图编绘。

4. 地图资料制图

利用地图资料编制地图，是中小比例尺地图编制的主要方法之一，主要内容如下：

(1)利用大中比例尺地图资料缩编同类中小比例尺地图，主要是利用大比例尺地形图编制中比例尺地形图和中小比例尺普通地图；利用大中比例尺专题地图编制中小比例尺专题地图。

(2)利用地形图或其他地图量算出来的数据，编制形态矢量地图，如地面坡度图、地貌切割程度图、水系密度图等。

（3）利用单要素分析地图、编制综合地图、合成地图，或利用不同时期地图编制动态变化地图。

5. 文字资料制图

文字资料制图是指利用文献资料，包括历史资料、考古资料、地方志等编制地图的方法。如利用历史地震记载，根据地方志等资料整理的地震年表编制历史地震分布图，利用考古和历史文献资料编制历史地图、各历史时期人口分布图、历史时期动物分布图等。

6. 遥感资料制图

这是指利用航空和卫星影像编制地图的方法。一般是利用黑白、多波谱段、多频率雷达、红外等航空或卫星影像，在室内分析判读的基础上，经过实地验证，利用所建立的影像判读标志编制各种专题地图。目前，还可借助于图像假彩色合成、影像增强和密度分割等光学仪器处理及光学立体转绘，提高影像分析解译的能力和内容转绘的精度。采取电子计算机与图像处理设备，利用数字影像通过非监督分类、监督分类或其他图像分析模型自动分类，并与地形图或地理底图匹配，已成为编制各种专题地图的主要方法。

7. 计算机制图

这是指利用计算机及某些输入输出设备自动编制地图的方法。一般经过资料输入、计算机处理、图形输出三个基本过程。按输入资料的形式可分地图资料、数据资料和影像资料三种。数据资料可直接输入计算机，图形和影像必须先经过图数转换。一般通过屏幕显示、绘图机、彩色喷墨绘图仪、彩色静电绘图仪等形式输出地图产品。计算机制图能够大大提高制图速度，扩大制图范围，是当今信息时代的主要制图方法。

以上七种制图方法常常结合使用。例如，野外调查制图与遥感制图相结合，数据资料制图与计算机制图相结合，地图资料制图与计算机制图相结合，遥感制图与计算机制图相结合等。不论哪种制图方法，就地图常规编制的总过程而言，一般都包括地图设计与编辑准备阶段、地图编稿与编绘阶段、地图整饰阶段、地图制印阶段。

2.2.2.2 常规地图编制

1. 地图设计与编辑准备阶段

在这一阶段主要完成地图设计和地图正式编绘前的各项准备工作，一般包括根据制图的目的任务和用途，确定地图的选题、内容、指标和地图比例尺与地图投影，搜集、分析编图资料，了解熟悉制图区域或制图对象的特点和分布规律，选择表示方法和拟订图例符号，确定地图综合的原则要求与编绘工艺。对于专题地图，还要提出底图编绘的要求和专题内容分类、分级的原则，并确定编稿方式。最后写出地图编制设计文件——编图大纲或地图编制设计书，并制订完成地图编制的具体工作计划。

2. 地图编稿与编绘阶段

在这一阶段主要完成地图的编稿和编绘工作。一般包括资料处理，展绘数学基础，进行地图内容的转绘和编绘。在编绘过程中要进行地图概括（地图综合），即进行地图内容的取舍和概括。当然，在编辑准备阶段的分类分级与图例拟订也包括一定的地图概括，但在地图编绘阶段中，地图概括贯彻始终。地图编绘是一种创造性的工作，编绘阶段的最终成果是编绘原图。所谓编绘原图，就是按编图大纲或制图规范完成的，在地图内容、制图精度等方面都符合定稿要求的正式地图。对于专题地图，往往在地图正式编绘前，由专业人员编出作者原图（作者草图），然后再由制图人员编辑加工，完成正式的编绘原图。

3. 地图整饰阶段

在这一阶段主要根据地图制印要求完成印刷前的各项准备工作，包括按照印刷制版要求进行线划与符号清绘或刻绘、注记，完成印刷原图、出版原图的线划版、注记版，同时制作彩色样图及分色参考图等。

4. 地图制印阶段

在这一阶段主要完成地图制版印刷工作，包括出版原图的复照或翻版，分版分涂，制版打样，上机胶印、装帧等。目前计算机制图与自动制版一体化系统，计算机地图出版生产系统已将地图编辑、编绘、整饰与制版合成一个阶段，即计算机设计、编辑与自动分色制版、输出胶片、直接制版上机印刷。

2.2.2.3　计算机制图

计算机地图制图又称为自动化地图制图、机助地图制图或数字地图制图，它是以传统的地图制图原理为基础，以计算机及其外围设备为工具，应用数学逻辑理论，采用数据库技术和图形数据处理方法，实现地图信息的采集、存储、处理、显示和绘图的应用科学。

1. 计算机制图特点

计算机地图制图不是简单地把数字处理设备与传统制图方法组合在一起，而是制图环境发生了根本性的变化。与传统的地图制图相比，计算机地图制图具有如下特性：

（1）动态编辑性。传统的纸质地图一旦印刷完成即固定成型，不能再变化；而计算机地图是在人机交互过程中动态产生出来的，可以方便地根据地图用户的要求改编地图，以增加地图的适应性。

（2）快捷的更新性。为了充分发挥地图在国民经济建设中的作用，需要经常更新地图的内容，保持地图的现势性。对于计算机地图来说，只要保存原有的数据，通过对地图数据的再编辑，便可以轻松完成地图的更新。

（3）缩短了成图周期。计算机地图制图压缩了传统地图制图和制图印刷工艺中的许多复杂的工艺流程，极大地缩短了生产周期，如把地图的编辑和编绘、地图的清绘、复照、翻版等工艺合并在计算机上完成。

（4）提高绘图的精度。计算机地图的符号及注记比传统地图的更精准、更精细，使地图制图的精度由原来的 $\pm(0.1\sim0.3)$ mm 提高到 $\pm(0.01\sim0.005)$ mm。

（5）容量大且易于存储。计算机地图的容量的大小一般只受计算机存储器的限制，因此可以包含比传统地图更多的地理信息。计算机地图易于存储，并且由于存储的是信息和数据，所以不存在传统地图中常见的纸张变形等问题，从而保证了存储中的信息不变性，提高了地图的使用精度。

（6）丰富地图品种。计算机地图制图增加了地图品种，可以制作很多用传统制图方法难以完成的图种，如三维立体图、移动导航图、实景地图、通视图等。

（7）便于信息共享。计算机地图具有信息复制和传播的优势，容易实现共享，而且能够大量无损复制，并可以通过计算机网络进行传播。

2. 计算机制图流程

用计算机制作地图的过程，随着软、硬件的进步会不断变化，目前主要分为地图设计、数据输入、数据处理、图形输出四个阶段。

（1）地图设计。根据对地图的要求收集资料，确定地图投影和比例尺，选择地图内容和表示方法，图面整饰和色彩设计，确定使用的软件和数字化方法，最后成果是地图设计书。地图设计也称为编辑准备。

（2）数据输入。又称为数字化或数据获取，其目的是将作为制图资料的图形、图像、统计数据转换成计算机可以接受的数字形式，以数据库的形式记录在计算机的可存储介质上供调用。

（3）数据处理。通过对数据的加工处理，建立起新编地图的以数字形式表达的图形。制图者对数据进行选取、变换、选色、配置符号和注记等处理。

（4）图形输出。将数字地图变成可视的模拟地图的形式，可以用屏幕的形式输出，如电子地图，也可以用打印机、照排机、绘图机等输出纸质地图及供制作印刷版用的分色胶片等。

<h2 style="text-align:center">思 考 题</h2>

1. 地图制图数据的主要数据源有哪些？它们在制图中各起什么作用？
2. 叙述地图编制常用的几种方法。
3. 简述地图编制主要的几个阶段。
3. 地图设计分为哪几个阶段？各个阶段的主要任务是什么？
4. 地图编绘法包括哪几个过程？每个过程的主要任务是什么？
5. 试述计算机地图制图的基本原理和一般过程。

课程思政园地

<h3 style="text-align:center">时空大数据时代的地图学</h3>

在大数据成为地图学信息源的"数据密集型"科学范式新时代，地图学又站在了新的历史起点上。一段时期以来，人们都在谈论"大数据"，甚至认为全球信息化已迈入"大数据时代"。"大数据"正在为人类社会创造大价值，一切靠数据说话，凭数据决策。大数据带来的信息风暴正在改变人们的思维、工作和生活。时空大数据是指基于统一的时空基准，活动于时空中与位置直接或间接相关联的大数据，即大数据和地理时空大数据的融合。时空大数据的主要类型包括时空基准大数据、GNSS 和位置轨迹数据、大地测量与重磁测量大数据、遥感影像大数据、地图数据、与时空相关的其他大数据等。

（王家耀，2017）

<h3 style="text-align:center">张松献地图</h3>

张松，字永年，蜀郡人，东汉末年益州牧刘璋的部下，官至益州别驾。张松长得额头尖，鼻偃齿露，身材矮小，不满五尺，形象丑陋，走路一瘸一拐的。然而他声音洪亮，言语有若铜钟，很有才干，颇有计谋，可过目不忘。

建安十三年（208 年），曹操率军攻打荆州，占据江陵。益州（今四川成都市）牧刘璋见曹操势大，就想归降他，于是派善于辞令的张松前往荆州，拜见曹操，表示通好之意。

张松对刘璋的昏馈无能早已不满,见他难以成就大事,深知曹操是当今英雄,想和曹操深相结交。他在出发前,特意画了一张西川地图藏在身边,想利用出使的机会,明里请求保护,暗里献图投靠。但张松来到荆州,拜见曹操时,见曹操态度冷淡,礼节不周,不把自己放在眼里,对此很不满意。于是,他告辞曹操,去找刘备。

虽然刘备和曹操一样,并不知道张松的隐情和意图,但由于他早就觊觎益州,因此对刘璋的一举一动都非常注意。张松在曹操那里的冷淡遭遇,早被刘备得知,于是就热情地接待了张松。张松暗想,还是刘备仁义!便有意把益州献给刘备。但因言谈之间,刘备只是开怀闲聊,只字不提益州之事,张松一时很难启齿,到了最后,张松忍不住试探问:"眼下曹操虽退回北方,将军除荆州之外,还有几郡?"

诸葛亮插话说:"就是荆州还是暂借东吴的,将来还要归还东吴。"张松关切地说:"荆州东有孙权,北有曹操,恐非久安之地!"诸葛亮不失时机地问:"不知别驾(张松曾任刘璋手下的别驾)有何良策,以助刘将军?"

张松见问,便低声说道:"益州险要,沃野千里,郡民久慕将军宽厚仁爱,若能举兵入川,霸业可成。届时,松愿作内应,助将军一臂之力。"刘备面露难色地说:"我与刘璋同宗同姓,怎能夺他基业。"

张松叹口气说:"并非我卖主求荣,实因刘璋懦弱无能,民心思反,将军不先举兵,益州迟早要落入曹操之手。"刘备正色说:"若曹操进犯,备愿出兵解围,只是蜀道艰险,车马难行,唯恐爱莫能助。"

张松连忙从袖中取出四川地图,递给刘备说:"益州山要地,尽在纸上。松深感将军厚德,愿以此图相赠。"刘备等人展视地图,只见上面将益州山脉、河流名称,以及道路宽窄远近、兵库粮仓位置都标记得十分详尽,不觉心中暗喜,连连道谢。辞别时,张松特意告诉刘备说:"益州法正,是我心腹好友,日后可与他同心共事。"刘备频频点头,送走张松。张松回到益州,说了一些曹操的坏话,劝刘璋与刘备结交。刘璋听了张松的话,认为刘备与自己同宗,就同意结交刘备为外援。

建安十六年(211年),刘璋听说曹操已派兵攻打汉中(治今陕西汉中市),接下来准备夺取益州,心里很着急。在张松的怂恿下,便派法正到荆州去请刘备带兵入川保护益州安全。诸葛亮、庞统等人见时机已到,一致说服刘备答应刘璋的要求,法正也表示愿作内应。于是,刘备便留下诸葛亮、关羽、张飞镇守荆州,亲率黄忠、魏延等将领和数万大军,封庞统为军师,打着保护益州的旗号向益州进军。

这是一次很富有戏剧性的军事行动。开始,刘璋对刘备进川的真实意图毫无觉察,特地命令沿途各地准备大量粮草物资供刘备大军使用,自己还走了三百六十余里的山路,从成都赶到涪城(今四川绵阳)去迎接刘备。

而刘备虽已带兵入川,但并没立即采用暴力夺取益州,二人在涪城见面时彼此称兄道弟,颇为友善。刘备拒绝了庞统杀害刘璋的建议,还答应刘璋的要求,领兵去葭萌关(今四川广元),防止汉中太守张鲁的进犯。这时刘备采用的是广树恩德,收买人心,扩大自己政治影响的战略。

直到建安十七年冬天,刘备得到曹操进攻孙权的消息,便假称回师荆州,联吴抗曹,向刘璋提出借兵。但刘璋已存戒心,不肯冒险削弱自己的军事力量,为虎添翼,只答应借兵四千。刘备非常生气,决定使用武力。这时,刘璋发觉张松私通刘备,立即把他杀了,并通知各地将领，不准荆州人马入川。可是刘备已棋先一着，派黄忠占领了涪城。于是刘璋调集大军，与刘备交战。在争夺摊城(今四川广汉东)的战斗中，庞统中箭身亡，刘备只得向荆州求援，命令诸葛亮和张飞、赵云分别率军由江陵进入益州，三路大军进逼成都。建安十九年夏天，刘璋终于被迫投降。从此，刘备占领了益州，建立了自己的根据地。

张松献图使得刘备在短时间内拿下西川，又进一步拿下汉中，迅速崛起，成为一个割据政权，能够与曹操进行抗衡。如果说赤壁之战使得天下三分的雏形出现，那么张松献图就是巩固了天下三分的局面。张松献图彻底断了曹操南下的希望，使得刘备能够迅速崛起，与曹操、孙权对峙，形成三国鼎立的局面。

第3章 地图语言

3.1 地图符号

地图符号也称为"图解语言"。同文字语言一样,图解语言也有"写"和"读"两个功能。"写",就是制图者把制图对象用一定的符号表现在地图上;"读",就是用图者通过对地图符号的识别、认识制图对象。和文字语言相比,图解语言更形象直观,一目了然,既可显示制图对象的空间结构,又能表示它在空间和时间中的变化。

3.1.1 地图符号设计

3.1.1.1 地图符号的本质

符号的种类很多,有人们所熟知的语言的、文字的、数字的、物理学的、化学的以及地图上的符号,故地图符号只是符号应用于地图的一个子类。

地图符号本身可以说是一种物质的对象,它用来代指抽象的概念,并且这种代指是以约定关系为基础的,这就是地图符号的本质特点。我们不妨从地图符号产生和形成的历史发展过程,作一番分析探讨。原始地图并无现代地图符号的概念,更谈不上符号系统。那时的地图大多就是山水画,实地有什么就画什么,而且画得越像越好。随着人们认识的不断深入,要表达的客观对象渐渐多起来了,形象的画法逐渐变得困难。例如,房屋有草棚、草房、砖瓦房、钢筋混凝土建筑等,桥梁有石桥、砖桥、拱桥、公路桥、铁路桥、钢架桥等,地图上不可能一一表示它们的特征,而且用图者也不需要了解如此详细的特征。因此就需要将制图对象进行分类、分级,即用抽象的具有共性的符号来描绘某一类客观对象。例如,用两种不同颜色符号区分建筑物,用几种不同形状的符号将桥梁区分为人行桥、车行桥和双层桥等。

显然,地图符号形成的过程,是制图者将错综复杂的客观对象经过归纳、分类、分级进行抽象,并用特定的符号表现在地图上的过程,不仅解决了逐一描绘各个客观对象的困难,而且反映了客观全局的本质规律。因此,这一过程,实质上是对制图对象进行了第一次综合,如图3-1所示。

地图符号的形成过程,实质上是一种约定过程。任何符号都是在社会上被一定的社会集团或科学共同体所承认和共同遵守的,具有约定俗成的意义。尤其在普通地图中,某些地图符号经过长时间使用,被广大读者所普遍熟悉和承认。例如,黑色代表居民地、独立地物,蓝色代表水系,棕色代表地貌,绿色代表森林,河流用由细到粗的逐变线表示,等等。

| (a) 碑 | (b) 牌坊、牌楼 | (c) 水塔 | (d) 烟囱 | (e) 气象站 | (f) 风车 |
| (g) 钟楼 | (h) 宝塔 | (i) 庙宇 | (j) 旧碉堡 | (k) 文物碑石 | (l) 独立坟 |

图 3-1 地形图符号示例

3.1.1.2 地图符号的种类

地形图上表示的符号种类繁多，为了便于认识和使用符号，需进行归纳和分类。

1. 按物体的性质分类

按物体性质分类，是比较系统和适用的分类方法，如分为：测量控制点符号，如三角点、埋石点、水准点、地形点等；居民地符号，如各类房屋、窑洞、蒙古包等；独立地物符号，如纪念碑、水塔、烟囱等；管线及垣栅符号，如电力线、通信线、各种管线、篱笆、铁丝网等；境界符号，如国界、省、自治区界，县、乡边界等；道路符号，如铁路、公路、小路等；水系符号，如河流、湖泊、水库等；地貌与土质符号，如等高线、高程点、石块地、沙地等；植被符号，如森林、草地、各种经济作物等。其中，水系、地貌、土质、植被称为地理要素，其他被称为社会经济要素。

2. 按图形特征分类

按图形特征分类，可将符号分为正形符号、侧形符号和象征符号。正形符号以正射投影为基础，符号图形与地物平面形状一致或相似，并保持一定的比例关系，一般用于表示较大的物体，如大比例尺地形图中的森林、湖泊、街区等。侧形符号以透视投影为基础，符号图形与地物的侧面或正面形状一致或相似，一般用于表示较小的独立物体，如烟囱、水塔、独立树等。象征符号即象征地物特征或现象含义的会形、会意性符号，如路标、矿井和气象站符号，分别象征各自的路口、风镐和风向标，如图 3-2 所示。

类别	符号图形			符号名称
	1	2	3	
正射图形	■ ■	〰	⊙	1. 居民地街区 2. 河流 湖泊 3. 灌木林
透视图形	▲	⌂	⚑	1. 庙 2. 碑 3. 古塔
象征符号	⌐	✕	⌐	1. 气象站 2. 矿井 3. 路标

图 3-2 符号按图形特征分类

3. 按比例关系分类

按符号与地图的比例关系，可将符号分为依比例符号、不依比例符号、半依比例符号。

（1）依比例符号，即能保持地物平面轮廓形状的符号，又称真形或轮廓符号。一般用于表示在实地占有相当大面积，按比例尺缩小后仍能清晰地显示真形轮廓形状的地物。缩小程度与成图比例尺一致，具有相似性和准确性。用轮廓线（实线、点线或虚线）表示真实位置和形状，在轮廓线内填绘其他符号、注记或颜色，以表明该地物的质量与数量特征，如大比例尺地形图的街区、湖泊、林区、沼泽地、草地等。

（2）不依比例符号，即不能保持地物平面轮廓形状的符号，又称点状符号、独立符号或记号性符号。一般用于表示在实地占有很小面积且独立的重要物体，当按比例尺缩小后仅为一个小点子，无法显示其平面轮廓；通常用一定图形与尺寸的符号夸大表示。此种符号仅显示地物的位置和类别，不能量测其实际大小，如三角点、水井、独立树等。

（3）半依比例符号，即只能保持地物平面轮廓的长度，不能保持其宽度的符号，如线状符号，一般用于表示在实地狭长分布的线状地物，如道路、堤、城墙、部分河流等。按比例尺缩小后，其长度仍能依比例表示，而宽度不能依比例，只能夸大表示，例如单线铁路，标准轨宽只有 1.435m，连路基也不过 5~6m 宽，在 1:5 万地形图上只有 0.1~0.12mm，难以依比例描绘成黑白节的双线，只好将其放宽到 0.6mm 表示。此种符号只供图上量测其位置与长度，不能量测其宽度。

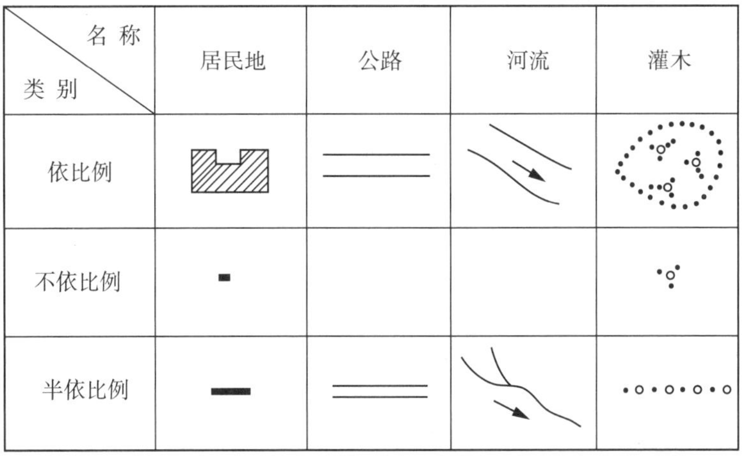

名 称 类 别	居民地	公路	河流	灌木
依比例				
不依比例				
半依比例				

图 3-3　各种比例尺符号示例

由图 3-3 可知，同一要素因地图比例尺不同，可以有不同的表示方式，例如同样是居民地，面积较大或地图比例尺较大时，可以用依比例符号表示；面积较小或地图比例尺较小时，则用不依比例或半依比例符号表示；也可以这三种符号同时并存，如在一个大型的居民地里，街区、狭长街区和独立房屋分别用依比例、半依比例和不依比例的符号表示。随着地图比例尺的缩小，这种关系将发生变化，即依比例符号逐渐转化为不依比例符号。这种分类法指出了符号与地图比例尺的关系，以便测绘人员正确地表示出地面物体。某种地物、地貌应采用依比例符号或不依比例符号，取决于该物体的大小和地形图的比例尺。

4. 按定位情况分类

按定位情况，可将符号分为非定位符号和定位符号。非定位符号即不是精确定位的，而只表明某范围内地理要素质量特征的一类符号。例如，森林、果园、竹林等符号，它们在图上的配置，有整列和散列两种形式，如图 3-4(a)(b) 所示，但都没有精确的定位意义。其中，整列式指按一定行列配置，如苗圃、草地、稻田等；散列式是不按一定行列配置，如有林地、灌木林、石块地等。

定位符号即在地图上有确定的位置，一般不能任意移动的符号。地图上大部分符号都属于定位符号，如河流、居民地、道路、境界、地类界、独立地物等，它们都可以根据符号的位置确定出相应物体的实地位置，也称为相应式，如图 3-4(c) 所示。

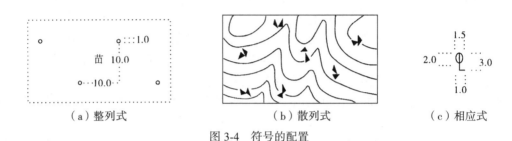

（a）整列式　　　　　　　　（b）散列式　　　　　（c）相应式

图 3-4　符号的配置

5. 按空间分布特征分类

按地图符号的空间分布特征，可将符号分为点状符号、线状符号和面状符号。如图 3-5 所示。

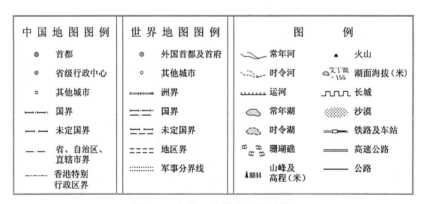

图 3-5　点状、线状和面状符号

(1)点状符号。地物的分布面积不大，不能按比例表示，仅能表明其分布点位的符号，如三角点、工矿企业等，多为几何符号、文字符号和象形符号。

(2)线状符号。呈线状或带状延伸的地物，如河流、岸线、道路、境界线和航线等，在地图上用线状符号表示。此类符号的长度与地图比例尺有关联，因此类似于半依比例符号。

(3)面状符号。占有相当面积、具有一定的轮廓范围的地物，如水域、动植物与矿藏资源的分布范围，用面状符号表示。这类符号所处的范围与地图比例尺直接关联，因此类

42

似于依比例符号在轮廓内填绘符号和注记，以示其数量和质量特征。无论是点状符号、线状符号还是面状符号，都可以用不同的形状、不同的尺寸、不同的方向、不同的亮度、不同的密度以及不同的色彩等图形变化来区分各种不同事物的分布、质量、数量等特征，使地图符号的表现力得到极大的扩展。

3.1.1.3 影响地图符号设计的因素

设计一个地图符号系统虽然允许发挥制图者的想象力和表现出不同的制图风格，但符号形式既要受地图用途、比例尺、生产条件等因素的制约，也要受制图内容和技术条件的影响，因此必须综合考虑各方面的因素，才能设计出好的符号系统。

1. 地图内容

地图应包含哪些内容，是符号设计的基本出发点。但是符号设计反过来也对地图内容及其组合有一定的制约作用，因为不顾及图解，盲目设想的内容组合往往无法在地图上表现出来。

2. 资料特点

地理资料关系到每项内容适于采用什么形式的符号。涉及表现对象以下四个方面的特点：

空间特征，即资料所表现对象的分布状况是点、线、面还是体，这就决定着符号的相应类型；

测度特征，即对象的尺度特征是定名的、定级的还是数量的，不同测度水平要采用不同的符号表示法；

组织结构，即资料表现的关系特征，内容的分类分级有没有层次性，是单一层次还是多层次，这是处理符号形式逻辑特征的依据；

其他特征，如资料的精确性和可靠程度以及制图对象在形状等方面特征的表现，这些对设计符号都有实际的意义。

3. 地图的使用要求

地图的使用要求由一系列因素决定，如地图类型、主题、比例尺，地图的使用对象和使用条件等，这些因素影响地图内容的确定，制约着符号设计。显然，选择几何符号、一般简洁的象形符号，还是选择更为艺术化的符号，在很大程度上是根据用图者的情况来确定的。

4. 所需的感受水平

地图一般需要几个特定的感受水平。各项地图内容在地图上的感受水平一方面由资料特点所确定，另一方面由内容主次及图面结构要求确定。主题内容需要较强的感受水平，其他则相反。

5. 视觉变量

不同的视觉变量有不同的感受水平，因而视觉变量的选择直接关系到符号的形象特点。

6. 视力及视觉感受规律

设计符号不能离开视觉的特性和视觉感受的心理物理规律。一般视力的分辨能力数据可作为确定符号线划粗细、疏密和注记大小的参考，但这只是在较好的观察条件下的最小尺寸，在实际使用时，要根据预定读图距离、读者特点、使用环境、图面结构复杂程度等做必要的调整、修改和试验。视错觉对符号视觉感受有很大影响，特别是在背景复杂的条件下，会因环境对比产生不正确的感受，如色相偏移、明度改变、图形弯曲、尺寸判断误差等，这需要在设计符号时考虑它们的图面环境而加以纠正或利用。

7. 技术和成本因素

绘图员的绘图技术水平和印刷技术水平都是确定符号线划尺寸和间距等时不能忽视的因素。另外，地图要顾及成本和地图产品的价格能否适应市场情况，在一般情况下，符号设计方案应利用现有条件而降低成本。

8. 传统习惯与标准

符号要能够被人们容易接受，就不能不考虑地图符号的习惯用法。普通地图要素一般应尽量沿用标准符号或至少与之相近似；专题内容虽然大多尚无标准化规定，但也应尽可能采用习惯的形式，如水系用蓝色，植被用绿色等。符号的传统和标准是与符号的创造性相对立的，但也是统一的，这要求制图者善于处理传统和创新的关系。

3.1.1.4　地图符号设计的要求

地图符号系统与地图的主题、用途密切相关。

1. 符号设计的一般要求

（1）充分考虑地图的比例尺和幅面，以及地图的主题和使用对象、使用方式。例如，对于全开大比例尺宣传用挂图，要求符号尺寸大、颜色鲜艳、层次分明，形状力求生动活泼，富于表现力，不宜设计单色符号，其线划也不宜过于精细，如幼儿地图册上的矿产符号宜设计象形符号，而不宜采用文字或几何符号。

（2）充分考虑人们对地图符号的感受规律，从视觉感受分析，使读者不用更多去记忆、辨别就可感受到；易感受的图形显得生动活泼，能激起美感，进而提高可视化的传输效果。

（3）充分考虑约定俗成的各类符号，尽量使用惯用符号，同时加快地图符号的统一化和标准化。

2. 对符号形状和结构的要求

（1）能够概括事物的共同特征。对于设计者而言，要善于抓住要素形状的典型特征进行夸张与概括，并以最精练的符号加以表示，即构图简洁，易于识别、记忆，图形要形象、简单和规则，如图 3-6 所示。对于读者而言，要善于从这种概括了的表现手法中洞察事物的细节，从中获得更多的信息。概括程度受应用目的和比例尺的制约。对于不同的用途，同一现象的符号细节不同。

图 3-6　符号构图概括性示例

（2）能够充分体现符号的系统性。地图符号系统的完整协调，能够最佳地表现出整个地理现象之间的关系。为此，需要考虑到构图与用色及地理现象的相互关系等因素。

① 要与惯用符号相同或相近，保持同类制图信息符号的延续性和通用性。将符号的图形与符号的含义建立起有机的联系。

② 同主题、不同比例尺地图的符号应尽量相近，一般小比例尺地图符号是由大比例尺符号简化、缩小或适当合并而获得的。

③ 系列地图、地图集（册）中的符号，其形状与结构要基本一致。

（3）要充分利用符号的组合和派生。地图符号应充分利用符号的组合和派生，构成新的符号系统，例如，用齿线和线条的组合，就可以组成凸出地面的路堤，高出地面的渠、土堆，凹于地面的路堑、冲沟、土坑，以及单面凸凹于地面的梯田、陡崖、采石场等多种地图符号。

（4）要与要素的分类分级相适应。地图符号的差异应能够明确反映制图信息的类别差异、等级高低和数量大小。不同大类差别要显著，同一大类要有紧密的联系。等级高、数量大的符号比等级低、数量小的符号的形状结构更加复杂、突出，表示出制图信息的主次等级和数量差异。

3. 对符号尺寸的要求

符号的尺寸要与制图信息的数量、等级相适应，即等级高、数量大的地图符号尺寸大，等级低、数量小的地图符号尺寸小。同幅地图、系列地图与地图集中的符号尺寸应相互配合，统一协调。面积大、重要的注记大，反之注记小；图名的字大、图廓的粗细要与地图幅面的大小协调一致，附图、附表的大小要与主图构成正确的比例关系。

3.1.2 地图符号的视觉变量

地图上能引起视觉变化的基本图形、色彩因素称为视觉变量，也叫图形变量。该变量是构成地图符号的基本元素，是地图符号的设计基础，在提高符号构图规律和加强地图表达效果方面起到了很大作用。

"视觉变量"的概念在1967年由法国贝尔廷提出，并总结出视觉变量包括形状、方向、尺寸、明度、密度和颜色图形要素，各国地图学家在此基础上进行了多方面的研究，提出了地图符号的种种视觉变量。1995年，美国人鲁滨逊认为其构成是由基本视觉变量（形状、尺寸、方向、色相、亮度、纯度）和从属视觉变量（网纹排列、网纹纹理、网纹方向）两部分组成。

3.1.2.1 基本的视觉变量

从制图实用的角度看，基本视觉变量包括形状、尺寸、方向、颜色、网纹五个方面。如表3-1所示。

（1）形状，是视觉上能区别开来的几何图形的单体。对于点状符号来说，符号本身体现了形状的变量，可以是规则的，也可以是不规则的。形状变量在线状符号中是一个个形状变量的连续，在面状符号中是一排排形状的连续，而不是整线段或整个面积同属一个形状变量。形状是基本的视觉变量，具有明显的差异性。一般地，形状上的不同，表现了空间数据的不同。

表 3-1

地图符号的视觉变量

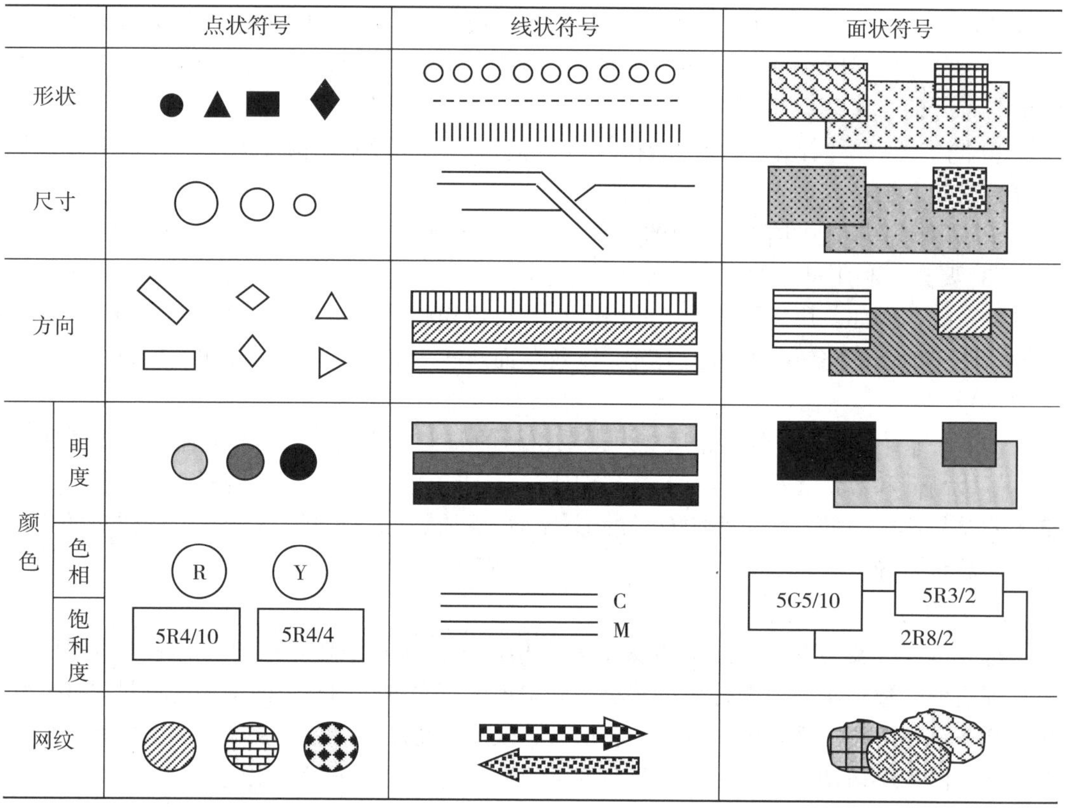

		点状符号	线状符号	面状符号
形状		● ▲ ■ ◆		
尺寸				
方向				
颜色	明度			
	色相	R Y	C / M	5G5/10 5R3/2
	饱和度	5R4/10 5R4/4		2R8/2
网纹				

（2）尺寸，是组成不同形状的符号在量度上的变量。衡量尺寸变量要从几何面的直径、长、宽、高和多边形的面积作比较。

（3）方向，适用于长形或线状的符号。方向变化是对图幅的坐标系而言的，在整幅图中必须和地理坐标的经线或直角坐标线成统一的交角才不致混乱。

（4）颜色，是最活跃的视觉变量，它包含三个子分量：色相、亮度、彩度。颜色包括颜色和非颜色，颜色具有色相、亮度、彩度三种特性，而非颜色却只有亮度特性。颜色的三种特性对制图来说各有作用，因而也可以各自成为一种视觉变量。

（5）网纹，在一个符号或面积内部对线条或图形记号的重复交替使用。网纹有许多种，可归纳为线划网纹、点状网纹和混合网纹。就网纹的组合来说，主要表现在方向、纹理和排列上，并且以整体特征呈现。网纹的纹理变量由间距相等的点或平行线段组成，线段可以是虚线、实线或波纹线。点状纹理也称晕点，线状纹理也称晕线。网纹的排列变量由规则或不规则、抽象或象形的形状组成。

3.1.2.2 视觉变量组合

在千变万化的符号形式中，根据空间事物相互联系的特征，以某种变量为主脉，可以形成一系列的符号结构。

在点状符号中表示如下：

（1）改变形状。如果选择铜矿的符号，可以出现图 3-7（a）所示的三角形、圆形、矩形、方形作为铜矿标记在地图的位置上。

（2）间断形状。如图 3-7(b) 所示的废墟、田间路、可通行沼泽，表示为次要等级，降低了符号的重要性。

（3）附加形状。如图 3-7(c) 所示，构成同一类别地物的一个亚类。

（4）组合形状。如图 3-7(d) 所示，由两种或多种形状变量组合而成，反映地物相互联系的意义。

（5）改变方向。形状变量表达符号含意，若改变形状变量的方向，那么符号的意义产生变化，如图 3-7(e) 所示的明礁、暗礁。

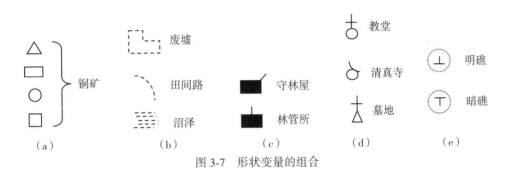

图 3-7　形状变量的组合

线状符号形状的连续变化，可以产生如图 3-8 所示的实线和间断线。也可以用叠加、组合和定向构成一个相互联系的线状符号系列，如图 3-9 所示。

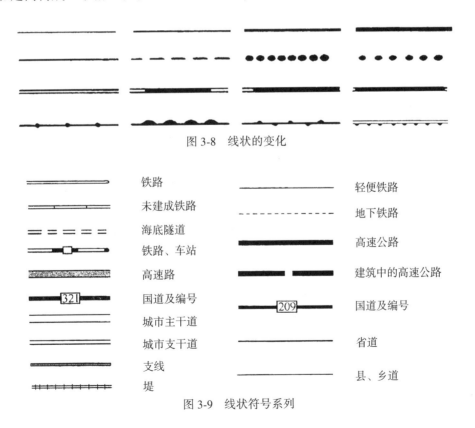

图 3-8　线状的变化

图 3-9　线状符号系列

面状符号的结构中，网纹变量起很大作用，在一定意义上说，网纹变量是形状变量的集合。计算机制图时，重复排列的网纹容易生成，并存储在符号库中供快速调用，如图3-10所示。

图 3-10　面状符号的结构变化

3.1.2.3　地图符号视觉变量感受效果

视觉变量提供了符号辨别的基础，同时，由于各种视觉变量引起的心理反应不同，又产生了不同的感受效果，这正是表现制图对象各种特征所需要的知觉差异。感受效果可归纳为整体感、差异感、等级感、数量感、质量感、动态感和立体感，对它们进行感受效果分析，有助于使它们每个变量能较好地参与地图符号设计，提高地图设计的水平。

（1）整体感，也称为联合感受，是指当我们观察出一些像素或符号组成的图形时，它们在感觉上是一个独立于另外一些图形的整体。整体感可以是一种图形环境、一种要素，也可以是一个物体。每个符号的构图也需要整体感。整体感是通过控制视觉变量之间的差异和构图完整性来实现的。如图3-6所示，效果如何主要取决于差别的大小和环境的影响，但形状、方向、色彩中的近似色是产生整体感的主要视觉变量。如形状变量圆、方、三角形等简单几何图形组合，整体感较强，而其他复杂图形组合则整体感较弱。位置变量对整体感也有影响，图形越集中、排列越有秩序，越容易看成是相互联系的整体，如图3-11所示。

地图的整体感是必不可少的，整体感的核心是，从不同的构图元素中产生，而不是从相同元素中产生。

（2）差异感，也称为选择性感受，当各部分差异很大，某些图形似乎从整体中突出来，各有不同的感受特征时，就表现出差异感。当某些要素需要突出表现时，就要加大它们与其他符号的视觉差别。

整体感和差异感对制图设计具有重大的意义。地图设计者必须根据地图主题、用途，处理好整体感和差异感的关系，在两者之间寻求适当的平衡，使地图取得最佳视觉效果。

（3）质量感，即质量差异感，就是将观察对象分出不同的质量、类别的感受效果，它使人产生"性质不同"的印象。形状、色相是产生质量感的最好视觉变量。一般而言，点状符号用形状较易产生质量感，面状符号用色相较易产生质量感，线状符号用色彩较易产

48

生质量感，形状与色彩融合在一起更易产生质量感。

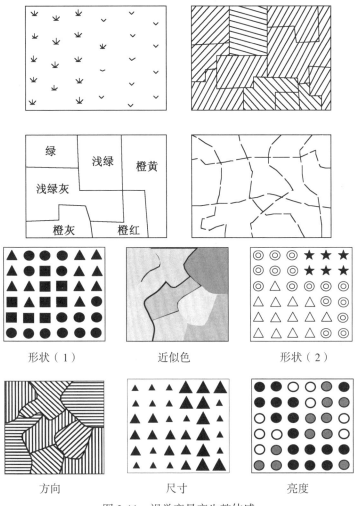

图 3-11　视觉变量产生整体感

（4）等级感，指观察对象可以凭直觉迅速而明确地被分为几个等级的感受效果。这是一种有序的感受，没有明确的数量概念，出于人们心理因素的参与和视觉变量的有序变化，就形成了这种等级感。如居民地符号的大小、注记字号、道路符号宽窄等所产生的大与小、重要与次要，一级、二级、三级的差别，如图 3-12 所示。等级感是体现地图内容分级系统性的重要手段，应用广泛。

（5）数量感，是从图形的对比中获得具体的感受效果。等级感只凭直觉就可产生，而数量感则需要经过对图形的仔细辨别、比较和思考等过程，它受心理因素的影响比较大，也与读者的知识和实践经验有关。尺寸变量是产生数量感的有效视觉变量，如图 3-13 所示。由于数量感具有基于图形的可量度性，所以简单的几何图形（如方形、圆形、三角形等）效果较好。

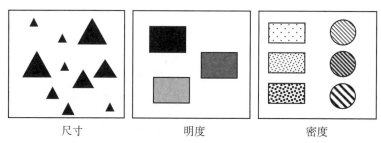

图 3-12 视觉变量产生等级感示意图

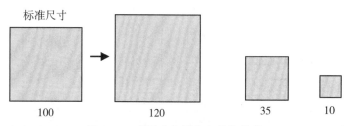

图 3-13 由尺寸变量产生的数量感

（6）动态感，是从构图上给读者一种运动的视觉感受效果。单一的视觉变量一般不能产生动态感，但是有些视觉变量的有序排列可以产生动态感。例如，同样形状的符号在尺寸上有规律地变化与排列、明度的渐变都可产生动态感。另外，箭头符号是产生动态感的有效方法。

（7）立体感，是指在二维平面上产生三维视觉效果。尺寸变化、明度变化、纹理梯度、空气透视、光影变化等都能产生立体感。

3.2 地图色彩

3.2.1 地图色彩的作用

我们生活在一个多彩的世界中，每时每刻都受到周围色彩的影响，同时又不断地用色彩去表现客观世界。在地图的制作与使用中，色彩同样是不可缺少的重要因素。

3.2.1.1 提高地图传递空间信息的容量

由于颜色是视觉可以分辨的形式特征之一，因而颜色就具有了信息载负的能力，人们可以利用色彩表现制图对象的空间分布、内在结构、数量、质量特征等，因而增大了地图传输的信息量。

（1）依靠人们对色彩的感知能力，有些不便于或不能用图形符号描述的内容，可以通过色彩表现出来，并加深人们对该内容的认识与理解。例如用浅蓝色表示水域，使读图者对水陆分布概念非常明确；又如用暖色表示气温高的地区，气温越高，颜色越趋暖色，反之以冷色表示低温区。

（2）色彩的使用简化了图形符号系统，地图内容十分丰富，地图表现的对象种类多样，地图的符号系统相当复杂，在单色条件下，所有点状、线状和面状的制图对象只能依

50

靠图形符号加以区别，不同对象必须具有不同形状和花纹的符号，有时分类分级过多时难以区分，这就使得原本已经较复杂的地图符号系统更为庞大和复杂，甚至迫使许多内容无法表示。色彩的使用大大简化了符号系统，使原本无法同时表示的内容可以叠加表示在一起，而不相互干扰，这些相互关联的内容不仅各自体现其直接信息，而且增加了内容的深度，人们有可能从它们的关系中分析更深层次的间接信息。例如，在地图上同是一条细实线，黑色表示铁路，红色表示公路，蓝色表示岸线，棕色表示等高线等；同是一个三角形，红色表示铁矿，黄色表示金矿，白色表示银矿等；同是一个多边形区域，红色表示大豆区，黄色表示玉米区，蓝色表示小麦区等。

总之，色彩已成为被人们广泛接受的视觉语言，有很高的视觉识别作用，巧妙地使用色彩可使地图内容更为丰富。

3.2.1.2 提高地图内容表现的逻辑性

制图对象是有规律的，色彩也有其内在的规律性，色彩的合理使用可以加强地图要素分类、分级系统的直观性。

例如，在普通地图上人们习惯于用蓝色表示水系要素，以棕色表示地貌要素，以绿色表示植被，以黑色表示人为环境要素等。这样的色彩分类，既能方便地单独提取某一种要素，又能把区域景观综合体中各要素的关系反映得很清楚。

利用色彩三属性的有规律变化，还可以表现制图对象分类的多层次性。例如，在某些专题地图上，色彩的有规律变化可以很好地表现出一级分类、二级分类，甚至三级分类的概念，这对读图者正确与深入理解地图内容十分有用。

色彩明度和饱和度的渐变色阶是表现数量等级的最佳方法，可以让读图者十分生动地感受到数量等级由低到高的渐变规律。

3.2.1.3 改善地图视觉效果，提高地图的传输效率

色彩的运用使地图语言的表达能力大为增强，可以产生多种视觉效果，可以使地图图面层次分明、符号清晰易读、重点突出，改善地图阅读的视觉层次。例如，利用色相可以表达制图对象视觉层次和类别，利用亮度可以表达制图对象定量特征，利用色彩的远近感可以表示制图对象的变化和层次。

另外，色彩的合理配置也是增强地图传输效果的有效途径。例如，对比色的配合可以增强图形与背景的效果，突出主题内容；同种色的配合容易获得协调的图面效果，增强地图的整体感，达到最佳的传输效果。

3.2.1.4 提高地图的艺术价值

地图是科学与艺术的结晶。当色彩设计既能正确表达地图内容，又能给人一种和谐的审美感受时，它才是一幅真正成功的地图作品。色彩配合协调美观的地图，可以使人阅读时得到美的享受，更重要的是可以吸引读者的注意力，让读者自觉地去看、去读、去认识和理解地图内容，从中很容易直观地感受到地图内容的主次、要素质量的差异、要素数量等级的变化等，最终获取相关的信息和知识。这也是地图艺术价值的真正体现，色彩的作用是无法替代的。

3.2.2 地图色彩基础

色彩在地图上的应用，使色彩成为地图语言的一个重要方面。

3.2.2.1 色彩的形成

色彩的呈现主要是由于光的照射，如果没有一点光线，物体的色彩就无法辨认。如花的色、颜料的色等，均是在光线照射下反射出来的。因此，色彩（颜色）可以看成是光线照射到物体上反射（或透射）出来，进入人眼刺激眼球内的视网膜，并传至大脑神经中枢而产生的感觉。可见，色彩不仅有赖于光的存在，更要求有正常的视觉功能可被感觉。

下面就光的实质、物体的光学特性及颜色视觉三方面简要叙述色彩的形成。

1. 光的实质

光是宇宙中客观存在着的一种物质的运动形式，其实质是电磁波，只是频率（或者波长）不同。作用于人的眼睛的光波的长度（波长）是在 $390 \sim 770 \mu m$ 之间，我们把这些能看得见的光叫可见光。最大光谱敏感点约在 $555 \mu m$ 波长的黄绿色区。小于 $390 \mu m$ 的电磁波（如紫外线 X 射线等）和大于 $770 \mu m$ 的电磁波（如红外线、无线电波等）叫做不可见光谱。

可见光谱系由不同波长的单色光混合而成的复合光，叫做白光。若将太阳光或白炽灯光通过三棱镜，由于波长不同的光线通过三棱镜产生的折射率不同，发生不同角度的折射。波长长的光波折射率小，波长短的光波折射率大，于是被分解成色彩鲜艳的光带，称为连续光谱。光谱的颜色按波长排列为红、橙、黄、绿、青、蓝、紫等色，称为光谱色，如图 3-14 所示。从图中看，若将三棱镜抽去，则光谱色立即消失，还原为白色（光）。若将光谱中某一色光再通过三棱镜时，则不能分解为其他色光，称其为单色光。由于单色光之间相互连续，差别甚微，人眼很难细分，所以一般多以 7 种光谱色为讨论对象。

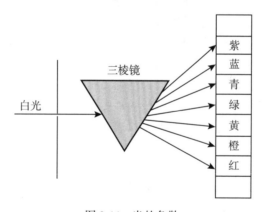

图 3-14　光的色散

2. 物体的光学特性

宇宙间一切物体，根据其光学特性，可分为发光体和受光体。发光体能直接向周围空间辐射光能量，并直接给人眼以色彩感觉，如太阳，各种灯、蜡烛等；受光体本身不辐射光能，而是在某种程度上吸收、透射、反射其表面、内体的色光。它之所以产生不同的颜色，主要是由于物体粒子具有选择吸收和反射入射光的特性。

物体受光照射后，入射光被物体表面分解为几个部分：一部分被直接反射出去，另一部分进入内层，除部分光能量被吸收转化为其他形式的能量外，大部分经过物体内层透射出来。在反射、吸收、透射中，若物体透过的光线多，吸收和反射的少，叫做透明体；若反射的多或吸收的多，而透射的少，则叫做非透明体或半透明体。有色透明体能透过部分色光，因此它的颜色是由透过它的色光来决定的。如绿色玻璃呈现绿色，主要是绿色光能通过，其他色光被吸收的结果。非透明体的颜色是由它所反射的色光来决定的。

颜料之所以能呈现一定的颜色，在于颜料粒子对白光中某些色光进行了选择性吸收和反射某种色光的结果。各种颜料混合后，它们的吸收量等于混合前的总和。如黄、蓝两颜料相混合，红、橙、黄色光被蓝色光吸收，青光、蓝光和紫光被黄色吸收，剩下的便是绿光，如图 3-15 所示。

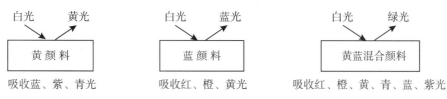

图 3-15　颜料的选择性吸收和反射

可以看出，物体的颜色取决于选择性的吸收，而且与投影光的光谱成分也有关。白光照在深蓝色物体上，其反射光主要为深蓝色，其他色光均被吸收。若改用红光照射此物体，由于深蓝色物体吸收红光，因无反射便呈黑色。即照射物体的光谱成分不同，物体呈现的颜色也不同。换言之，只有白色光源照射下的物体，才呈现其真正的颜色。综上所述，光是能使人们感觉物体色的唯一物质，而颜色是物体化学结构和光学特性的具体反映，当光的性质发生变化时，所见色也随之变化。

3. 颜色视觉

颜色的感觉是不同波长的光波对人眼视网膜的刺激而引起的。眼睛内层的视网膜是眼睛的感光部分。它是由一些同大脑中枢神经细胞组成的。根据其形状和功能，分为视锥细胞和视杆细胞。

(1)视锥细胞：主要集中在正对瞳孔的网膜上，最密集处称为黄斑中心，视锥细胞逐渐减少，视杆细胞逐渐增多。视锥细胞的感光能力小，主要功能在于分辨颜色，所以是感色细胞。

(2)视杆细胞：主要分布在视网膜四周，有高度的感光功能，能区分光亮度差别，是感光细胞。虽然不少科学家都在研究视锥细胞的感色功能，但迄今广为流传的是托马斯·扬(T. Yong)与赫尔曼·赫姆霍尔兹(H. Helmholtz)的三色学说。三色学说认为，人眼的视锥细胞中存在着三种感色细胞，分别感受三个光谱区的色光：感红光谱区的称红细胞，感绿光谱区的称绿细胞，感蓝光谱区的称蓝细胞。其中任何两种细胞分别或同时受到相应波长的光波刺激时，经神经纤维传至大脑，在大脑中起光学组合作用，从而产生颜色感觉。如红、绿细胞同时受刺激时，便产生品红色感觉；三种细胞同时受相应色光等量刺激时，则产生白色或灰色感觉；三种细胞均未受刺激时，便感到黑色；三种细胞受到相应色光不等量刺激，则产生各种彩色感觉。人眼有了这三种基本的感色细胞，便能感觉成千上万种色彩。这就是三色学说的基本原理。三色学说对许多领域的发展作出了很大贡献，如三原色印刷、电子分色、彩色电视等的形成和发展均与三色学说分不开。

53

3.2.2.2　色彩的基本属性

宇宙间的色彩可分为两大类：一是彩色，如红、橙、黄、绿、青、蓝、紫等色；二是黑、白、灰等非彩色，称消色。消色与彩色统称色彩或颜色。凡是彩色都有共同的属性：色相、亮度和饱和度。

1. 色相

色相也叫色别，是指色与色之间相貌上的差异。比如，我们看见几种不同的有色物体时，立刻就能辨认它们之间的颜色区别，如红、橙、黄等。在地图上多用色相来表达类别的差异。例如，在地形图上多用蓝色表示水系，用绿色表示植被，用棕色表示地貌；在专题图上用不同的色相表现不同对象的质量特征等。

大多数的人对色相的差别都很敏感，故地图上总是用色相来区分事物的类别。但对每种颜色的敏感程度是一致的，如果不考虑精确的亮度关系，人们通常对红色最敏感，地图上总是把最重要的目标表示为红色，其他的依次表示为绿、黄、蓝、紫等，这就从事物重要性角度为我们提供了用色的顺序。

2. 亮度

亮度又叫明度，指色彩本身的明暗程度。对光源来说，光强者显示的色彩亮度大；反之，亮度小。对反射体而言，受光强而反射率高者，色彩的亮度大；反之，亮度小。

在地图上，多运用不同的明度来表现对象的数量差异，特别是同一色相的不同明度更能明显地表达数量的增减。例如，用蓝色的深浅表示降水量的大小。人们在利用亮度来设计地图时，有些是基于生理学基础的，有的是根据人们的主观反应，有的则完全是根据已形成的惯例。

从生理学的角度看，人们对亮度的差别并不十分敏感。能记忆并识别出一种特定亮度的能力是有限的。在数据分级时，对某一种颜色，使用亮度差别的辨别能力是有限的，如果采用的本来就是淡色，可以分辨出的级别就更少。

主观反应方面最重要的是亮度变化可以传递数量变化的含义，即色调浅的地方象征数量少，深的地方象征数量大。例如，较暗的蓝色表示较深的水域，人口密度大的地区、人均收入高的地区、粮食亩产高的地区等用较深的色调来表达。但是所谓数量大小的概念，对有些现象来说，具有相反的关系，例如财政收入水平和赤字水平是相反的，环境质量和污染水平是相反的，等等。究竟用较暗色调表示哪一端，一般在用一系列的亮度级别表示各种数据时，在性质上不利的一面也用暗的色调表示，如财政赤字高、污染程度高、文盲率高等。

3. 饱和度

饱和度又称彩度或纯度，是指色彩接近标准色的纯净程度。光谱中的各单色光是自然色中最饱和的彩色，故称标准色。如某色越接近同色相的光谱色，其纯度越大，色彩越鲜艳；反之纯度越小，色彩越暗淡。在地图上，只有运用这一属性来调配色彩，才会收到好的效果。例如，地图上用许多颜色组合表现对象的分布范围时，一般小面积、分布范围少的，多使用纯度较高的色彩，以求明显突出；而大面积范围设色，则最好采用纯度低的色彩，以免过分刺眼。

任何彩色都具有三个属性，而且一种属性发生变化，其他属性也随之变化。如在高饱和度的色彩中混合白色，则亮度增加，成为明色；混入灰或黑色，则亮度减少，成为暗调，同时饱和度发生变化。由此，可产生种类繁多的色彩。地图上运用色彩，增强了地图各要素分类、分级的概念，反映了制图对象的质量与数量的多种变化；运用色彩还可以简化地图符号(图形差别和数量)，使地图内容可以相互重叠，区分几个"层面"，提高地图的表现力和科学性。

3.2.2.3 色彩的视觉心理反应

色彩能给人以不同的感觉。当两种或两种以上的色彩组合时，由于相互影响，便给人以另一种感觉。人们对色彩的这种感觉，在许多方面是趋于一致的。

(1)颜色的兴奋与沉静感。例如，红、橙、黄色能给人以兴奋感；青、蓝、紫色能给人以沉静感；而介于两者之间的绿、黄绿等色，色泽柔和，久视不易疲劳，给人以宁静、平和之感，有中性色(黑、白、灰、金、银亦属中性色)之称。在地图设计中，常根据不同的年龄对象而选择用色。例如，供老年人用的历史用图，多用老人喜爱的沉静色；供儿童读的地图，一般都要使用刺激性很强烈的兴奋色等。

(2)颜色的冷暖感。这主要是由于人们对自然现象色彩的联想所致。如当人们看到红、橙、黄色便会联想到太阳、火焰，产生温暖感；而蓝、蓝绿、蓝紫等色使人联想到海水、月夜、阴影，使人产生寒冷的感觉，因此，一般将红、橙、黄色叫暖色，青、蓝等色叫冷色，绿与紫叫中性色；非彩色的白属冷色，黑属暖色，灰属中性色。色彩的冷暖感在地图上运用很广泛。例如，在气候图中，总是把降水、冰冻、一月份平均气温等现象用蓝、绿等冷色来表现；日照、七月份平均气温等常用红、橙等暖色来表现等，使色彩设计与人对色彩的感觉联系起来。

(3)颜色的远近感。人们观察地图时，处于同一平面上各种颜色给人以不同远近的感觉。例如，红、橙、黄等暖色似乎离眼睛近，有凸起的感觉；而青、蓝、紫等冷色似乎离眼睛远，有凹下的感觉。因此，常将前者称为前进色(或近色)，后者称为后退色(或远色)。在地图设计中，常利用颜色的远近感来区分内容的主次，主要内容用浓艳的暖色，次要内容用浅淡的灰色等，这是把地图内容表现为几个层面的主要措施。

(4)颜色的轻重感。色彩的轻重感主要取决于亮度，如明色感到轻，暗色感到重。饱和度亦起重要作用，同一明度、色相条件下，饱和度高的感觉轻，饱和度低的感觉重。在地图设计中进行图面各要素配置时，不仅要注意位置的安排与组合关系，更应注意各要素色彩轻重感的运用，以使图面配置均衡。

3.2.2.4 色彩的象征意义

大自然丰富的色彩和人们使用色彩的习惯造成的长期印象，使某些色彩根据地域和民族的差异形成某些象征意义。

(1)红色：使人联想到自然界中红艳芳香的鲜花、丰硕甜美的果实。因此，常以红色象征艳丽、青春、饱满、成熟和富于生命力，欢乐、喜庆、兴奋，革命事业的胜利、兴旺、发达等；相反，也可用红色象征危险、灾害和恐怖等。

(2)黄色：有如早晚的阳光和大量人造光源等辐射光的倾向色(黄)，常用以象征光明、辉煌、灿烂、轻快、丰硕、甜美、芳香等；相反，也可象征酸涩、颓废、病态等。

(3)绿色：称为生命之色，可作为农、林、牧业的象征色；还可以象征春天、生命、活泼；象征和平等。

(4)蓝色：使人联想到天空、海洋、湖泊、严寒等，象征崇高、深远、纯洁、冷静、沉思等。

（5）白色：易使人联想到太阳、冰雪、白云，象征光明、纯洁、寒凉等。

（6）黑色：黑色既可用以象征积极，如休息、安静、深思、考验、严肃、庄重和坚毅等；也可用以象征消极，如恐怖、阴森、忧伤、悲痛和死亡等。

在地图上，主要利用色彩的自然景色象征性和政治意义象征性来丰富地图的信息量，加强其传输效果。几乎在所有国家的普通地图上，各要素的用色多已形成了习惯，水系用蓝色、森林用绿色、地貌用棕色等，这就是自然景色象征性的具体应用；地图上用红色（箭头）表示暖流，用蓝色或绿色（箭头）表示寒流，用红色或橙色表示七月份等温线，用蓝色表示一月份等温线；在世界地图上习惯用红色显示我国领土范围，象征祖国欣欣向荣；用红旗、红五星、红色箭头表示革命力量，象征革命进步。

3.2.2.5 色彩的混合

两种或两种以上色光或颜料混合构成一种新的色，称为色彩的混合。可分为加色法混合与减色法混合两种。

1. 加色法混合

利用两种或两种以上的色光相混合，构成新的色光的方法，称为加色法混合。计算机上阴极射线管屏幕上的色彩，即是依据加色法原理产生的色彩。

色光的三原色为红、绿、蓝，此三原色两色光等量相混可得三种标准间色，分别为黄、品红、青。补色为任二原色光混合而成的色光，与另一原色光相对，即为互补色光，如红光与青光、绿光与品红光、蓝光与黄光等皆是。补色光相加为白色。色光混合后，明度增大，混合后彩色更鲜明，如图 3-16（a）所示。

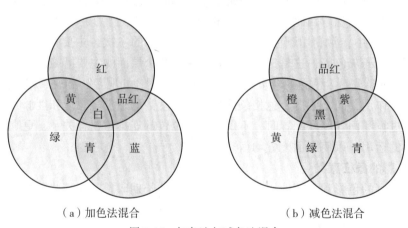

（a）加色法混合　　　　　　　　（b）减色法混合

图 3-16　加色法与减色法混合

2. 减色法混合

利用色料（颜料、染料及涂料等）混合或颜色透明层叠合的方法获得新的色彩，称为减色法混合。

色料和有色透明层呈现出一定的颜色，正是由于白光中某些色光被选择性吸收以后剩余的色光。色光被吸收得越多，则剩余色越晦暗，其亮度也越小；若三原色光或互补色光部分或全部被吸收，则混合色呈深灰色或黑色。

减色法混合的三原色为黄、品红、青，正好是加色法中三原色的补色，故称为三减原色；由两种色料原色混合而得之色，称为间色，又称第二次色。三个标准间色为橙、紫、绿。减色法中互补色有品红与绿、黄与紫、青与橙等。补色相加均为黑色。减色法混合后，总明度降低，混合后的色彩更灰暗，如图3-16(b)所示。

由上可见，不管是颜料绘制的色彩，还是通过油墨印刷的色彩，都是减色法混合而成，与我们在计算机屏幕上所看到的色彩是有差异的，但如果计算机在图像输出之前利用一定的算法将加色法标定的色彩能转换成减色法标定，就可以在屏幕上见到以后在硬拷贝上输出的色彩，那么地图设计(和其他相关的图像设计)就变得十分方便和实用了。

3. 彩色模型

由前面介绍可知，三种原色常见有两种选法：一组是红、绿、蓝，简称RGB彩色模型；另一组是青、品红、黄，简称CMYK彩色模型。在彩色印刷中，一般用CMYK模型，原因之一是用自然界中的物质生产这几种颜色的油墨比较容易。从原理上讲，有C、M、Y就够了，但实际生产中由于质量上的原因，黄、品红、青的油墨进行等量混合之后得不到真正的黑色(K)，即不够黑，因此要加黑色油墨。另外，印刷中文字绝大部分是黑色，从节约油墨的角度来考虑，加上黑色油墨也是必要的。

3.2.3 地图色彩设计

世界上，凡是与视觉工艺有关的领域都不可避免地要运用色彩、研究色彩。地图是以视觉图像表现和传递空间信息的，图形和色彩是构成地图的基本要素。色彩作为一种能够强烈而迅速地诉诸感觉的因素，在地图中有着不可忽视的作用。色彩本身也是地图视觉变量中一个很活跃的变量。地图设计的好坏，无论在内容表达的科学性、清晰易读性，还是地图的艺术性方面，都与色彩的运用有关。

3.2.3.1 地图设色的特点

地图色彩是以客观事物色彩的某些特征为基础，从地图图面效果的需要出发，设计象征性和标记性颜色，与一般艺术创作中的色彩相比，地图设色具有以下特点：

1. 地图色彩大多以均匀色层为主

地图的设色与地图的表示方法有关。除地貌晕渲和某些符号的装饰性渐变色外，地图上大多数点状、线状和面状颜色都以均匀一致的"平色"为主，尤其是面状色彩。现代地图上主要采用垂直投影的方式绘制地物的平面轮廓范围，每一范围内的要素被认为是一致的、均匀分布的。如某种土壤或植物的分布范围，人们不可能再区分每一个范围内的局部差异，而将其看做是内部等质(某种指标的一致性)的区域，这是地图综合——科学抽象的必然。因而，使用均匀色层是最合适的。同时，地图上色彩大多不是单一层次，由于各要素的组合重叠，采用均匀色层才能保持较清晰的图面环境，有利于多种要素符号的表现。

2. 色彩使用的系统性

地图内容的科学性决定了其色彩使用的系统性，地图上的色彩使用表现出明显的秩序，这是地图用色与艺术用色的最大区别。

如前所述，地图上色彩的系统性主要表现为两个方面，即质量系统性与数量系统性。色彩质量系统性是指利用颜色的对比性区别，描述制图对象性质的基本差异，而在每一大类的范围内又以较近似的颜色反映下一层次对象的差异。例如，在土壤分布图上，以蓝色表示水稻土，以紫灰色表示紫色土，以土黄色表示黄壤……以此反映一级分类(土类)的不同。在第二级(亚类)层次上，以较深的蓝色表示淹育型水稻土，以中蓝表示潴育型水稻土，以浅中蓝表示潜育型水稻土等；以深土黄表示黄壤，以浅土黄表示黄壤性土等。这种用色方法使图上复杂的色彩关系有了规律。人们既能根据基本的色相属性分辨土类的范围，又可以凭借色彩的较小的饱和度和明度区别判断土壤的亚类属性。显然，这种用色方法清楚地反映了地图内容的分类系统性。

色彩的数量系统性主要是指运用色彩强弱与轻重感觉的不同，给人以一种有序的等级感。色彩的明度渐变是视觉排序的基本因素，例如在降水量地图上用一组由浅到深的蓝色色阶表示降水量的多少，浅色表示降水少，深色表示降水多。在专题地图上，这种用色方法十分普遍。

3. 地图色彩的制约性

在绘画艺术中，只要能创造出美的作品，一切由画家的主观意愿决定。画面上的景物、色彩及其位置、大小都可根据构图需要进行安排调动，称为"空间调度"，现代派画家甚至撇开图形而纯粹表现色彩意境和情调。地图则不同，地图上的色彩受地图内容的制约，地图符号、色斑位置和大小一般不能随意移动，自由度很小。一般来说，色彩的设计总是在已经确定了的地图图形布局的基础上进行。

同时，由于地图上点、线、面要素的复杂组合，色彩的选配也受到很大限制，例如除小型符号外，大多数面积颜色要保持一定的透明性，以便不影响其他要素的表现。

4. 色彩意义的明确性

在绘画作品中，色彩只服从于美的目标，而不必一定有什么意义，有些以色块构成的现代绘画只是构成一种模糊的意境，而不反映任何具体事物。地图是科学作品，其价值在于承载和传递空间信息，地图上的色彩作为一种形式因素担负着符号的功能。在地图上，除少数衬托底色仅仅是为了地图的美观外，绝大多数颜色都被赋予了具体的意义。而且作为一种符号或符号视觉变量的一部分，其含义都应该十分明确，不允许模棱两可、似是而非。

3.2.3.2 地图色彩设计的原则

1. 地图色彩设计与地图的性质、用途相一致

地图有多种类型，各种类型的地图无论在内容上还是使用方式上都不同，其色彩当然也不一样。色彩的设计要适应地图的特殊读者群体，要适应用图方法。例如，地形图作为一种通用性、技术性地图，色彩设计既要方便阅读，又要便于在图上进行标绘作业，因而色彩要清爽、明快；交通旅游地图用色要活泼、华丽，给人以兴奋感；教学挂图应符号粗大、用色浓重，以便在通常的读图距离内能被清晰地阅读；一般参考图应清淡雅致，以便容纳较多的内容；而儿童用的地图则应活泼、艳丽，针对儿童的心理特点，激发其兴趣。

2. 色彩与地图内容相适应

地图上内容往往相当复杂，各要素交织在一起。不同的内容要素应采用不同的色彩，这种色彩不仅要表现出对象的特征性，而且还应与各要素的图面地位相适应。在普通地图上，各要素既要能相互区分，又不要产生过于明显的主次差别。在专题地图上，内容有主次之分，用色就应反映它们之间的相互关系。主题内容用色饱和、对比强烈、轮廓清晰，

使之突出，居于第一层面；次要内容用色较浅淡、对比平和，使之退居次一层面；地理底图作为背景，应该用较弱的灰性色彩，使之沉着于下层平面。

在某些地图上，专题内容的点状或线状符号要用尺寸和色彩强调其个体的特征，使之较为明显，而表示面状现象的点(如范围法中的点状符号)和线(如等值线)则主要强调的是它们的总体面貌，而不需突出其符号个体。另外，某些地图要素，尤其是普通地图要素，已经形成了各种用色惯例，在大多数情况下应遵循惯例进行设色，否则会影响地图的认知效果。

3. 充分利用色彩的感觉与象征性

地图色彩主要是用来表现制图内容，设计地图符号的颜色时，必须考虑如何提高符号的认知效果。

有明确色彩特征的对象，一般可用与之相似的颜色，如蓝色表示水系，棕色表示地貌与土质，黑色符号表示煤炭，黄色符号表示硫黄等。

没有明确色彩特征的对象，可借助色彩的象征性，如暖流、火山采用红色，寒流、雪山采用蓝色；高温区、热带采用暖色，低温区、寒带采用冷色；表现环境的污染可采用比较灰暗的复色等。

4. 和谐美观、形成特色

为了突出主题和区分不同要素，地图的色彩设计需要足够的对比，但同时又应使色彩达到恰当的调和。与此同时，地图虽然属于技术产品，但是地图的色彩设计也不能千篇一律。一幅地图或一本地图集，制图者应力求形成色彩特色。例如《瑞士地形图》淡雅与精致，《荻克地图集》浓郁、厚实，《海洋地图集》鲜艳、清新，《中国自然地图集》清淡、秀丽等，这些优秀的地图作品的色彩设计都各具特色。

3.2.3.3 地图色彩的配合与选择

1. 色彩的配合

色彩配合就是根据配色的对象、目的和条件，利用颜色表达现象的性质、特征和作者的意图，通过色彩的对比与协调规律，给人以美观悦目的感觉。任何色彩的配合，常常是两个以上的色彩配合。地图设色尤其如此，以几种底色、彩色线划符号及彩色注记相配合。但是，不论色彩配合形式变化如何，其配合类型有以下几类：

(1)同种色配合。将任一色相逐渐变化其亮度或饱和度(加白或黑)，构成若干个色阶的颜色系列，称为同种色。如淡蓝、蓝、中蓝、深蓝等同种色配合在一起，就叫同种色配合。

同种色配合系统分明、朴素雅致，容易获得协调的图面效果。配色时须注意各色明暗或浓淡差别，相邻两色的亮度勿过于接近，以免出现单调乏力的感觉。但也不宜相距过远、反差过大，以免造成明暗对比强烈而失去亲和关系。

(2)类似色配合。色环上，凡是在60°范围以内的各色均为类似色，又称同类色，如红、红橙、橙等，如图3-17所示。利用类似色配合在一起，称为类似色配合。类似色之间有差别，但差别不大，因各色之间含有共同色素，如橙、朱红、黄都含有黄的色素，所以，配合在一起容易协调一致。

以上两种配合方法均属于调和色的配置。在地图中，常用来表示现象的数量变化，如积雪量、日照时数、降水量、气温和人口分布等。

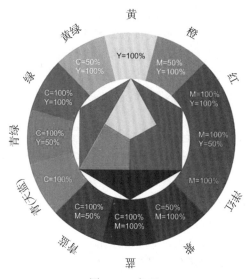

图 3-17　色环

（3）原色配合。品红、黄、青三原色配合在一起有单纯、原始、强烈的感觉。由于原色配合在一起容易给人一种对比强烈的感觉，所以在地图上常用来表示现象的质量差别，如地貌类型、土壤类型、地质类型，以及专题地图中的组合结构符号等。

（4）互补色的配合。色环上，凡相对180°的两色配合，称为互补色的配合，如黄和紫，如图3-17所示。互补色并列时，有相互排斥、对比强烈、色彩跳跃、对比鲜明的效果。因此，补色配合运用得好，能使图面色彩醒目、生气勃勃，能衬托出主体；相反，配合时若不注意色彩的协调，则会产生生硬、刺目等弊病。

在地图中，若必须采用互补色配合，须将互补两色变淡或变暗，使其成为明或暗调，它们虽然仍保持着互补色关系，但对比感减弱了，容易取得协调的效果。

（5）对比色配合。在色环上，任意一色与之相隔90°以外，180°以内的各色之间的配合，称为对比色的配合，如红与黄、橙与绿，如图3-17所示。对比色配合，各色之间的差别比类似色配合强烈，所以比较容易协调。为避免对比过于强烈，可适当改变各个对比色的亮度或饱和度，使之配合协调。

（6）综合色配合。将上述对比色和调和色结合在一起配色，称为综合色的配合。如补色与类似色的配合，以及各种彩色与金、银、黑、白、灰等中性色的配合等。这种配合法比较方便，因为配色的活动范围大，能给配色者带来许多灵活性。

2. 色彩的选择

色彩在地图上是附着于地图符号上使用的，可以分为点状色彩、线状色彩、面状色彩。彩色地图是利用不同颜色的符号来显示客观世界的形象化模型，色彩的合理选择，是建立这种模型不可缺少的措施。

（1）点状色彩，指点状符号的色彩。由于点状符号属于非比例符号，多由线划构成图形，用色时多利用色相变化表示物体的质和类的差异，而很少利用明度和饱和度的变化。为了使读者在读图时能够产生联想，应使用同制图对象的固有色彩近似的（或在含义上有

60

某种联系的)色彩。为了印刷方便,点状符号一般只选用一种颜色。

(2)线状色彩,指线状符号的色彩。地图上的线状符号大多由点、线段等基本单元组合构成,其用色要求基本与点状符号相似。运动线也是线状符号,它同其他线状符号的差别在于它有相当的宽度,所以它除了运用色相变化外,也可以有明度和饱和度的变化。

(3)面状色彩。色彩是面状符号最重要的变量,它可以使用色相、明度、饱和度的变化。色彩的对比和调和设计也主要运用于面状符号。

地图上的面状符号用色分为以下几种:

① 质别底色,是用不同颜色填充在面状符号的边界范围内,区分区域的不同类型和质量差别。地质图、土壤图、土地利用图、森林分布图等使用的面积色都是质别底色。对于质别底色必须设置图例。

② 区域底色,用不同的颜色填充不同的区域范围,它的作用仅仅是区分出不同的区域范围,并不表示任何的数量或质量特征,视觉上不应造成某个区域特别明显和突出的感觉,但区域间又要保持适当的对比度。区域底色不必设置图例。

③ 色级底色,是按色彩渐变(通常是明度不同)构成色阶表示与现象间的数量等级对应的设色形式。分级统计地图都使用色级底色,分层设色地图使用的也是色级底色。

色级底色选色时要遵从一定的深浅变化和冷暖变化的顺序和逻辑关系。一般来说,数量应与明度有相应关系,明度大表示数量少,明度小则表示数量大。当分级较多时,也可配合色相的变化。色级底色也必须有图例配合。

④ 衬托底色,既不表示数量、质量特征,又不表示区域间对比,它只是为了衬托和强调图面上的其他要素,使图面形成不同层次,有助于读者对主要内容的阅读。这时底色的作用是辅助性的,是一种装饰色彩,如在主区内或主区外套印一个浅淡的、没有任何数量和质量意义的底色。衬托底色应是不饱和的原色或米黄、肉色、淡红、浅灰等,不应给读者造成刺目的感觉,不影响其他要素的显示,同待衬托的点、线符号保持一定的对比度。

3.3 地图注记

3.3.1 常见地图注记

地形图注记通常分为名称注记、说明注记、数字注记及图外注记四种。

名称注记说明各种地物、地貌的专有名称,如图 3-18(a)所示。

数字注记说明景物的数量特征,如高程、比高、水深、河宽、桥长、载重量、流速等具体数值,如图 3-18(b)所示。

说明注记说明各种景物的种类、性质或特征,如图 3-18(c)所示。

图外注记则包括图名、图号、比例尺等文字和数字注记,如图 3-18(d)所示。

3.3.2 地图注记设计原则

地图注记的格式由字体、字大、字隔、字位、字向、字顺、字色等要素所决定,它们总称为注记要素。它们使地图注记具有某种符号性意义,其设计原则如下:

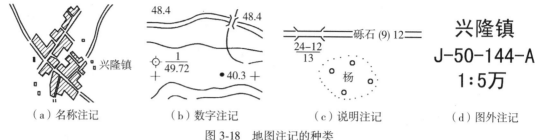

| （a）名称注记 | （b）数字注记 | （c）说明注记 | （d）图外注记 |

图 3-18　地图注记的种类

（1）注记字体，是指地图上注记的体裁、书写风格。我国地图上使用的汉字体繁多，主要有等线体及其变形体、宋体及其变形体、仿宋体、隶体、魏碑体及美术体等。如图3-19 所示。

不同字体主要用于区分不同现象的类别，例如，水系名称用左斜或右斜形，山脉名称用耸肩形，山名用长方形，用宋体和等线体表示居民地等地理名称，从而加强了地图上信息的分类概念。

各比例尺图式中都有字体应用具体规定。一般最大一级的注记（指图内）用粗等线体，其次为中等线体和宋体，最小的注记用细等线体。

地图注记的字体设计应遵照明显性、差异性和习惯性的原则。明显性表示重要性的差别，差异性表示类（质）的差别，习惯性则主要考虑读者阅读的方便。

（2）注记字大，指注记字的大小，其大小在一定程度上反映被注信息的重要性和数量等级。现象之间的等级关系是人为确定的，表达了人对现象之间关系的认识。等级高的地物，其相应名称的地位越高，作用亦越大，因而赋予其注记大而明显，反之则小。

选用各级字大，应考虑到笔画清晰和彼此易读。字亦不宜过大，否则会过多地掩盖其他要素和增加地图载负量。注记字大在图式中亦有规定。字大以字格边长计，正方、左斜、右斜和耸肩字以横边或竖边长度计（斜形和耸肩形字格当做菱形），长方字以字格高计，扁方字以字格宽计。同一物体住记的字大应相同，如果物体有正名和副名时，正名应大于副名。同一级别各物体的注记，其字大亦应相等。

地图用途和使用方式对字大设计有显著影响。对于最小一级的注记，桌面参考图可用 1.75~2.0mm（8~9级），挂图则最少要用到 2.25~2.5mm（10~11级）。地图上最小一级注记的字大对地图的载负量和易读性均有重要影响，是设计的重点。最大一级注记在地图上数量较少，参考图上一般用到 4.25~5.75mm（18~24级），挂图和野外用图上都可以适当加大一些。

为了便于读者清楚区分不同大小的注记，注记的级差之间至少要保持 0.5mm（2级）以上。过去的制图规范、图式、教材、参考书标注字大小都用级（k）表示，字大 =（k-1）× 0.25，单位为 mm。在计算机里，字大用磅（p）或号标记，每磅为 1/27 英寸，即 0.353mm。用号表示时，通常分为 16 级，从大到小依次为初号及 1~8 号。其中，初号及 1~6 号又分别分为两级，如初号、小初、六号、小六。一号字大为 8.5mm，到小六号（2.0mm），每级以 0.5mm 的级差递减，七号字为 1.75mm，最小的八号字为 1.5mm，初号字为 13.5mm，小初为 11.5mm。

字 体		式 样	用 途
宋体	正宋	成都	居民地名称
	宋变	湖海 长江	水系名称
		山西 海南 江苏 杭州	图名、区划名
等线体	粗中细	北京 开封 青州	居民地名称 细等线说明
	等变	太行山脉	山脉名称
		珠穆朗玛峰	山峰名称
		北京市	区域名称
仿宋体		信阳县 周口镇	居民地名称
隶体		中国 建元	图名、区域名
魏碑体		浩陵旗	
美术体		河南省图	名 称

图 3-19 地图注记的字体

(3)注记字色，指注记所用的颜色。它和字体一样，主要用于强化分类概念。我国地形图上注记用色一般与被注记要素的颜色一致，如等高线高程注记用棕色，水系名称注记用蓝色。但为了注记醒目，其颜色可与被说明物体的颜色不同，如山脉名称、山峰高程、植被说明注记等仍用黑色，居民地及各种地物名称或说明注记均采用黑色。

(4)注记字隔，是指相邻字间的空白距离。字隔最小可为零，最大为字大的若干倍（通常最大为4~5倍）。字隔为0~0.5mm时称为接近字隔，为1~3mm时称为普通字隔，为字大的1~5倍时称为隔离字隔。

被注物体图形较小或较集中时，字隔宜小。例如，地图上注记点状物体，都使用接近字隔注记；图形较大或延伸较长时，字隔宜大。例如，注记线状物体则采用普通字隔或隔离字隔注出，当线状物体很长时，必须分段重复注记。注记物体时，常据其所注面积大小而变更其字隔，所注图形较大时，亦应分区重复注记。确定字隔时，应注意以下几点：

① 同一注记的字隔，一般是相等的。但对于较大的文字或数字注记，应酌量调整字隔，使每相邻两字间的空白面积大致相等，达到字的排列匀称。如图3-20(a)所示，其中

字隔标号为①~④，字隔相等，但排列不匀称，而图 3-20(b)中，标号②与③的字隔不等，但因间隔面积(阴影部分)大致相等，所以觉得排列匀称。

（a）不合适 　　　　　　　　　（b）合适

图 3-20　同一注记间的间隔

② 区域名称注记(如湖名、地区名等)的首尾两字至区域轮廓的距离应相等，此距离不应小于注记本身字隔的二分之一，如图 3-21(a)所示。

③ 同一物体的重复注记，各注记的字隔应相等，每组注记间的间隔亦应大致相等，如图 3-21(b)所示。

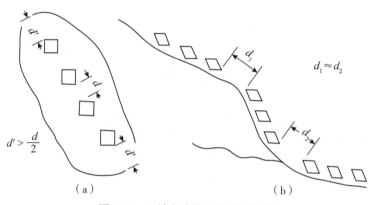

（a）　　　　　　　　　　　　（b）

图 3-21　区域名称注记的首尾间隔

④ 不同物体的注记，当字体、字大彼此相仿时，各注记不能相距太近，一般不应小于注记本身的字隔。如图 3-22(a)中，因"坪""上"两字相距太近，容易误读为"范家""坪上草甸"。

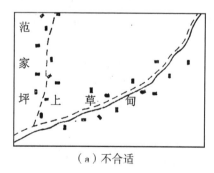

（a）不合适

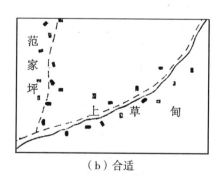

（b）合适

图 3-22　不同注记间的间隔

（5）注记字位，是指注记文字或数字相对于被说明要素的位置。字位的选择须注意以下几点：

① 能确切说明被注物体，与附近的注记或其他要素不发生混淆。如图3-23(a)所示，不易区别哪一条河是主流，图3-23(b)则能清楚地说明主流为"大明河"，支流为"小清河"。

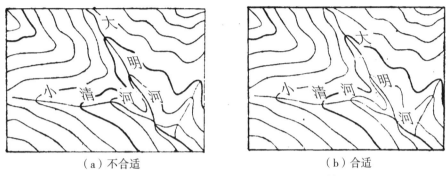

（a）不合适　　　　　　　　　　　（b）合适

图3-23　字体的位置要能确切说明被注物体

② 字位选择适应读者习惯。例如居民地和独立符号的名称注记，其字位可按图3-24所指的顺序进行选取。

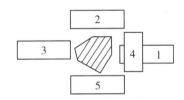

图3-24　居民地和独立符号名称注记方案图

山名和高程注记配合的字位选取可按图3-25所列的方案进行。优先考虑第1方案，若图上压盖要素甚多或无合适位置时，则依此换用2、3、4方案，甚至可用其他更合适的方案。

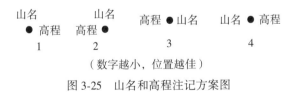

（数字越小，位置越佳）

图3-25　山名和高程注记方案图

③ 注记不压盖重要地物或地貌，如图3-26所示，不压盖地形特征变化处(山脊)。

④ 注记离被说明要素不能太近，一般不小于0.2mm。当然，离被注要素也不能太远，一般不超过半个字大。

（6）注记字向，分直立与斜立两种。正方、长方、扁方、左斜和右斜字，若其横画与图廓底边平行，字头向上，则称为直立字向，否则为斜立字向。耸肩字的竖边若与图廓底边垂直，字头向上，称为直立字向，否则为斜立字向。地图注记中应用的斜立字向，往往随被说明要素的走向而异。等高线高程注记的字头，规定朝向高处。地图上应避免有倒立字向，如图 3-27 所示。

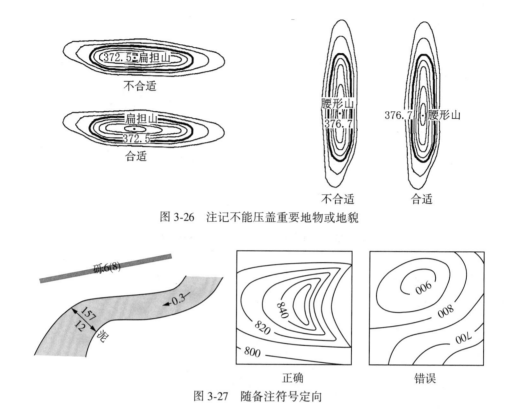

图 3-26　注记不能压盖重要地物或地貌

图 3-27　随备注符号定向

3.3.3　地图注记的排列位置

3.3.3.1　注记排列方式

根据被注记物体的特点，注记的排列方式分为 4 种，如图 3-28 所示。

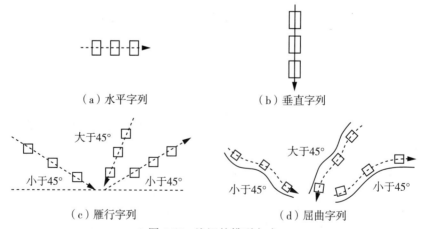

（a）水平字列　　　　　　　　　（b）垂直字列

（c）雁行字列　　　　　　　　　（d）屈曲字列

图 3-28　注记的排列方式

(1)水平字列：同一注记中各字连线与图廓底边(东西向)平行，字向直立。适用于较小物体或东西向延伸物体的注记。

(2)垂直字列：同一注记中各字连线与图廓底边垂直，字向直立。适用于南北走向物体的注记。

(3)雁行字列：同一注记中各字连线与被注物体走向平行，且尽可能成一直线或近似直线，字向直立，保持字形特征。容易阅读，但因字向与排列走向不一致，所以联读性差，注记与被注物体间的联系性亦不强。

(4)屈曲字列：同一注记中各字连线与被注物体走向平行，但连线可成自然弯曲的曲线，且字向随物体走向而变。因字向斜立多变，对字形易读性差(耸肩形与右斜形更会混淆不清)，但因注记各字联读性强，注记与被注物体间的联系紧密。

当物体走向与南图廓边交角大于45°时，字格的竖边同物体走向平行；当物体走向与南图廓边交角小于45°时，字格的横边与物体走向平行。

上述雁行字列和屈曲字列各有特点，都能用于狭长延伸的物体名称注记。在大比例尺地形图上，注记并不十分密集，采用雁行字列不太影响注记的联读性和联系性，故现行地形图图式中一般规定采用雁行字列，而少用屈曲字列。某些地图上注记密度较大时，为便于完整显示散列注记，较多地采用屈曲字列，或两者兼并使用。在兼顾字形易读、联读性和联系性的前提下，可在不同排列走向情况下，分别采用雁行字列或屈曲字列。如图3-29所示。

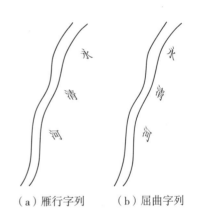

(a)雁行字列　　(b)屈曲字列

图3-29　雁行字列和屈曲字列的比较

3.3.3.2　注记配置方法

地图注记的配置，应根据被注对象的分布特征及周围关系等具体情况来确定。其基本原则是：指示明确，清晰易读，整齐美观，不压盖重要地物。注记布置方式主要由字位、字隔、字向和排列方式决定的。

(1)点状要素。对于点状物体或不依比例尺表示的面积很小的物体(如小湖泊、小岛等)，多用水平字列接近字隔排列，配置注记的优先顺序。位于河流或境界线一侧的点状地物的名称应配置在同一侧。海洋和其他大水域岸线上的点状地物一般应将地名完全水平配置，不要压盖岸线。

(2)线状要素。对于线状和伸长的地物(如河流、考察路线、海峡、山脉等)，多用雁形字列或屈曲字列，字隔较长线状要素采用隔离字隔，较短的可采用普通字隔。其注记与符号平行或沿其轴线配置。如果线状要素很长，需要分段重复注记，以便辨认。

(3)面状要素。对于面状地物或在地图上占据很大面积的制图对象，其注记(例如国家、海洋等的名称)配置在相应的面积内，沿该轮廓的主轴线配置，成雁行字列或屈曲字列，注记配置的空间要能使要素的范围一目了然。

思 考 题

1. 什么是地图符号？
2. 简述地图符号的设计原则。
3. 简述色彩属性的基本含义。
4. 色彩的感觉主要表现在哪几方面？
5. 如何理解色彩的象征性？
6. 简述地图上色彩运用的作用。
7. 简述地图色彩设计的要求。

课程思政园地

大地图时代走进精细化管理新常态

法制的完善与社会进步呼唤精细化管理，精细化管理需要及时与到位的服务。及时和到位的服务需要包含时间与空间的交流语言。地图作为地理学语言，具备适合各类管理和服务的时间和空间框架，飞速发展的太空与物联网科技推开了大地图时代之门。

（林珲，2019）

无产阶级革命家与地图

人们都知道军队行军打仗总是离不开地图，由于地图对于军事的重要作用，军人把它比作"军队的眼睛"。1934 年 10 月，中国工农红军第五次反"围剿"失败，被迫放弃中央革命根据地，开始了举世闻名的二万五千里长征。这时的地图，不仅关系着红军的命运，而且成为克敌制胜的重要法宝。为保障红军长征的地图供应，长征一开始，红军总政委周恩来就指示红军测绘人员：一要管好现有地图；二要调查行军中的道路情况，并绘制路线图；三要快速测绘新区、重点地区地形略图；四要借助向导，注意兵要地志调查。红军测绘人员坚决贯彻这一指示，和总参谋部的参谋人员一道采取了各种获取地图的措施，从而保证了红军长征行军作战用图，为红军胜利完成长征、实现战略转移发挥了重大作用。

1931 年 11 月，中华苏维埃在江西瑞金宣告成立，朱德、彭德怀、毛泽东等 15 人组成中央革命军事委员会。从此，中央军委和中华苏维埃共和国中央革命军事委员会，为中国共产党领导下的统一军事机构，指挥统辖全国红色军队。其下设总参谋部，总政治部，总经理部，政治保卫局中国工农红军学校，若干省、苏区革命军事委员会。根据中央军委决定，红军总参谋部下设有地图科，随军搜集地图资料，并做一些简易测图和标图。

随着中央苏区的几次反"围剿"作战，我军已从敌人手中缴获一些地图，加上白区地下党通过各种渠道搜集到的地图，红军总部地图科已经积累了一定数量的地图资料。这些地图资料成了后来红军长征地图保障的基础。

红军搜集到的地图资料，最早的要数清末魏源（1794—1859 年）编制的《海国图志》，其次是杨守敬(1839—1915 年)编制的《历年舆地沿革险要图》，它们为红军测绘人员学习地理和制图知识发挥了重要作用。

红军掌握地图资料较多的还是国民党南京政府 20 世纪二三十年代绘制的地图。辛亥革命后，南京政府于 1912 年设陆地测量总局，实施地形图测图和制图业务。到 1928 年，全国新测 1∶25 万比例尺地形图 400 多幅，1∶5 万比例尺地形图 3595 幅，在清代全国舆地图的基础上调查补充，完成 1∶10 万和 1∶20 万比例尺地形图 3883 幅，并于 1923—1924 年编绘完成全国 1∶100 万比例尺地形图 96 幅。除了军事部门以外，水利、铁道、地政等部门的测绘业务也有所发展，测制了一些地图。上述地图，红军都有所搜集或缴获，成为红军标图、绘图、翻印和识图用图的基础，在红军长征中得到充分运用。

长征前夕，地图科就专为主力红军制作了江西南部 1∶10 万比例尺地形图。1935 年 1 月 7 日，红军攻克遵义以后，红军总部立即指示测绘人员绘制遵义地区地图。测绘人员立即行动，突击测量。6 天时间内测绘范围南北长 60 里、东西宽 50 里。遵义会议后，毛泽东指挥红军声东击西，四渡赤水，取得了长征以来的最大胜利。在这一出色的运动战中，测绘人员绘制的遵义周围的地形略图和路线图起到了重要的保障作用。过雪山、草地前，地图科的测绘人员又及时绘制了雪山、草地的《1∶1 万宿营路线图》为红军官兵在极其恶劣的气候和地形条件下行军宿营而不致迷失方向发挥了重要的导引作用。到了抗日战争特别是解放战争时期，地图使用已十分广泛，各野战军都设有制图科。他们随军做了大量的地图保障工作。如 1948 年平津战役前夕，编制了北平西部航摄像片图和天津、保定驻军城防工事图，为解放战争胜利作出了贡献。

通过作战缴获敌人的地图，一直是长征途中一个重要的地图来源。1935 年 4 月下旬，中央红军进入云南东部地区，由于没有大比例尺地形图，部队作战和行进都非常困难，特别是在准备北渡金沙江摆脱敌人尾追的时候，不知渡口在哪里，这使得红军十分焦急。一天，红军的一支侦察队在曲靖西北的公路上，截获了一辆敌军汽车，内装有云南省的 1∶10 万比例尺地图两包。这是蒋介石第二路军前敌总指挥薛岳请求云南省主席龙云支援的地图。毛泽东知道后，高兴地说："我们应当感谢龙云，是他解了我们燃眉之急。"红军总部对照缴获的云南地图，迅速查出了龙街、绞平、洪门 3 个金沙江渡口，并把渡口位置、相互距离和通行路线标绘出来，发给部队。红军以迅雷不及掩耳的动作抢占了 3 个渡口，全部安全渡过了金沙江。今天的曲靖西山三元宫专门建有纪念红军长征的标志。当年红军长征过曲靖时，城西 8 公里的西山三元宫正是中央军委总部首长毛泽东、周恩来、朱德等人的宿营地。红军截获龙云派出的军车，缴获云南军事地图及一些重要物资的战斗也是发生在这里。现在，公路两侧建有"红军战斗遗址碑"和"红军战斗纪念塔"已经成为当地重要的革命传统教育基地。

从民间收集地图，也是红军长征途中获取地图的重要手段之一。例如，红四方面军总指挥徐向前十分重视地图，每到新的地区就督促部队搜集地图，哪怕是县志、报纸上曾登载的示意图也要搜集来作参考。对搜集来的地图，他会指派专人想办法到实地对照，并对错漏之处修正补充。离开川陕革命根据地前，徐向前还通过地下工作人员，从国民党第

17 路军杨虎城部的赵寿山那里买了一份川北、陕南的 1∶30 万比例尺地形图，使后来红军长征北上陕、甘有了一份重要的参照。

（选自：肖占中. 长征路上的地图传奇[J]. 地图，2007(06)：58-65.）

第二篇　地图数学基础

第4章 地图投影

4.1 地球外形轮廓

地球的外形轮廓，指地球的形状，是所有地球相关研究的起点。古往今来，人们认识地球有个漫长的过程。我国古代主要有盖天说、浑天说和宣夜说三种典型认知，见表4-1。由于人们对客观现象研究的深入，逐渐发现许多客观现象是无法用质朴而直观的认识来解释的。古希腊学者亚里士多德根据月食的景象大胆提出了地球是球体或近似球体，颠覆了之前所有关于地球形状的论断；后来，麦哲伦通过一次航海进一步用事实证明了地球是球体，开启了现代地球外形轮廓研究的新征程。随着人类科技的发展和现代探测技术的运用，人们最终发现地球是个两极稍扁、赤道略鼓的不规则球体。目前，对于地球外形轮廓的研究主要体现在三个层面：自然外形轮廓、物理外形轮廓、数学外形轮廓。

表4-1　　　　　　　　　　**我国古代关于地球形状认知的经典引文**

认知说	经典引文	原文出处	时期
盖天说	"天圆如张盖，地方如棋局"	《尚书·虞书·尧典》	战国
	"诚如天圆而地方，则四角之不揜也"	《大戴礼记·曾子·天圆》	战国
	"天似盖笠，地法复磐，天地各中高外下"	《周髀算经》	西汉
浑天说	"浑天如鸡子，天体圆如弹丸，地如鸡中黄，孤居于内，天大而地小，天表里有水，天之包地，犹壳之裹黄"	《浑天仪图注》	东汉
宣夜说	"日月新宿亦积气中之有光耀者"	《列子·天瑞篇》	战国
	"日月众星，自然浮生于虚空之中，其行其止，皆须气焉"	《物理论》	西汉
	"天之苍苍其正色邪？其远而无所至极邪？"	《庄子·逍遥游》	先秦

4.1.1 地球的自然外形轮廓

立足地球，科学家经过长期的精密测量发现，严格地说地球并不是一个规则球体，是一个不可展开的不规则曲面。地球总面积约为 5.10072 亿平方千米，其中约 29.2%（1.4894 亿平方千米）是陆地，其余 70.8%（3.61132 亿平方千米）是海洋。世界大洋洋底的海盆、中脊山系、断裂和深水槽等特征决定了地球外貌的主要特征，因为地球外壳的

3/4被厚约4000m的水层包围。地球在外形方面是与赤道不对称的，地球陆地2/3在北半球，只有1/3在南半球，大部分岛屿、洋脊和深海沟等都在北半球。纵观地球表面，有高山、盆地、河流和冰川等复杂地貌，因此，地球是一个极不规则、凸凹不平、极其复杂、难以描述的不规则曲面，往往夸张表示地球自然表面的起伏。

立足太空，放眼地球，地球自然表面的形状是标准正球体，如图4-1(a)所示。虽然陆地最高处的珠穆朗玛峰(高度8848.86m，2020年测量)与海底最低处马里亚纳海沟(深度−11034m)的地貌起伏约为19.9km，但相对于整个地球而言，这些高低起伏变化是微小的，可以忽略不计。地球的赤道半径为6378.137km，仅仅比极半径6356.752km长了约21.385km。如果依比例制作一个1.0m半径的地球仪，赤道半径和极半径的差距微乎其微，完全可以忽略不计，因此在制作地球仪时总是将它做成规则正球体。

事实上，地球自然外表轮廓的主流描述是一个极半径略短、赤道半径略长、北极略突出、南极略扁平，南极略短的倒放的"梨子"，称"梨状体"地球，如图4-1(b)所示。这也是一种夸大的表示方法，如果将地球缩放到图4-1(b)大小时，赤道半径和极半径的差别人的肉眼是分辨不出的，完全可以忽略不计，但为了突出说明地球不是标准正球体的特征，故意夸大了一些差别。

 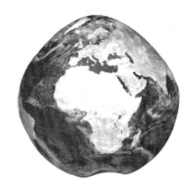

(a)正球体地球(宏观表示)　　　　(b)梨状体地球(夸张表示)

图4-1　地球自然外形轮廓主流表示

4.1.2　地球的物理自然外形轮廓

由于真实的地球自然外形轮廓是不规则的、难以展开的曲面，显然不能作为测量与制图的基准面。一种便于描述且有一定规律性的曲面可以降低地球表面的复杂度，假想海水完全静止时延伸到大陆内部，包围整个地球，形成一个闭合的曲面，这静止的海水面称为水准面。因潮汐作用的影响海水面会时高时低，水准面会有无数多个，其中，通过平均海水面的一个称为大地水准面。大地水准面仍然不是一个规则的曲面。因为当海平面静止时，自由水面必须与该面上各点的重力线(铅垂线)方向相正交，否则自由水面就会流动。由于地球内部质量的不均一，造成重力场的不规则分布，因而铅垂线方向并非一直指向地心，则导致处处与铅垂线方向相正交的大地水准面也不是一个规则的曲面(图4-2中的实线为大地水准面的夸张表示)。大地水准面实际上是一个起伏不平的重力等位面，即地球的物理外形轮廓。大地水准面是大地测量基准之一，确定大地水准面是国家基础测绘中的一项重要工程。大地水准面所围成的体称为大地体。

2011年，欧航局在不考虑潮汐、洋流等因素，仅在地心引力的作用下，构建了大地水准面的三维模型(图4-3)，从图中可见，地球表面坑坑洼洼、布满裂痕，像极了一个表面凹凸不平的彩色"土豆"，也有人称其为地球的"素颜照"。

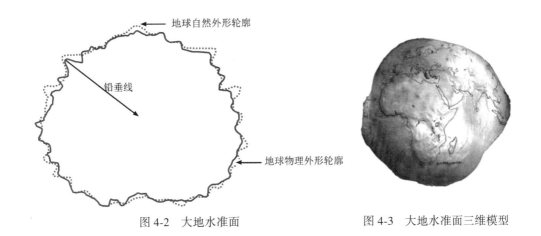

图 4-2　大地水准面　　　　　　　　　图 4-3　大地水准面三维模型

4.1.3　地球的数学自然外形轮廓

大地体的外形轮廓仍是一个不规则的曲面，对于地球的相关研究仍然无法建立数学模型。1686年，著名的科学家牛顿在研究星体力学时，发现地球的自转对地球形态有影响，简单地说，地球上所有质点参与自转绕轴旋转，从而产生惯性离心力，造成地球是一个赤道略为隆起、两极略为扁平的椭球体，并计算得到扁率约为1/230。这是首次通过公式严格证明了地球椭球体的事实。确切地说，地球是个三轴椭球体。假想地球是一个绕着短轴(即地轴)飞速旋转得到的表面光滑的椭球体，称其为旋转椭球体(如图4-4)，即此时得到规则的数学表面地球被称为地球的数学外形轮廓，也被称为地球椭球体，如图4-5所示。

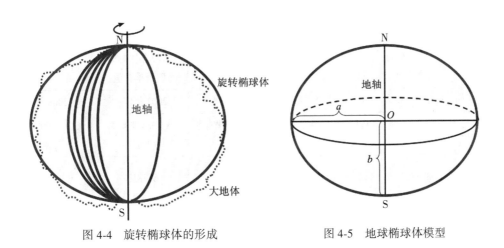

图 4-4　旋转椭球体的形成　　　　　　　图 4-5　地球椭球体模型

由于地球椭球体的大小和形状取决于椭球体的半长轴、半短轴、扁率、第一偏心率、第二偏心率扁率等(具体地球椭球体的大小的问题详见 4.2.1 小节)。那么地球椭球体的大小和形状该如何恰当选择呢？对于局部地区(可以是一个国家或地区)来说，采用与局部地区形状和大小最为严密符合且定位精准的地球椭球体代替大地体，称为参考椭球体。

4.2 地球椭球体的数学基础

4.2.1 地球椭球体的大小

值得强调的是，地球物理外形轮廓和数学外形轮廓确定之后，还需确定大地水准面与地球椭球面的相对关系，只有这样，才能将测量成果换算到地球椭球面上。事实上，图 4-5 所示地球椭球体的大小和形状主要取决于五元素，分别是半长轴 a、半短轴 b、扁率 f、第一偏心率 e^2、第二偏心率 e'^2。

$$f = \frac{a - b}{a} \tag{4-1}$$

$$e^2 = \frac{a^2 - b^2}{a^2} = 1 - \left(\frac{b}{a}\right)^2 \tag{4-2}$$

$$e'^2 = \frac{b^2 - a^2}{a^2} = \left(\frac{b}{a}\right)^2 - 1 \tag{4-3}$$

由于各国观测分析技术和推算方法的不同，五元素的参数值也不尽相同。从 1800 年法国的德兰勃(Delambre)椭球至今，世界各国在大地测量和制图过程中采用过的主要地球椭球体有数十种，表 4-2 列出了我国采用过的主要地球椭球体参数及使用情况。

表 4-2   中国采用过的地球椭球参数及使用

椭球体名称	海福特椭球	克拉索夫斯基椭球	1975 年国际椭球	WGS84 椭球	CGCS2000 椭球
英文(缩写)	Hayford	Krassovsky	IAG75	WGS84	CGCS2000
推算年代	1909	1940	1978	1984	2008
推算国家	美国	苏联	中国	美国	中国
国际推荐情况	1942 年国际第一个推荐值	—	1975 年国际第三个推荐值	1979 年国际第四个推荐值	
中国启用时间	1953 年以前	1953—1978 年	1978—2008	2002 年以后	2008 年以后
大地坐标系	—	1954 年北京坐标系(参心)	1980 年西安坐标系(参心)	WGS84 坐标系(地心)	CGCS2000 坐标系(地心)
长半轴 a (m)	6378388	6378245	6378140	6378137	6378137
短半轴 b (m)	6356912.0000	6356863.0187730473	6356755.2882	6356752.314245179	6356752.314140355

椭球体名称	海福特椭球	克拉索夫斯基椭球	1975 年国际椭球	WGS84 椭球	CGCS2000 椭球
极曲率半径 c（m）	—	6399698.9017827110	6399596.6519880105	6399593.6258	6399593.6259
$\dfrac{1}{扁率}$	297.000	298.300	298.257	298.257223563	298.257222101

无数多个不同的地球椭球体，该如何选取呢？地球椭球体如图 4-6 所示，在地球自然表面适当地点选一点 M，假设将椭球体和大地球体相切于 M'，切点 M' 位于 M 点的铅垂线上，M' 点在大地水准面上的铅垂线与 M' 点在地球椭球面上的法线恰好重合，则表示此地球椭球体与局部地区的大地水准面符合得最好，故该地球椭球体称参考椭球体。对于局部地区来说，参考椭球体的形状和大小与该地的大地体很接近，从而也就能够确定大地水准面与地球椭球体的相互关系。这种确定参考椭球体，进而获得大地测量计算基准面和大地起算数据的工作，称为参考椭球体定位。

4.2.2 地球椭球体的基本元素

为了方便进一步对地球椭球体的认知，特构建图 4-7 所示地球椭球体，并在图中定义了主要相关元素。图中，O 点是地球椭球体的中心点，称为地心。P 点是北极点，通常用 N 表示；P_1 点是南极点，通常用 S 表示。P 点和 P_1 点的连线称为地轴（极轴），线段 PP_1 是地球椭球体的旋转轴，也是地球自转的旋转轴。通过地轴的任意平面称为子午面，如图平面 PEP_1E_1。子午面与椭球面的交线称为子午圈，子午圈（曲线 PEP_1E_1P）是由两条经线组成的封闭区线圈。垂直于地球椭球面上任意 A 点的切面 SS_1 直线，线段 AL 称为法线。包含法线 AL 的平面称为法截面，如面 AQW。过法线 AL 的平面有无数个，其中与子午面垂直的法截面称为卯酉面（如面 MEM_1E_1）。卯酉圈与地球椭球面的截线叫做卯酉圈（如曲线 MEM_1E_1M），卯酉圈也是封闭曲线。纬圈是指垂直于地轴的平面与地球椭球面的交线，如线 KA_1K_1A 和线 MEM_1E_1 都是纬圈。

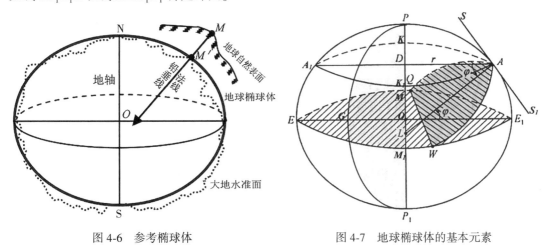

图 4-6 参考椭球体　　　　　　　图 4-7 地球椭球体的基本元素

4.2.3 地球椭球体的基本公式

4.2.3.1 子午圈曲率半径、卯酉圈曲率半径、纬圈半径

平面曲线的曲率是针对曲线上某个点的切线方向角对弧长的转动率。曲率的倒数就是曲率半径。曲率半径主要用来描述曲线上某处曲线弯曲变化的程度，特殊的如：圆上各个地方的弯曲程度都是一样的，而曲率半径就是圆本身的半径；直线不弯曲，所以曲率是0，0没有倒数，所以直线没有曲率半径。圆形越大，弯曲程度就越小，也就越近似一条直线。因此，在地球椭球体上的圆或椭圆非常大，则曲率很小，曲率越小，曲率半径也就越大。

1. 子午圈曲率半径

图 4-7 中，过地球椭球面上任意一点 A 的法线 AL 同时又过地轴 PP_1 的法截面得到了子午圈截面。子午圈曲率半径通常是 A 点上所有截面的曲率半径中的最小值，子午圈曲率半径用字母 M 表示，其公式为

$$M = \frac{a(1 - e^2)}{(1 - e^2 \sin^2\varphi)^{\frac{3}{2}}} \tag{4-4}$$

其中，a，e 均为常数；φ 为纬度。可见 M 随纬度的变化而变化。

以 IAG75 椭球为例，表 4-1 中的半长轴 $a = 6378140\text{m}$，第一偏心率的平方 $e^2 = 0.006694384999590$，假设计算 $\varphi = 31.43°$ 时代入公式（4-4），得子午圈曲率半径 $M = 6352775.67\text{m}$。

2. 卯酉圈曲率半径

图 4-7 中，垂直于过地球椭球面上任意一点 A 的子午圈的截面称为卯酉圈截面，即通过 A 点的法线 AL 并垂直于子午圈截面的法截面 QAW。它具有 A 点上所有截面的曲率半径中的最大值。卯酉圈曲率半径以字母 N 表示，其公式为

$$N = \frac{a}{(1 - e^2 \sin^2\varphi)^{\frac{1}{2}}} \tag{4-5}$$

其中，a，e 均为常数；φ 为纬度。可见，N 亦随纬度而变化。

以 IAG75 椭球为例，同理，假设计算 $\varphi = 31.43°$ 时代入公式（4-5），得卯酉圈曲率半径 $N = 6383951.44\text{m}$。

3. 主法截面曲率半径

主法截面曲率半径包括子午圈曲率半径 M 和卯酉圈曲率半径 N。平均曲率半径 R 等于主法截面曲率半径的几何中数，其公式为

$$R = \sqrt{M \times N} = \frac{a(1 - e^2)^{\frac{1}{2}}}{1 - e^2 \sin^2\varphi} \tag{4-6}$$

以 IAG75 椭球为例，根据上面求得的 M、N，进而得 $R = 6368344.48$。

当 $\varphi = 0°$ 时，代入公式（4-4）、公式（4-5）中，得

$$M_{0°} = a(1 - e^2) \tag{4-7}$$

$$N_{0°} = a \tag{4-8}$$

当 $\varphi = 90°$ 时，代入公式（4-4）、公式（4-5）中得

$$M_{90°} = N_{90°} = \frac{a}{\sqrt{1-e^2}} \qquad (4-9)$$

比较上式，可见子午圈曲率半径与卯酉圈曲率半径除了在两极处相等外，在其他纬度相同情况下，同一点上卯酉圈曲率半径均大于子午圈曲率半径，见表4-3。

表4-3 　　　　　　　　　　　**不同纬度的子午圈和卯酉圈曲率半径**

纬度 φ（°）	子午圈曲率半径 M（m）	卯酉圈曲率半径 N（m）
15	6339703. 2989	6379567. 5820
30	6351377. 103. 6	6383480. 9177
45	6367381. 8156	6388838. 2902
60	6383453. 8573	6394209. 1739
75	6395262. 3229	6398149. 5324

4. 纬圈半径

纬圈也称纬线或平行圈，是垂直于地轴的平面与地球椭球面的交线，其为正圆。其中赤道是最大的纬圈，它随着纬度的升高而有规律地减小。地球椭球体上的纬圈一般用 r 表示，其公式为

$$r = N\cos\varphi = \frac{a\cos\varphi}{(1-e^2\sin^2\varphi)^{\frac{1}{2}}} \qquad (4-10)$$

其中，φ 为纬圈的纬度，在赤道上，$\varphi = 0°$，$N = a = r$；在南北两极，$\varphi = 90°$，$r = 0$。

4.2.3.2 子午线弧长和纬线弧长

1. 子午线（经圈）弧长

子午线弧长的计算是经典的大地测量问题之一，在天文测量、航空航天技术以及地理信息处理技术的研究中，也常常会在出现子午线弧长的问题。

在图4-8中，可见 PEP_1E_1 是由两条经线封闭经圈，它并不是正圆。在任意子午线上任取一点 A，其纬度为 φ，取与 A 点极为接近的一点 A'，其纬度为 $\varphi_{A'} = \varphi_A + d\varphi$。

设 d_s 为微分弧 $\overset{\frown}{AA'}$ 的弧长；C 为微分弧 $\overset{\frown}{AA'}$ 的曲率中心点；点 A 和点 A' 的圆心角相差的角度 $d\varphi$；M 为点 A 的子午线曲率半径，由于微分弧 $\overset{\frown}{AA'}$ 很短，故 M 也可视为该微分弧的子午线曲率半径。

众所周知，圆心角弧长公式为

$$L = n\pi\frac{R}{180}（用圆心角度数 n 计算）\qquad (4-11)$$

$$L = \alpha \times R（用圆心角弧度数 \alpha 计算）\qquad (4-12)$$

其中，n 为圆心角角度数；α 为圆心角弧度数；R 为圆周半径，由于 $\overset{\frown}{AA'}$ 是微分弧，故可以把 A 点的子午线曲率半径 M 看作是微分弧 $\overset{\frown}{AA'}$ 的圆周，$R = M$。

则将 $L = d_s$、$R = M$、$\alpha = d\varphi$ 代入公式（4-12），得

$$d_s = M\mathrm{d}\varphi \tag{4-13}$$

欲求点 A 和点 A' 之间的子午线弧长时，须求以 φ_A 和 $\varphi_{A'}$ 为区间的积分，并将式(4-4)代入式(4-13)，得

$$s = \int_{\varphi_A}^{\varphi_{A'}} M\mathrm{d}_\varphi = \int_{\varphi_A}^{\varphi_{A'}} \frac{a(1-e^2)}{(1-e^2\sin^2\varphi)^{\frac{3}{2}}}\mathrm{d}_\varphi \tag{4-14}$$

因为子午线弧长问题设计椭圆积分，不能直接求出，其经典算法是按二项式定理展开的级数计算。近年来，国内外学者也提出了许多新的方法和见解，国内常采用的形式是：若令 $\varphi_A = 0$，$\varphi_{A'} = = \varphi$，则可得由赤道至纬度 φ 的纬线间的子午线弧长 s，积分后经整理得子午线弧长的一般公式为

$$s = \int_0^\varphi \frac{a(1-e^2)}{(1-e^2\sin^2\varphi)^{\frac{3}{2}}}\mathrm{d}\varphi$$
$$\approx a(1-e^2)(A'\mathrm{arc}\varphi - B'\sin 2B + C'\sin 4B - D'\sin 6\varphi + E'\sin 8\varphi - F'\sin 10\varphi + G'\sin 12\varphi)$$
$$\tag{4-15}$$

其中：

$$A' = 1 + \frac{3}{4}e^2 + \frac{45}{64}e^4 + \frac{175}{256}e^6 + \frac{11025}{16384}e^8 + \frac{43659}{65536}e^{10} + \frac{693693}{1048576}e^{12} + \cdots$$

$$B' = \frac{3}{8}e^2 + \frac{15}{32}e^4 + \frac{525}{1024}e^6 + \frac{2205}{4096}e^8 + \frac{72765}{131072}e^{10} + \frac{297297}{524288}e^{12} + \cdots$$

$$C' = \frac{15}{256}e^4 + \frac{105}{1024}e^6 + \frac{2205}{16384}e^8 + \frac{10395}{65536}e^{10} + \frac{1486485}{8388608}e^{12} + \cdots$$

$$D' = \frac{35}{3072}e^6 + \frac{105}{4096}e^8 + \frac{10395}{262144}e^{10} + \frac{55055}{1048576}e^{12} + \cdots$$

$$E' = \frac{315}{131072}e^8 + \frac{3465}{524288}e^{10} + \frac{99099}{8388608}e^{12} + \cdots$$

$$F' = \frac{693}{1310720}e^{10} + \frac{9009}{5242880}e^{12} + \cdots$$

$$G' = \frac{1001}{8388608}e^{12} + \cdots$$

在式(4-15)中，令 $\varphi = B$，则可求得由赤道到纬度 B 处的子午线弧长公式，整理得

$$S_m = a(1-e^2)\left(A'B - \frac{B'}{2}\sin 2B + \frac{C'}{4}\sin 4B - \frac{D'}{6}\sin 6B + \frac{E'}{8}\sin 8B - \cdots\right) \tag{4-16}$$

由上述公式分析可知，同纬差的子午线弧长由赤道向两极逐渐增长。例如，当纬差 $1°$ 的子午线弧长在赤道处为 110576m，在两极为 111695m。

2. 纬线（平行圈）弧长

纬线弧长，顾名思义，是纬线圈上的弧线长度。因为纬线是平行于赤道圈的封闭平行圈，其实则为圆弧，故可用求圆弧的公式求得，相对于子午线弧长简单。

回顾公式(4-10)，纬圈半径是 $r = N\cos\varphi$，其中在 CGCS2000 椭球上，赤道上 $\varphi = 0°$ 时，$r = N = a = 6378137\mathrm{m}$。

如图 4-9 所示，设弧 AB 所在纬线的纬度、经度之差为 β，则

$$S = r \times \beta = N\cos\varphi \times \beta \qquad (4\text{-}17)$$

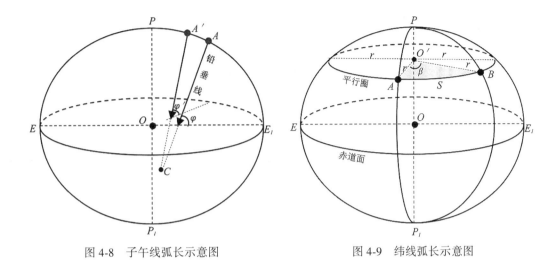

图 4-8　子午线弧长示意图　　　　　图 4-9　纬线弧长示意图

由上述公式分析可知，同经差的纬线弧长则由赤道向两极逐渐缩短。例如，当经差 $\beta = 10°$，在纬度 $\varphi = 0$（赤道）时，纬线弧长 $S = 111321\text{m}$；在 $\varphi = 45°$ 时，纬线弧长缩短为 $S = 78848\text{m}$；至两极时，则为零。

4.2.3.3　地球椭球表面上的梯形面积

地球椭球体的表面梯形面积是指以两条子午线和两条纬线围成的梯形面积。

当 λ_1 和 λ_2 无限接近、φ_1 和 φ_2 无限接近时，如图 4-10 所示，得到微分梯形 $ABCD$，其边长是由两条子午线弧长和两条纬线弧长组成，即

$$AB = CD = M\mathrm{d}\varphi \qquad (4\text{-}18)$$

$$BC \approx AD = r\mathrm{d}\lambda = N\cos\varphi\mathrm{d}\lambda \qquad (4\text{-}19)$$

则微分梯形 $ABCD$ 的面积为

$$\mathrm{d}T = MN\cos\varphi\mathrm{d}\varphi\mathrm{d}\lambda \qquad (4\text{-}20)$$

如果所计算的面积为经度 λ_1 和 λ_2 的两条经线及纬度 φ_1 和 φ_2 的两条纬线所包围的梯形，积分解算后得椭球体表面的梯形面积为

$$T = \int_{\lambda_1}^{\lambda_2} \int_{\varphi_1}^{\varphi_2} MN\cos\varphi\mathrm{d}\varphi\mathrm{d}\lambda \qquad (4\text{-}21)$$

即

$$T = a^2(1 - e^2)(\lambda_2 - \lambda_1)\int_{\varphi_1}^{\varphi_2} \frac{\cos\varphi}{(1 - e^2\sin^2\varphi)^2}\mathrm{d}\varphi \qquad (4\text{-}22)$$

积分并经过整理后得

$$T = a^2(1 - e^2)(\lambda_2 - \lambda_1)\left[\frac{\sin\varphi}{2(1 - e^2\sin^2\varphi)} + \frac{1}{4e}\ln\frac{1 + e\sin\varphi}{1 - e\sin\varphi} \right]_{\varphi_1}^{\varphi_2} \qquad (4\text{-}23)$$

在地图投影中，经常令 $\lambda_2 - \lambda_1 = 1$，$\varphi_1 = 0$，$\varphi_2 = \varphi$，即可求经差为 1 弧度时，纬度从 $0°$ 到 φ 时的椭球面上的梯形面积，公式为

$$T = a^2(1 - e^2)\left[\frac{\sin\varphi}{2(1 - e^2\sin^2\varphi)} + \frac{1}{4e}\ln\frac{1 + e\sin\varphi}{1 - e\sin\varphi} \right] \qquad (4\text{-}24)$$

81

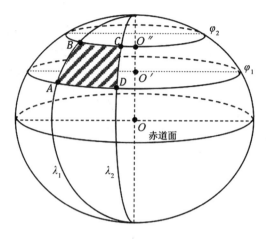

图 4-10　纬线弧长示意图

当忽略地球扁率，地球球体的 $M = N = R$，则

$$\mathrm{d}T = R^2\cos\varphi\mathrm{d}\varphi\mathrm{d}\lambda \tag{4-25}$$

积分后即可求得地球球面上的梯形面积为

$$T = R^2(\lambda_2 - \lambda_1)(\sin\varphi_2 - \sin\varphi_1) \tag{4-26}$$

4.2.3.4　地球球半径

假设把地球椭球体按照比例缩小到地球仪大小，表 4-2 中的长半径、短半径、极半径三者的差距微乎其微，完全可以忽略不计，常常可以忽略地球椭球体的扁率，此时的地球椭球体即可视为正球体。因此，在编制较小地图或地理图等时，可以不考虑地球的扁率，而把地球椭球体用一个符合某种特定条件的正球体来代替，以简化计算，方便公式推导。常用的地球球半径有平均球半径、等距离球半径、等面积球半径、等体积球半径。

1. 平均球半径

用一个正球体代替地球椭球体，该正球体的半径是地球椭球体 3 个半轴长的算术平均值，该算术平均值被称为平均球半径，用 R_1 表示。这是地球球半径的极简形式，常被用做距离单位，特别是在天文学和地质学中常用。其公式为

$$R_1 = \frac{a + b + a}{3} \tag{4-27}$$

如果用表 4-2 中 CGCS2000 椭球参数代入计算后，得 $R_1 = 6371008.77138\mathrm{m}$。

2. 等面积球半径

用一个正球体能够代替地球椭球体，保持该正球体的表面积等于地球椭球体的表面积，因两个相等的表面积而求得的正球体半径称为等面积球半径，用 R_2 表示，常用于等积投影。

通过式(4-24)求得的是地球椭球体上经差为 1 弧度的纬度从 0° 到 φ 时的椭球面上的梯形面积，令 $\varphi = \dfrac{\pi}{2}$，则 $S_{椭球表} = T \times 2\pi \times 2$ 就是地球椭球体的表面积公式，整理得

$$S_{椭球表} = 2\pi a^2 + \frac{\pi b^2}{e}\ln\frac{1 + e}{1 - e}$$ (4-28)

又因为正球体的表面积公式是 $S_{正球表} = 4\pi R_2^2$，令 $S_{椭球表} = S_{正球表}$，则

$$4\pi R_2^2 = \frac{\pi b^2}{e}\ln\frac{1 + e}{1 - e}$$ (4-29)

求得

$$R_2 = \sqrt{\frac{a^2}{2} + \frac{b^2}{4e}\ln\frac{1 + e}{1 - e}}$$ (4-30)

将 CGCS2000 椭球参数代入计算后，得 $R_2 = 6371007.18092$m。

3. 等体积球半径

用一个正球体能够代替地球椭球体，保持该正球体的体积等于地球椭球体的体积，因两个相等的体积而求得的正球体半径称为等体积球半径，用 R_3 表示，常用于等积投影。

众所周知，椭球体的体积公式为

$$V = \left(\frac{4}{3}\right)\pi a^2 b$$ (4-31)

又知，正球体的体积公式为

$$V = \left(\frac{4}{3}\right)\pi R_3^3$$ (4-32)

在公式(4-31)中，当 $a = b$ 时，椭球体即为正球体。那么公式(4-31)和公式(4-32)同为正球体的体积公式，则

$$a^2 b = R_3^3$$ (4-33)

即

$$R_3 = (a^2 b)^{\frac{1}{3}}$$ (4-34)

将 CGCS2000 椭球参数中的 a 和 b 代入计算，即可求得 $R_3 = 6371000.78997$m。

平均球半径、等面积球半径、等体积球半径相差甚微，大约 6371km，相当于 3959 英里。

4. 等距离球半径

用一个正球体能够代替地球椭球体，该正球体球面经线圈长度等于地球椭球体经线圈长度，因该相等的经线圈长度而求得的正球体半径称为等距离球半径，用 R_4 表示。在等距投影时常用等距离球半径。

将 $B = \frac{\pi}{2}$ 代入式(4-16)中，可求得由赤道到纬度为 90°处的子午线弧长，即求得地球椭球体一条经线的一半。在地球椭球体的经线圈中有 4 个这样的子午线弧长，因此地球椭球体的经线圈长度用公式可以表示为

$$S_{4m} = a(1 - e^2)\left[1 + \frac{3}{4}e^2 + \frac{45}{64}e^4 + \frac{175}{256}e^6 + \frac{11025}{16384}e^8\right]$$ (4-35)

而正球体上的经线圈是标准圆，根据圆的周长公式

$$C = 2\pi R_2$$ (4-36)

令式(4-19)和式(4-20)相等，则等距离球半径 R_4，化简得

$$R_4 = a\left[1 - \frac{1}{4}e^2 - \frac{3}{64}e^4 - \frac{5}{256}e^6 - \frac{175}{16384}e^8\right]$$ (4-37)

4.3 地面点的定位

4.3.1 地面点的平面定位

4.3.1.1 地理坐标系

地理坐标系（Geographic Coordinate System，GCS），是使用三维球面来定义地球表面位置，以实现通过经纬度对地球表面点位引用的坐标系。地理坐标是用纬度、经度表示地面点位置的球面坐标。地理坐标系以地轴为极轴。一个地理坐标系包括角度测量单位、本初子午线和参考椭球体三部分。在地球椭球体中，水平线是等纬度线或纬线，垂直线是等经度线或经线。在大地测量学中，对于地理坐标系统中的经纬度有三种提法：天文经纬度、大地经纬度和地心经纬度。

1. 天文经纬度

在大地测量中常以天文经纬度定义地理坐标。天文经纬度是天文经度与天文纬度的总称，包含地面某点 A 的铅垂线和地球自转轴的平面，称 A 点的天文子午面。A 点的天文子午面与本初子午面间的夹角，见图 4-11 中 λ 角，称天文经度；A 点的铅垂线与地球赤道平面所成的夹角，见图 4-11 中 φ 角，称天文纬度，也称为赤纬。

2. 大地经纬度

通常在大地测量中，所有的观测值在概算时均应尽量改化到参考椭球面上。大地经纬度是大地经度和大地纬度的总称。地面上任意点 A 的位置，可用大地经度见图 4-11 中 λ、大地纬度见图 4-11 中 ϕ。

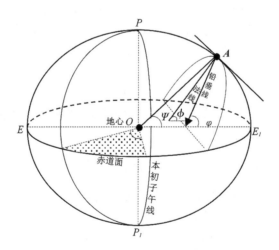

图 4-11　三种经纬度地理坐标关系

大地经度，是指通过地面 A 点和地球椭球体旋转轴的平面与起始大地子午面（本初子午面）间的夹角。

大地纬度，即指参考椭球面上某一点 A 的垂直线（或称法线）与赤道面所形成的夹角。大地经纬度构成的大地坐标系，在大地测量计算中广泛应用。

84

3. 地心经纬度

地心经纬度是地心经度和地心纬度的总称。地心指地球椭球体的质量中心。

参考椭球面上任意一点 A 和椭球中心连线点的地心子午面与本初子午面之间的夹角，称地心经度(图 4-11 中 λ)。地心经度等同大地经度。

A 点同地心之连线与地球赤道面所成的夹角，称地心纬度(图 4-11 中 Ψ)。

4.3.1.2 我国的大地坐标系

我国地形测量和工程测量工作中常用的大地坐标系主要有三大类：参心坐标系、地心坐标系和地方独立坐标系。这三大类大地坐标系各有特定的使用范围和服务对象，它们在国家的经济建设和国防建设中均发挥了巨大的作用，特别是 GNSS 的广泛应用，使我国的地心坐标系应用更为普及。

1. 参心坐标系

"参心"特指参考椭球体的中心。为了地面控制网和观测成果的坐标处理，通常需要选取一个恰当的参考椭球体作为基本参考面，利用大地原点的天文观测，进而确定参考椭球在地球内部的定位和定向。参心坐标系是以参考椭球体的几何中心为基准的坐标系。通常分为参心空间直角坐标系和参心大地坐标系。

参心空间直角坐标系是在参考椭球内建立的 $O\text{-}XYZ$ 坐标系，以 x、y、z 为其坐标元素表示。原点 O 为参考椭球的几何中心；X 轴与赤道面和首子午面的交线重合，向东为正；Z 轴平行于地球质心指向地极原点的方向，向北为正；Y 轴与 XZ 平面垂直构成右手系。

参心大地坐标是在参考椭球内建立大地坐标系，以 B、L、H 为其坐标元素表示。参心大地坐标系的应用十分广泛，它是经典大地测量的一种通用坐标系。由于不同时期采用的地球椭球不同或其定位与定向不同，在我国历史上出现的参心大地坐标系主要有 1954 北京坐标系、1980 西安坐标系和新 1954 北京坐标系三种。

(1)1954 北京坐标系。中华人民共和国成立初期，在全国范围内开展了大量的大地测量和测图工作，在没有统一的大地坐标系的情况下十分不便，迫切地需要建立一个本土的参心大地坐标系。我国采用了前苏联的克拉索夫斯基椭球参数，从我国东北地区的呼玛、吉拉宁、东宁基线与前苏联 1942 年坐标系进行联测传算，采用多点定位建立了我国的第一个参心大地坐标系，定名为 1954 北京坐标系(Beijing Geodetic Coordinate System 1954，BJZ54)。其将我国的大地控制网与前苏联 1942 年普尔科沃大地坐标系相连接，认为是前苏联 1942 年坐标系的延伸，是局部平差的结果。虽然被称为"北京坐标系"，但它的原点不是在北京，而是在前苏联的普尔科沃天文台圆形大厅中心。

1954 北京坐标系只是中华人民共和国成立初期的一个过渡性坐标系，必然会有许多不符合我国国情的不足，如：

① 由于 1954 北京坐标系采用的是苏联的克拉索夫斯基椭球参数，导致该椭球与我国的大地水平面存在着自西向东明显的系统性倾斜，与我国大地水准面的符合不够严密，仅东部的大地水准面就存在达 60m 差距，全国平均差距 29m。

② 苏联的克拉索夫斯基椭球的定向不明确。椭球地轴的指向并不是我国的地极原点，起始大地子午面也不是格林尼治平均天文台子午面。因此，导致 1954 北京坐标系的定向也不明确，坐标换算也极为不易。

③ 由于我国当时处理重力数据时采用的是赫尔默特扁球，而不是旋转椭球，这与克拉索夫斯基椭球完全不一致，导致几何大地测量和物理大地测量应用的参考面不统一，给重力数据的处理带来了极大的麻烦。

表 4-4 列出了在 ArcGIS 中常见的四种 1954 北京坐标系命名方式。

表 4-4　　　　　　　　　　**ArcGIS 中 1954 北京坐标系的四种命名方式**

命名方式	坐标系表示解读	
	字母	含义
Beijing 1954 3 Degree GK CM 126E	Beijing 1954	1954 北京坐标系
	3 Degree	三度分带
	GK	高斯克吕格投影
	CM 126E	中央子午线是东经 126°
	（因含经度）	横坐标前不加带号
Beijing 1954 3 Degree GK Zone 42	Beijing 1954	1954 北京坐标系
	3 Degree	三度分带
	GK	高斯克吕格投影
	Zone 42	分带号为 42
	（因含带号）	横坐标前加带号
Beijing 1954 GK Zone 43N	Beijing 1954	1954 北京坐标系
	（默认）	六度分带
	GK	高斯克吕格投影
	Zone 43N	分带号为 43
	（特殊：因带号后加 N）	横坐标前不加带号
Beijing 1954 GK Zone 43	Beijing 1954	1954 北京坐标系
	（默认）	六度分带
	GK	高斯克吕格投影
	Zone 43	分带号为 43
	（因含带号）	横坐标前加带号

值得注意的是，凡含有带号的命名对应的横坐标前都加带号，凡含有经度的命名对应的横坐标前都不加带号，但如果带号后面加了 N，则横坐标前不加带号（关于高斯克吕格投影和分带等相关问题将在后续章节详细讲述）。

（2）1980 西安坐标系。1978 年在打开国门的同时，我国决定建立独立的国家大地坐标系。我国采用 1975 年国际大地测量和地球物理联合会(IUGG)推荐的 IAG75 椭球参数，多点定位且整体平差的参心坐标系，称为 1980 西安坐标系（Xi'an Geodetic Coordinate System 1980，GDZ80）。

1980 西安坐标系的 IAG75 椭球的地轴指向我国地极原点 JYD1968.0 方向，大地起始子午面平行于格林尼治平均天文台的子午面。采用按 1° × 1° 的间隔，均匀选取 922 个点，组成弧度测量方程。通过实地考察和综合分析，大地原点(图 4-12)确定在陕西省泾阳县永乐镇石际寺村，具体位置在北纬 34°32′27.00″、东经 108°55′25.00″、海拔高度 417.20m(大地原点设在泾阳县永乐镇的原因，可查阅《中华人民共和国大地原点选点报告》)。1980 西安坐标系建立后，用它计算了全国天文大地网整体平差近 50000 个点的成果。

图 4-12　GDZ80 大地原点

表 4-5 列出了在 ArcGIS 中常见的四种 1980 西安坐标系命名方式。

表 4-5　　　　　　　　　　　**ArcGIS 中 1980 西安坐标系的四种命名方式**

命名方式	坐标系表示解读	
	字母	含义
Xian 1980 3 Degree GK CM 126E	Xian 1980	1980 西安坐标系
	3 Degree	三度分带
	GK	高斯-克吕格投影
	CM 126E	中央子午线是东经 126°
	(因含经度)	横坐标前不加带号
Xian 1980 3 Degree GK Zone 42	Xian 1980	1980 西安坐标系
	3 Degree	三度分带
	GK	高斯-克吕格投影
	Zone 42	分带号为 42
	(因含带号)	横坐标前加带号
Xian 1980　GK Zone 43N	Xian 1980	1980 西安坐标系
	(默认)	六度分带
	GK	高斯-克吕格投影
	Zone 43N	分带号为 43
	(特殊：因带号后加 N)	横坐标前不加带号
Xian 1980　GK Zone 43	Xian 1980	1980 西安坐标系
	(默认)	六度分带
	GK	高斯-克吕格投影
	Zone 43	分带号为 43
	(因含带号)	横坐标前加带号

关于横坐标前加不加带号的问题，同表 4-4 后的说明。

（3）新1954北京坐标系。1954北京坐标系，严格说，分两种：1954北京坐标系和新1954北京坐标系。新1954北京坐标系又称1954北京坐标系-整体平差转换值、1954北京坐标系-整体平差成果（New Beijing Geodetic Coordinate System 1954，NBJZ54），它是在1980西安坐标系的基础上，把原来的IAG75椭球参数换算成克拉索夫斯基椭球参数，即将椭球中心进行了平移，使其坐标轴与1980西安坐标系的坐标轴平行。新1954北京坐标系采用多点定位，但椭球面与大地水准面都与我国地球表面拟合不佳，其大地原点与1980西安坐标系完全相同，但起算数据明显不同。通过在空间3个坐标轴上进行整体平移转换而来的。其平移量ΔX_0、ΔY_0、ΔZ_0利用式（4-38）求得，即

$$\begin{cases} X_{\text{新}54} = X_{80} - \Delta X_0 \\ Y_{\text{新}54} = Y_{80} - \Delta Y_0 \\ Z_{\text{新}54} = Z_{80} - \Delta Z_0 \end{cases} \tag{4-38}$$

新1954北京坐标系弥补了1954北京坐标系的缺陷：

① 由于1980西安坐标系有明确的定向，在其基础上换算后的新1954北京坐标系也定向明确。

② 新1954北京坐标系体现了整体平差转换值的优越性，它的精度和1980西安坐标系坐标的精度一样。

③ 由于其恢复至原1954北京坐标系的椭球参数，从而使其坐标值和原1954北京坐标系局部平差坐标值相差较小。

④ 新1954北京坐标系与原1954北京坐标完全不是一回事，其关系如图4-13所示。都是克拉索夫斯基椭球参考椭球，而定位与定向的依据又完全与1980西安坐标系一样，即新1954北京坐标系的点位坐标与1980西安坐标系的同一点坐标，仅仅是两系统定义不同产生的系统差；新1954北京坐标系与原1954北京坐标系成果中同一点坐标的不同，主

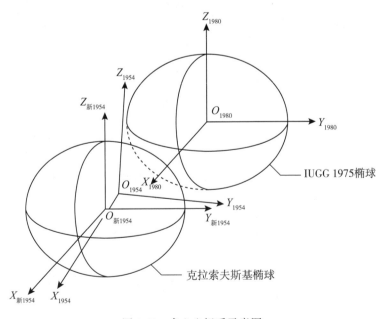

图4-13　参心坐标系示意图

要原因是一个是全国整体平差的结果，另一个是局部平差的结果。全国的 80% 地区范围内的两者坐标值的差值在 5m 以内，仅有东北地区超过 5m、少数边沿地区大于 10m，最大达 12.9m。但这些差值较大地区的坐标反映在 1 ∶ 5 万及更小的比例尺地形图中几乎都不超过 0.1mm。

综上所述，通过上述三种参心坐标系的介绍，不难发现，参心坐标系对于全球整体而言，存在着明显的缺陷，其不适合建立全球统一的坐标系统，水平控制网和高程控制网是分离的，不便于全球重力场的研究与解算，破坏了空间三维的坐标的完整性。

2. 地心坐标系

地心坐标系(Geocentric Coordinate System)是以地球质心为原点的坐标系。通常分为地心空间直角坐标系(Geocentric Space Rectangular Coordinate System)和地心大地坐标系(Geocentric Geodetic Coordinate System)。

地心空间直角坐标系与地球椭球无关。地心坐标系是在大地体内建立的 O-XYZ 坐标系，以 x、y、z 为其坐标元素表示。原点 O 设在大地体的质量中心，用相互垂直的 X、Y、Z 三个轴来表示，X 轴与首子午面与赤道面的交线重合，向东为正。Z 轴与地球旋转轴重合，向北为正。Y 轴与 XZ 平面垂直构成右手系。

地心大地坐标系则是一种以椭球面和法线为基准的地球坐标系，以 B、L、H 为其坐标元素表示，如图 4-14 所示。

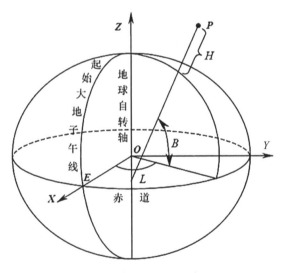

图 4-14　参心坐标系示意图

从 20 世纪 70 年代起，我国先后建立或引进了四种地心坐标系，分别是 1978 地心坐标系、1988 地心坐标系、1984 世界大地坐标系和 2000 国家大地坐标系。前两种坐标系被少数部门所使用，后两种坐标系已经被广泛地应用于 GNSS 等领域。采用地心坐标系，有利于应用现代空间技术对坐标系进行维护和快速更新，有利于高精度大地控制点三维坐标的测定。

(1)1978 地心坐标系。我国于 1978 年建立了地心一号(DX-1)转换参数，只有 3 个平移参数，不包含旋转参数和尺度变换参数，它只是一个初步结果，能够满足当时空间技术的急需。将 1954 北京坐标系的坐标通过 DX-1 转换参数换算成我国的地心坐标系，原点定位于地心，称为 1978 地心坐标系（缩写 DXZ_{78}）。1978 地心坐标系与 1954 北京坐标系的关系为

$$\begin{bmatrix} X \\ Y \\ Z \end{bmatrix}_{78} = \begin{bmatrix} X \\ Y \\ Z \end{bmatrix}_{54} + \begin{bmatrix} \Delta X_0 \\ \Delta Y_0 \\ \Delta Z_0 \end{bmatrix}_{DX-1} \tag{4-39}$$

由于 1978 地心坐标系的处理方法等还存在许多不足，相应的坐标轴没有明确的定向，其坐标分量中误差约为 ±10m。

（2）1988 地心坐标系。1988 年我国建立了精度更高的地心二号（DX-2）转换参数。DX-2 有两套转换参数，分别是 $DX-2_{1954}$ 和 $DX-2_{1980}$，每套都有 7 个转换参数，也就是将 1954 北京坐标系和 1980 西安坐标系的坐标分别通过 $DX-2_{1954}$ 和 $DX-2_{1980}$ 转换参数换算成我国的地心坐标系，原点定位于地心，称为 1988 地心坐标系（缩写 DXZ_{88}）。应用两套 DX-2 转换参数所得的地心坐标结果都完全相同，其地心坐标分量中误差均好于±5m。

（3）1984 世界大地坐标系。20 世纪 60 年代，在经济建设、国防建设和科技发展的驱使下，美国国防部制图局率先开始致力于建立全球统一的大地坐标系。经过 20 余年的反复修正和完善，通过遍布世界的卫星观测站观测到的坐标，建立了为 GPS 全球定位系统而使用的 1984 世界大地坐标系（World Geodetic System 1984，WGS84）。它是一种地心坐标系，坐标原点为地球质心，由基本常数、参考椭球、地球重力场模型和全球大地水准面模型等组成。WGS84 先后经历了 4 次精化，见表 4-6。目前，WGS84 主要由美国国家地理空间情报局（NGA）负责维护，是航天与远程武器和空间科学中各种定位测控测轨的重要依据。

表 4-6   **WGS84 参考框架的 4 次精化**

	标号	启用时间	参考框架	精度值（cm）
初始	WGS84	1987 年 1 月 01 日	BTS	100~200
第一次精化	WGS84（G730）	1994 年 6 月 29 日	ITRF1992（1994.0）	10
第二次精化	WGS84（G873）	1997 年 1 月 29 日	ITRF1994（1997.0）	5
第三次精化	WGS84（G1150）	2002 年 1 月 20 年	ITRF2000（2001.0）	1
第四次精化	WGS84（G1674）	2012 年 2 月 08 日	ITRF2008（2005.0）	1

注：标号括号中的"G"表示采用 GPS 方法确定，其后面的数字表示 GPS 周数。

（4）2000 国家大地坐标系。2000 国家大地坐标系（China Geodetic Coordinate System 2000，CGCS2000）是全球地心坐标系在我国的具体体现，是我国目前主推使用的大地坐标系。2008 年 3 月，由原国土资源部正式上报国务院《关于中国采用 2000 国家大地坐标系的请示》，并于 2008 年 4 月获得国务院批准。自 2008 年 7 月 1 日起，中国全面启用 2000 国家大地坐标系，国家测绘局授权组织实施。

CGCS2000 是以包括海洋和大气的整个地球的质量中心为原点，以 ITRF97 参考框架

为基准，参考框架历元为 2000.0，通过中国 GPS 连续运行基准站、空间大地控制网以及天文大地网与空间地网联合平差建立的三维地心大地坐标系统。

CGCS2000 与 WGS84 在定义上实质是一样的，采用的参考椭球非常接近，它们所采用的参考椭球赤道半径、地球自转速度、地心引力常数均完全一致，仅有微小差别。

CGCS2000 与 1954 北京坐标系和 1980 西安坐标系，在定义和实现上有根本区别。参心坐标和地心坐标之间的变换是不可避免的。在启用 CGCS2000 后，我国空间定位技术、地球重力场研究、地图测图制图等领域都做出了相应的转变。在以往 1954 北京坐标系和 1980 西安坐标系成果资料的基础上，实施空间网和地面联合平差，将各等级的大地控制网点严密地纳入 CGCS2000，没有条件进行联合平差的大地网点，通过精密坐标转换将其改算到 CGCS2000；严格精密解算 1954 北京坐标系、1980 西安坐标系、各级地方坐标系到 CGCS2000 的转换参数，开发设计相应的坐标转换软件；对已有的 1954 北京坐标系、1980 西安坐标系、各级地方坐标系下的成果数据进行转换到 CGCS2000；对其他重力异常，通过改化变为 CGCS2000 参考椭球的重力异常。

3. 地方独立大地坐标系

在城市测量和工程测量中，若直接在国家坐标系中建立控制网，有时会使地面长度的投影变形较大，难以满足实际工程的需要，因此，往往需要建立地方独立大地坐标系，比如，太原 54 独立坐标系、永川独立坐标系、海南海口独立坐标系、重庆市独立坐标系、2009 眉山城市坐标系、大同地方独立坐标系、长寿城市坐标系，等等。

在较小区域范围内，常规测量的地方独立坐标系可以是高斯平面坐标系，也可以是适应本区域的一种定制型参心坐标系。建立地方独立坐标系需要确定地方独立坐标系的中央子午线、起算点的坐标、坐标方位角、投影面正常高、测区平均高程异常和参考椭球等。

4.3.1.3 平面坐标系

地图上通常使用平面坐标系，即平面极坐标系和平面直角坐标系。

1. 平面极坐标系

在地图投影理论的研究中，用某点至极点的距离和方向表示该点的位置的方法，称为平面极坐标法。图 4-15 中，点 O 为原点，射线 OX 为极轴，设任意地面点 P，点 P 的位置可以用极半径 ρ 和方向极角 θ 来确定。在数学上，角 θ 是按逆时针方向从极轴开始；在测绘中则相反，角 θ 是按顺时针方向计算。

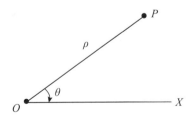

图 4-15　测绘平面极坐标系

2. 平面直角坐标系

平面直角坐标是按直角坐标原理确定一点的平面位置的，这种坐标也叫笛卡儿坐标或直角坐标。该坐标系是由原点及两条相互垂直的坐标轴所组成。

在数学直角坐标系中，图 4-16（a）中点 O 为原点，坐标轴为 X 坐标轴为横坐标轴，Y 坐标轴为纵坐标轴。点 A 的坐标可以表示为 $(x，y)$，X 坐标轴和 Y 坐标轴把坐标平面按逆时针划分成 4 个象限。

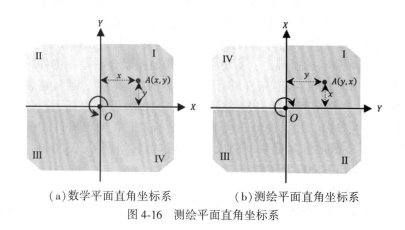

(a)数学平面直角坐标系　　　　(b)测绘平面直角坐标系

图 4-16　测绘平面直角坐标系

测绘中的平面直角坐标系略有不同，4-16（b）中点 O 为原点，Y 坐标轴为横坐标轴，X 坐标轴为纵坐标轴。点 A 的坐标可以表示为 $(y，x)$，Y 坐标轴和 X 坐标轴把坐标平面按顺时针划分成 4 个象限。大多测绘工程及地图制图常需要采用适当的平面直角坐标系，有时需要进行两种平面直角坐标系的互换，有时需要在平面直角坐标系中进行配准纠正。

4.3.2　地面点的高度定位

4.3.2.1　高程和高差

通过图 4-2 中的实线可知，大地水准面的形状是不规则的球体，不能够用一个简单的数学公式表示。同时，由于大区域的测图工作都是分期分批进行的，为了确保测图精度的一致性和分幅接图的完整性，各国还会建立统一的高程控制系统，作为全国测图和工程实施的基础高程控制基准。

所谓高程，是指地面点到高程基准面的垂直距离。选择不同的高程基准面，就会对应不同的高程系统。目前，高程定义中常见的高程基准面主要有大地水准面、任意大地水准面、似大地水准面、参考椭球体。其中，似大地水准面严格意义上说并不是水准面，它只是接近于水准面，仅是为了计算方便的辅助面。它与大地水准面不完全吻合，只是在平均海水面的位置重合。

高程以大地水准面、任意大地水准面为基准面，有绝对高程和相对高程之分。地面点沿铅垂线到大地水准面的垂直距离，称为绝对高程，也常称为海拔，如华山的海拔 2154.9m。在图 4-17 中，A_0 和 B_0 是任意地面点，h 为 A_0 和 B_0 两个地面点之间的高差，A_0 到大地水准面的垂直距离为 $H_{A_0A_1}$。地面点铅垂线到任意大地水准面的垂直距离，称为相对高程。在图 4-17 中，地面点 B_0 到任意大地水准面的垂直距离为 $H_{B_0B_1}$。

高程以大地水准面、似大地水准面、参考椭球体为基准面，可以有正高、正常高、大地高之分。正高是指沿着地面点的铅垂线，地面点到大地水准面的距离。图 4-17 中，绝

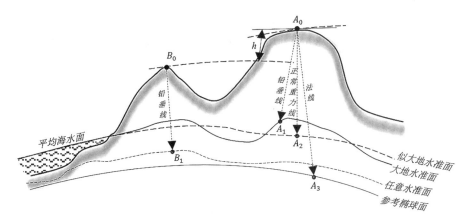

图 4-17　各高程与高程基准面的关系

对高程 $H_{A_0A_1}$ 还可以称为正高，常用 $h_{正高}$ 表示。正常高是指沿着地面点的正常重力线，地面点到似大地水准面的距离。地面点 A_0 沿正常重力线到似大地水准面的距离 $H_{A_0A_2}$ 即为地面点 A_0 的正常高，常用 $h_{正常高}$ 表示。似大地水准面和大地水准面的差值即是正常高和正高之差，称为大地水准面差距。大地高是指沿着地面点的法线，地面点到参考椭球面的距离。地面点 A_0 沿法线到参考椭球面的距离 $H_{A_0A_3}$ 即为地面点 A_0 的大地高，常用 $H_{大地}$ 表示。参考椭球面和大地水准面之差的距离，称为大地水准面差距，常用 N 表示。大地高与正常高的差值，称为高程异常，常用 ζ 表示。综上有如下关系：

$$H_{大地} = h_{正高} + N = h_{正常高} + \zeta \tag{4-40}$$

4.3.2.2　我国的高程基准

高程基准是推算国家统一高程控制网中所有水准高程的起算依据，它包括一个水准基准面和一个永久性水准原点。水准基准面通常理论上采用大地水准面，它是一个延伸到全球的静止海水面，也是一个地球重力等位面，实际上，确定水准基面是通过验潮站长期观测的结果计算出来的平均海水面。国家水准原点对于生产建设、国防建设和科学研究具有重要价值，全国水准测量的起算高程均由该永久性国家水准原点的高程确定。中华人民共和国成立以来，建立了大沽高程系、大沽高程基准、独立高程基准、渤海高程、1956 黄海高程基准和 1985 国家高程基准等，其中，以 1956 黄海高程基准和 1985 国家高程基准为主。我国以青岛港验潮站的长期观测资料推算出的黄海平均海面作为中国的水准基面，即零高程面。我国水准原点建立在青岛验潮站附近，并构成原点网。用精密水准测量测定水准原点相对于黄海平均海面的高差，即水准原点的高程，定为全国高程控制网的起算高程。

1. 1956 黄海高程基准

我国历史上曾经使用吴淞高程基准、珠江高程基准、废黄河零点高程、大沽零点高程、渤海高程等许多高程基准，但各高程基准的通用性不强，一度出现复杂混乱的局面，导致不同省份、区域高程成果不能完全符合。1956 黄海高程基准(简称黄海基准)是我国建立的第一个国家高程系统，结束了过去高程基准繁杂的局面。

1956 年黄海高程基准包括一个唯一的高程起算基准面和一个永久性水准原点。高程起算基准面是根据近海青岛验潮站 1950—1956 年间的长期验潮观测资料而计算确定的黄海平均海水面。永久性水准原点(即中华人民共和国水准原点)位于青岛市观象山验潮站内,该水准原点的高程为 72.289m。以往其他各高程基准面均可以通过参数改化到 1956 黄海高程基准。

2. 1985 国家高程基准

由于 1956 黄海高程基准所依据的青岛验潮站观测积累资料时间相对比较短,并且黄海海水面也发生了微小的变化。因此,我国又以青岛验潮站 1952—1979 年间的潮汐观测资料为计算依据,经过多次严格重新计算黄海平均海水面,以此作为新的高程起算基准面;并精密测量青岛市观象山中巅的"中华人民共和国水准原点",其水准原点的高程为 72.260m,称为"1985 国家高程基准"。该高程基准于 1987 年 5 月开始启用,1956 年黄海高程基准同时废止,已有的其他高程基准需要根据相应转换参数进行改正,如表 4-7 所示。需要强调的一是国家水准原点的实际高程并非是海拔 0m,现在"中华人民共和国水准零点"在青岛银海大世界内;二是 1985 国家高程基准的黄海平均海水面比 1956 黄海高程基准的黄海平均海水面升高了 0.029m。

表 4-7   **1985 国家高程基准与其他高程基准的转换关系**

旧高程基准	转换参数(m)	转换公式
1956 年黄海高程基准	−0.029	1985 国家高程基准=1956 年黄海高程−0.029m
吴淞高程基准	−1.717	1985 国家高程基准=吴淞高程基准−1.717m
珠江高程基准	+0.557	1985 国家高程基准=珠江高程基准+0.557m
废黄河零点高程	−0.190	1985 国家高程基准=废黄河零点高程−0.190m
大沽零点高程	−1.163	1985 国家高程基准=大沽零点高程−1.163m
渤海高程	+3.048	1985 国家高程基准=渤海高程+3.048m

4.4   地图投影基础

地球椭球体的表面是不可展开的三轴曲面,而常见的地图却是二维平面。从几何意义上来说,要将三维的地球椭球体展成平面,势必会产生断裂、拉伸、褶皱等不可控制的变形。地图投影则可以解决地球由球面到平面的问题,建立可以控制的变形问题。

4.4.1   地图投影的实质

4.4.1.1   地图投影概念

地球表面(可扩展到其他星球表面或天球表面)上的任意点与投影地图平面上点之间依据一定的数学法则建立对应关系的理论和方法,称为地图投影。地图投影的实质就是建立任意地面点的地球椭球面地理坐标与它所在的平面直角坐标之间的一一对应关系(图 4-18)。

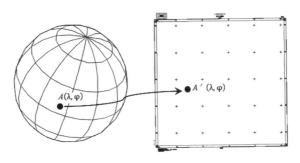

图 4-18　地图投影的实质

4.4.1.2　地图投影方法

地图投影有两种主流的投影方法：几何透视法和数学解析法。

1. 几何投影法

地图投影的几何透视法的原理类似于手影游戏，如图 4-19 所示。几何透视法是利用透视的关系，将地球球面上的点投影到投影面上的一种投影方法。例如，在图 4-20 中，假设地球按比例缩小成一个透明的地球仪般的球体，在其球心（或球面或球外）安置一个光源，将球面上的经纬线投影到球外的一个投影平面上，即将球面经纬线转换成了平面上的经纬线。几何透视法是一种比较原始的投影方法，有很大的局限性，难以纠正投影变形，因此精度较低。

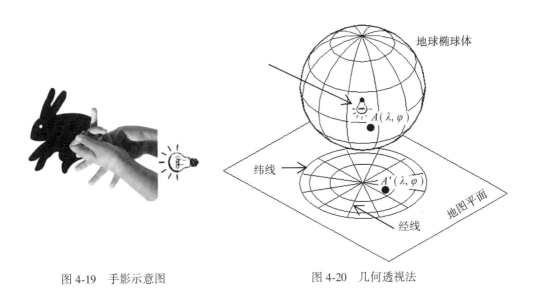

图 4-19　手影示意图　　　　　　　　　　图 4-20　几何透视法

2. 数学解析法

地图投影中球面与平面之间的一一对应关系是通过建立一定的数学转换关系实现的。其数学定义：由于球面上任何一点的位置是用地理坐标 (λ, φ) 表示的，而平面上的点的位置是用直角坐标 (x, y) 或其他坐标系表示的，所以，要想将地球表面上的点转移到平面上，必须采用一定的方法来确定地理坐标与平面直角坐标或极坐标之间的关系。这种在

球面和平面之间建立点与点之间函数关系的数学方法，就是地图投影方法。地图投影的通用表达式为

$$\begin{cases} x = F_1(\lambda, \varphi) \\ y = F_2(\lambda, \varphi) \end{cases} \tag{4-41}$$

只要能够建立地理坐标 (λ, φ) 和平面直角坐标 (x, y) 的单值连续函数，就可以依据球面坐标计算出平面直角坐标，即完成由球面到平面的转换。

4.4.2 变形椭圆

4.4.2.1 变形椭圆

地图投影前后势必会产生某种变形，为了能够确切地分析和理解变形的性质、趋势和定量变化，法国数学家底索于 1881 年研究发现将地球椭球面或正球面上的一个无穷小的微分圆投影到平面上后一般都被变成一个无穷小的椭圆(除个别为正圆外，一般皆为椭圆)，这个椭圆又是由于地图投影而产生的变形，故而称该椭圆为变形椭圆(elipse of distortion)，又称底索指线(Tissot's indicatrix)。变形椭圆是一种解释地图投影变形的几何图解方法，只是数学意义上的，在图上是不可见的。因此，变形椭圆的作用是仅供用来分析和理解地图投影的变形。

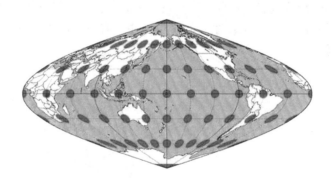

图 4-21　正弦曲线投影的变形椭圆

在图 4-22 中，在地球椭球体(或正球体)上任意一点 O 的无穷小邻域，可以看做是一个极小的微分圆，类似于图 4-22(b)，看起来就像地球上掉了一枚硬币(图 4-22(a))一样微小，该微分圆投影到平面上，由于投影变形的影响，大多会不在保持原来的正交，产生变形椭圆。图 4-22(b)中，过 O 点的经线和纬线两个方向为直角坐标轴(共轭直径方向垂直)，微分线段 OA 投影到平面上 $O'A'$ 在沿经线方向和纬线方向的长度比分别为

$$\mu_m = \frac{D_{O'B'}}{D_{OB}} = \frac{\varphi'}{\varphi} \rightarrow \varphi = \frac{\varphi'}{\mu_m} \tag{4-42}$$

$$\mu_n = \frac{D_{O'C'}}{D_{OC}} = \frac{\lambda'}{\lambda} \rightarrow \lambda = \frac{\lambda'}{\mu_m} \tag{4-43}$$

又知投影前，以 O 点为圆心的微分圆可以看做是微分单位圆，方程为

$$\varphi^2 + \lambda^2 = 1 \tag{4-44}$$

投影后，为了能够确定该微分圆投影后的形状，得到该单位微分圆的投影方程

$$\left(\frac{\varphi'}{\mu_m}\right)^2 + \left(\frac{\lambda'}{\mu_m}\right)^2 = 1 \tag{4-45}$$

即是以 O' 点为原点，以相交成 θ 角的两个共轭直径为斜坐标轴的椭圆方程。

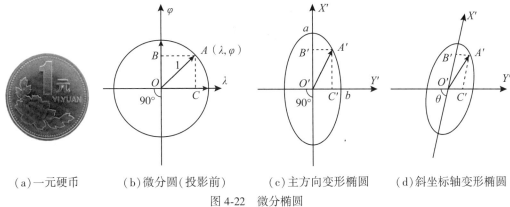

(a)一元硬币　　(b)微分圆(投影前)　　(c)主方向变形椭圆　　(d)斜坐标轴变形椭圆

图 4-22　微分椭圆

4.4.2.2　主方向

地球椭球面上两条相互垂直经纬线方向投影在平面上为变形椭圆的一组共轭直径。不仅经纬线方向如此，其他任何正交方向线投影后也均为变形椭圆的共轭直径。在这无穷多组共轭直径中，总有一组共轭直径为特殊的共轭直径，即为变形椭圆的长轴和短轴，这两正交线段所指的方向均称为主方向。因此，地球面上的正交方向线投影后仍然正交，主方向上的长度比是极值长度比，即最大长度比和最小长度比。

在图 4-22(c)中两个共轭直径互相垂直，并且以主方向为坐标轴，a、b 分别表示变形椭圆的长半径和短半径，得到变形椭圆的方程

$$\left(\frac{x'}{a}\right)^2 + \left(\frac{y'}{b}\right)^2 = 1 \tag{4-46}$$

根据解析几何中阿婆隆尼亚定理，图 4-22(d)变形椭圆的长半轴 a、短半轴 b 和经纬线方向上的长度比 μ_m、μ_n，经纬线夹角 θ，公式整理为

$$\begin{cases} a + b = \sqrt{{\mu_m}^2 + {\mu_n}^2 + 2\mu_m\mu_n\sin\theta} \\ a - b = \sqrt{{\mu_m}^2 + {\mu_n}^2 - 2\mu_m\mu_n\sin\theta} \end{cases} \tag{4-47}$$

4.4.2.3　标准点、标准线和等变形线

地图投影可以保持个别点和线投影在平面上不产生任何变形。

1. 标准点

标准点是地图投影面上没有任何变形的点，即地球椭球体面与投影面相切的切点。该点既在地球面上，也在投影平面上，这样的公共点投影后不产生投影变形。离开标准点愈远，则变形愈大，如图 4-23 所示。

2. 标准线

标准线是地图投影面上没有任何变形的一种线，即投影面与地球椭球体面相切或相割的那一条或两条线。标准线实际上还分标准纬线和标准经线，图 4-24 仅以标准纬线为例，

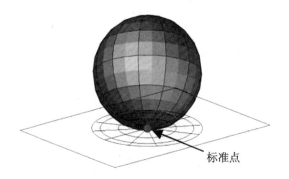

图 4-23　标准点示意图

标准经线类同。图 4-24 中标准纬线又分为标准切纬线和标准割纬线。在各种不同类型的投影中标准线的数量和位置略有不同。但它们却又一个非常重要的共同点，即标准线均没有投影变形，而离标准线越近投影变形越小，离标准线越远投影变形越大。

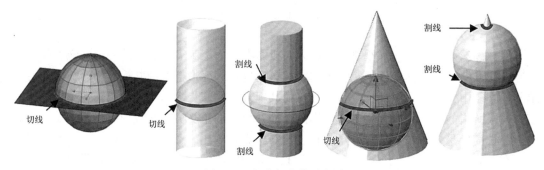

图 4-24　各种标准线示意图

3. 等变形线

等变形线是投影面上变形值相等的各点的连线，用来显示地图投影变形的大小和分布状况。不同投影有不同形状的等变形线，有直线、圆形、椭圆形和其他各种曲线等形状。不同等变形线形状的投影适合于不同形状的制图区域，这是选择地图投影考虑的因素之一。

4.5　地图投影的变形

除了标准点和标准线以外，地图投影变形是地球椭球面（或球面）转化成平面的必然结果，没有变形的投影是不存在的。地图投影变形又称为地图投影误差，是将地球椭球面投影到平面上后产生的形状和大小变形，主要包括长度变形、面积变形和角度变形等。

4.5.1　长度变形

4.5.1.1　经纬线的长度特点

在赤道的南北两边，画出许多和赤道平行的圆圈，这些圆圈就是纬线，也叫纬线圈。

赤道为0°，北极为北纬90°，南极为南纬90°。相对而言，由北极点到南极点，可以画出许多南北方向的与地球赤道垂直的半圆弧，这些半圆弧叫做经线。本初子午线为0°经线，东半球是0°到180°经线，西半球也是0°到180°经线。在地球椭球体(或正球体)上的经线和纬线具有许多有规律性的特点，在图4-25中，现针对经线长度和纬线长度的特点如下：

(1)各纬线实际上是长度不同的圆，赤道是最大的纬线圈，随着纬度的升高纬线逐渐减小，极地附近的纬线长度接近于0；

(2)所有经线的长度都相等；

(3)在同一条纬线上，相同经差的两段纬线弧长相等；

(4)在地球椭球体上，同一条经线上，相同纬差的两段经线弧长随纬度的增加而增大；在正球体上，同一条经线上，相同纬差的两段经线弧长相等。

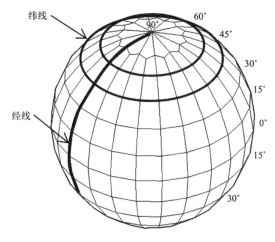

图4-25　经线和纬线特点示意图

4.5.1.2　长度变形和长度比

地图投影后如图4-26所示的世界地图中，东经160°经线和西经20°经线投影后明显不再相等，都与中央经线有长度差。投影前后的长度变化是通过长度比和长度变形来衡量的。

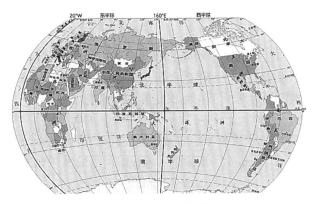

图4-26　长度变形

某点沿某一方向上无穷小线段投影后的长度与投影前的长度之比，称为长度比。长度比是一个变量，不仅随点位不同而变化，而且在同一点上方向不同也有变化，如图 4-27 所示。一般情况下，长度变形时是基于微分线段展开研究的，如图 4-28 所示，设地球面上任意无穷小四边形 ABCD，其中无穷小微分线段 BD 为 dS；对应投影平面上投影后无穷小四边形 A′B′C′D′，其中投影后无穷小微线段 B′D′ 为 dS′。

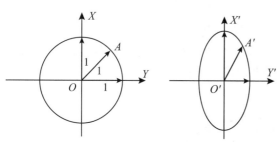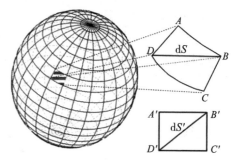

图 4-27　同一点沿不同方向的长度变化不同　　　　图 4-28　投影前后微线段长度关系

长度比是指地面上微分线段投影后长度 dS′ 与其固有长度 dS 之比，它始终为正数，微分线段的长度比计算公式为

$$\mu = \frac{dS'}{dS} \tag{4-48}$$

当微分线段的长度 dS′ = dS 时，长度比 $\mu = 1$，表示微分线段投影后没有长度变形。
当微分线段的长度 dS′ > dS 时，长度比 $\mu > 1$，表示微分线段投影后长度变长。
当分线段的长度 dS′ < dS 时，长度比 $\mu < 1$，表示微分线段投影后长度变短。
长度变形是投影长度相对变形，通常用长度比与 1 之差来定义，用 ν_μ 表示：

$$\nu_\mu = \mu - 1 \begin{cases} = 0,\ 表示微分线段投影后没有长度变形 \\ > 0,\ 表示微分线段投影后长度变长 \\ < 0,\ 表示微分线段投影后长度变短 \end{cases} \tag{4-49}$$

4.5.2　面积变形

面积变形，是衡量地图投影面积变形，即某点邻域在投影面上的面积与地球椭球面上相应原始面积的变化的数量指标。

在地球仪上，同一纬度带内经差相同的梯形网格面积相等；同一经度带内纬度越高，梯形面积越小。而地图投影经纬线网格的面积与地球上的不同，面积比例随经度的变化可能产生变化，这表明地图投影可能存在面积变形。面积变形因投影不同而异，同一投影上面积变形随地点而变。

在图 4-29 中，地球面上相应无穷小球面微分圆的面积 $dF = \pi r^2$，其中 $r = 1$，设影平面上微分圆的面积为 $dF' = \pi ab$，该微小区域投影前后的面积比用 P 表示，即

$$P = \frac{dF'}{dF} = \frac{\pi ab}{\pi r^2} = ab \tag{4-50}$$

由于 dF 和 dF′ 均为面积，因此，面积比 P 的值恒为正。

还可以利用长度比计算的公式表示为

$$P = mn\sin\theta \qquad (4-51)$$

式中，P 为面积比，m 为经线长度比，n 为纬线长度比，θ 为经纬线投影后的夹角。

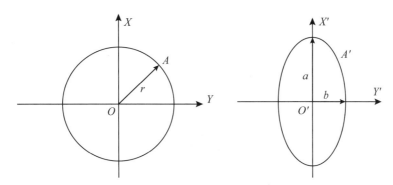

图 4-29　微分圆投影前后面积

面积比与 1 之差称为面积变形，用 ν_P 表示面积变形，则

$$\nu_P = P - 1 \begin{cases} = 0, & \text{该点投影后面积无变形} \\ > 0, & \text{投影后面积增大} \\ < 0, & \text{投影后面积缩小} \end{cases} \qquad (4-52)$$

4.5.3　角度变形

在同一点上任意两个方向线所夹之角随两方向线转动而变化，投影在平面上其角度变形各不相等。用来衡量地图投影角度变形的数量指标称为角度变形，又称为角度误差或角度变异。在图 4-30 上，在投影面上某点 O 的两个非主方向（OA' 和 OA_1'）所夹的角 β' 与地球椭球面上相应的两个方向（OA 和 OA_1）的夹角角度 β（原角）之差，常以 $\Delta\beta$ 表示角度变形，即 $\Delta\beta = \beta' - \beta$。

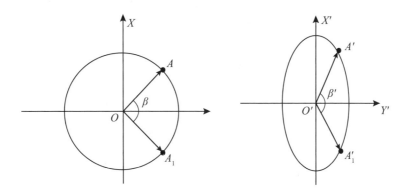

图 4-30　角度变形

角度变形也是一个变量，它随点位和方向的变化而变化。角度变形值有正有负：
当 $\Delta\beta = 0$ 时，表示该两个方向的夹角投影后无变形；

当 $\Delta\beta > 0$ 时，表示该两个方向的夹角投影后大于原角；

当 $\Delta\beta < 0$ 时，表示该两个方向的夹角投影后小于原角。

4.6 地图投影的分类

地球球面到平面（图 4-31）的方法可以有很多种方法。由于地图投影的变形是不可避免的，各国长期研究各种不同的地图投影方法，试图建立可控制的规律性强，且能够缩小投影变形的地图投影体系。

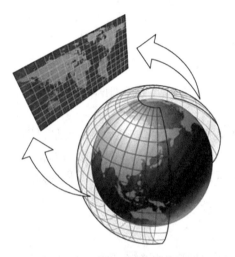

图 4-31   球面到平面示意图

为了减小某些投影变形，科学家对于地图投影的研究从未停止过，已出现形形色色的地图投影，比如蟾蜍状投影（Armadillo）、蝶状投影（Butterfly）、厄寇特投影（Eckert）、古蒂投影（Goode's homolosine）、米勒双极式投影（Miller's bipolar）、范德格林氏投影（Van der Grinten）、戴美克森氏投影（Dimaxion）、心状投影（Cordiform）、多面体投影（Polyhedric）等。下面针对其中常用的地图投影进行分类，见表 4-8。

表 4-8   常见的地图投影分类

分类标准	具体分类	简要解析
投影面与地球表面关系	切投影	投影面与地球表面的相切
	割投影	投影面与地球表面的相割
中心轴和地轴关系	正轴投影	中心轴和地轴重合
	斜轴投影	中心轴和地轴斜交
	横轴投影	中心轴和地轴垂直

分类标准	具体分类		简要解析
投影性质	等角投影		地图上任意两个方向的夹角与实地相对应的角度相等
	等积投影		地图上任何图形投影以后面积与实际图形面积保持不变
	任意投影		不等角且不等积，其中等距投影是特殊的任意投影
构成方法	几何投影	方位投影	地图上由投影中心向各方向的方位角与实地相等
		圆柱投影	将球面上的经纬线投影到圆柱面上
		圆锥投影	将球面上的经纬线投影到圆锥面上
		多圆锥投影	将球面上的经纬线投影到许多圆锥面上
	条件投影	伪方位投影	特殊的方位投影
		伪圆柱投影	特殊的圆柱投影
		伪圆锥投影	特殊的圆锥投影

4.6.1 按投影面和地球表面的关系分类

地图投影按投影面和地球表面的关系，可分为切投影和割投影。

4.6.1.1 切投影

所谓切投影，是以平面、圆柱面或圆锥面作为投影面，使投影面与球面相切，将球面上的经纬线投影到平面上、圆柱面上或圆锥面上，然后将该投影面展为平面而成。

图 4-32 中，投影面和球面相切于一点，该点称为切点，也叫标准点，没有变形，多见于切方位投影。

图 4-33 中，投影面和球面相切于一条线，这条线称为切线，也叫标准线，这条线被投影面和球面所公用，没有任何变形，多见于切圆柱投影、切圆锥投影。距离切线越近，变形越小，反之变形越大。

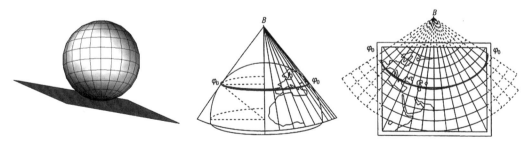

图 4-32　切方位投影　　　　　　　图 4-33　切圆锥投影

4.6.1.2 割投影

所谓割投影，是以平面、圆柱面或圆锥面作为投影面，使投影面与球面相割，将球面上的经纬线投影到平面上、圆柱面上或圆锥面上，然后将该投影面展为平面而成。

图 4-34 中，投影面和球面相割于一条割线，该割线处没有变形，多见于割方位投影。距离割线越近，变形越小，反之变形越大。

图 4-35 中，投影面和球面相切于两条割线，这两条割线处均无变形，多见于割方位投影、割圆锥投影、割圆柱投影。

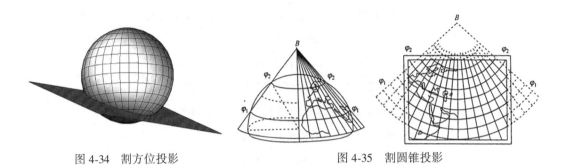

图 4-34　割方位投影　　　　　　　图 4-35　割圆锥投影

4.6.2　按中心轴与地轴的关系分类

地球投影按中心轴和地轴的关系，分为正轴投影、斜轴投影和横轴投影三种。在介绍正轴投影、斜轴投影和横轴投影之前，先来认识一下地轴和承影中心轴（中心轴）。地轴即为地球斜轴，又称地球自转轴，是指地球自转所绕的轴，北端与地表的交点是北极 N，南端与地表的交点是南极 S。为了便于理解，下文将地轴表示成竖直轴。承影中心轴 PP' 是指投影面（圆柱和圆锥）所围成体的中心轴，或投影面切于极点时与地轴重合的轴。

4.6.2.1　正轴投影

正轴投影又称极地投影，是一种承影中心轴与地轴相重合的投影。在图 4-36（a）正轴圆锥投影中，当承影面为圆锥面时，圆锥面与某一条纬线相切或某两条纬线相割，其承影中心轴与地轴相重合。在图 4-36（b）正轴圆柱投影中，当承影面为圆柱面时，圆柱面与一条纬线相切或某两条纬线相割，其承影中心轴与地轴相重合。在图 4-36（c）正轴方位投影中，当承影面为平面时，该平面和地球面相切于极点或相割于一条纬线，其承影中心轴与地轴相重合。

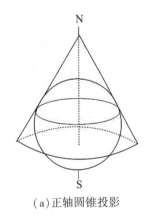
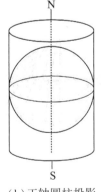
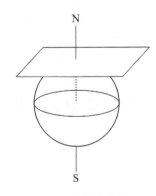

（a）正轴圆锥投影　　　　　（b）正轴圆柱投影　　　　　（c）正轴方位投影

图 4-36　正轴投影示意图

4.6.2.2 横轴投影

横轴投影又称赤道投影，是承影面中心轴与地轴垂直的一类投影。在图4-37(a)横轴圆锥投影中，当承影面为圆锥面时，圆锥面与椭球面相切或相割，其承影中心轴与地轴相垂直，但横轴圆锥投影构成的经纬线网复杂，故很少用。在图4-37(b)横轴圆柱投影中，当承影面为圆柱面时，圆柱面与椭球面相切或相割，其承影中心轴与地轴相垂直。在图4-37(c)横轴方位投影中，当承影面为平面时，该平面和地球面相切于赤道或相割于垂直于赤道的平面，其承影中心轴与地轴相垂直。

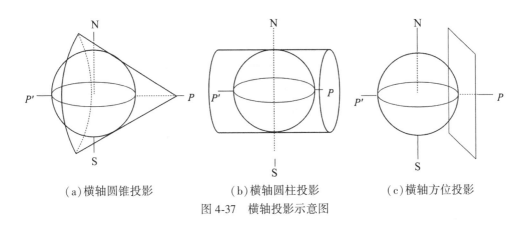

  (a)横轴圆锥投影   (b)横轴圆柱投影   (c)横轴方位投影

图4-37 横轴投影示意图

4.6.2.3 斜轴投影

斜轴投影是承影中心轴与地轴的关系介于正轴投影和横轴投影之间的投影。如图4-38所示。

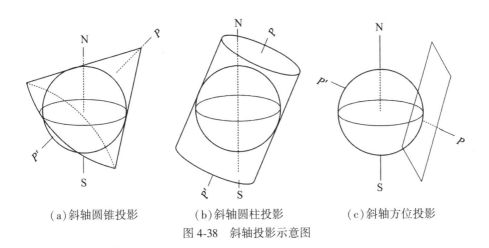

  (a)斜轴圆锥投影   (b)斜轴圆柱投影   (c)斜轴方位投影

图4-38 斜轴投影示意图

4.6.3 按投影性质分类

按照投影性质，地图投影一般分为等角投影、等积投影和任意投影。

4.6.3.1 等角投影

所谓等角投影，是指投影面上某点的任意两方向线夹角与地球椭球面上相应线段的夹角相等，即角度变形等于0。通过图4-39分析总结等角投影的主要特点如下：

（1）经纬线处处正交；

（2）所有变形椭圆为大小不同的圆；

（3）同一点上任意方向上的长度比相等；

（4）没有角度变形，但面积变形较大。

墨卡托投影就是一种常见的等角投影，多被用于编制对方向精度要求高的洋流图、风向图、气象图、航海图、航空图和军事地图等。如图4-40为等角投影航线图。

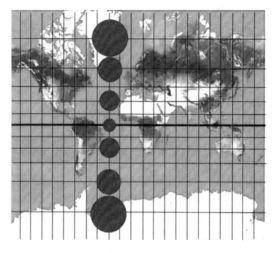

图4-39　等角投影

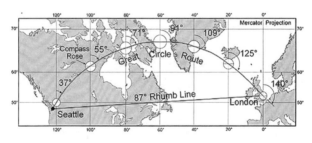

图4-40　等角投影航线图

等角投影因小范围内图上图形与实地相似，故又称正形投影或相似投影。相反，对大范围区域而言，主要是通过增大面积变形来保持角度不变，会导致其面积变形比其他投影大，图上图形与实地并不相似。

4.6.3.2　等积投影

地图上任意图形投影后的面积与实际图形面积保持不变的投影，称为等积投影，即面积变形等于0。通过图4-41分析总结等积投影的主要特点如下：

（1）变形椭圆为长短轴各不相同的椭圆；

（2）变形椭圆面积相等且等于投影前图形面积；

（3）面积比等于1；

（4）形状变化比较大，角度变形也比较大。

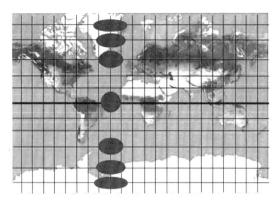

图 4-41　等积投影

以等积投影的不同点为变形椭圆中心点，为了确保面积比始终等于 1，可以利用公式（4-51），$P = mn\sin\theta$，式中令面积比 $P = 1$，m 为经线长度比，n 为纬线长度比，θ 为经纬线投影后的夹角。当经线长度比 m 或纬线长度比 n 不断逐渐增大时，则夹角 θ 呈逐渐较小趋势，这时图形的形状变化较大。

在编制需要进行面积对比的地图时，经常使用等积投影来绘制历史图、经济图、行政区图和人口图。

4.6.3.3　任意投影

除等角投影和等面积投影外的投影都属于任意投影。任意投影往往角度变形、面积变形、长度变形兼有，但面积变形和角度相对较小。变形椭圆的形状和大小随投影具体条件和点位不同而不同。

任意投影多用于对投影性质要求不严格的大区域地图，如一般参考用图和教学地图、世界地图、大洋图等。

任意投影中有一类特殊的投影，叫做等距投影，它是沿着某一特定方向，投影前后没有长度距离的变形，在这个特定的方向上它的长度比为 1。如图 4-42 是沿纬线方向保持等距性质的投影。值得强调的是，在地图投影中，完全没有距离变形的投影的不存在的，一般只是在标准线上会存在等距情况，多见于中央经线。

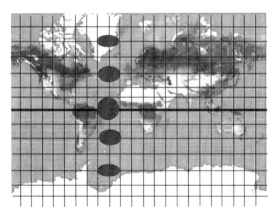

图 4-42　等距投影

4.6.4 按构成方法分类

地图投影按照构成方法，可以分为几何投影和条件投影(也叫非几何投影)。几何投影包括圆锥投影、圆柱投影、方位投影和多圆锥投影。条件投影包括伪圆锥投影、伪圆柱投影、伪方位投影。条件投影中的伪投影具有纬线投影与原投影一致、经线投影均将过去的直径线改为对称于中央经线的曲线、均无等角性质的投影特点。从图4-43看，地图投影有着丰富的投影类型，每种投影类型有着一些典型的代表投影。

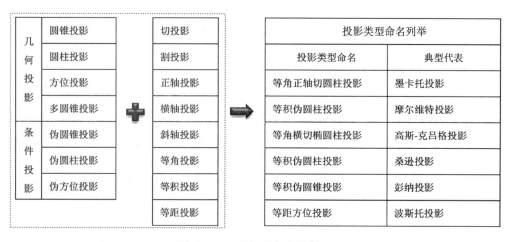

图 4-43　地图投影类型的命名

4.6.5 圆锥投影

4.6.5.1 圆锥投影定义

圆锥投影是一种以圆锥形曲面为承影面的一类投影。假设将一个圆锥形的曲面套在地球椭球体上，使圆锥包裹着地球，且与地球面相切或相割，将球面的经纬网投影到圆锥形承影面上，再将圆锥形承影面沿着某一条经线展开为平面，从而得到圆锥投影。也可以说，方位投影和圆柱投影都是圆锥投影的特例。兰勃特圆锥投影是常见的圆锥投影，详见4.7节相关讲述。

4.6.5.2 圆锥投影分类

现有的典型圆锥投影较多，比如阿尔伯斯投影(双标准纬线等积圆锥投影)、彭纳投影、兰勃特正形圆锥投影、简单圆锥投影、米勒双极斜正形圆锥投影、戴丽儿投影(双标准纬线等距圆锥投影)、世界国际与圆锥投影、底索正形圆锥投影等。这些圆锥投影一般分为两种方式。

1. 圆锥投影按承影中心轴和地轴分类

圆锥投影按承影中心轴和地轴的关系可以分为正轴圆锥投影、横轴圆锥投影和斜轴圆锥投影，分别如图4-36(a)、图4-37(a)、图4-38(a)所示，其中正轴圆锥投影最常用。

如图4-44表示有一条切线的正轴切圆锥投影，如图4-45表示有条割线的正轴割圆锥投影。横轴圆锥投影和斜轴圆锥投影应用较少，表示参照正轴圆锥投影类似。

圆锥投影的各种变形是随纬度的变化而变化，在同一条纬线上各种变形的数值各自相等。在图 4-44 中可见正轴切圆锥投影的变形规律是等变形线与纬线平行，呈同心圆弧状分布。离标准纬线（切线）越远，变形越大。标准纬线处的长度比等于 1；其余部分的长度比均大于 1。在图 4-45 中可见正轴割圆锥投影的变形规律是等变形线与纬线平行，呈同心圆弧状分布。离标准纬线（割线）越远变形越大。标准纬线处的长度比等于 1，两条标准纬线之间的长度比小于 1，两条标准纬线之外的长度比大于 1。

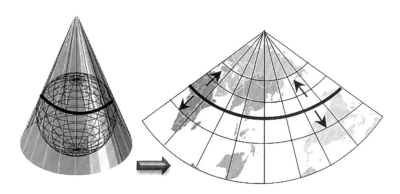

图 4-44　正轴切圆锥投影

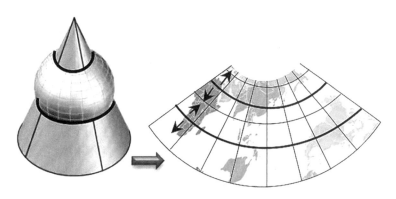

图 4-45　正轴割圆锥投影

2. 圆锥投影按变形性质分类

按变形性质，圆锥投影还可以分成等角圆锥投影、等积圆锥投影和等距圆锥投影。

（1）等角圆锥投影。等角圆锥投影的条件是使地图上没有角度变形，必须使图上任一点的经线长度比与纬线长度比相等。由于地球上广大陆地位于中纬度地区，又因为圆锥投影经纬线网形状比较简单，所以它被广泛应用于中纬度地区编制各种比例尺地图，特别适合于编制中纬度沿东西方向狭长地区的地图。

图 4-46 所示为加拿大兰勃特等角圆锥投影（Canada Lambert Conformal Conic，中央经线西经 96°）。我国《中华人民共和国地图集》（1981 版）中的分省地图，采用边纬线与中纬线长度变形绝对值相等的双标准纬线等角圆锥投影。目前，我国中小比例尺地图采用兰伯特正轴等角割圆锥投影（Lambert Conformal Conic），中央经线设置为东经 105°，第一标准线北纬 25°，第二标准线北纬 47°。

（2）等积圆锥投影。等积圆锥投影使地图上的面积保持没有变形，必须使投影图上任

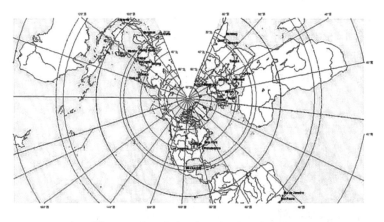

图 4-46　Canada Lambert Conformal Conic

一点的经线长度比与纬线长度比互为倒数，即 $m=1/n$。结合图 4-47 亚洲北部阿尔伯斯等积圆锥投影（Asia North Albers Equal Area Conic，中央子午线东经95°）分析，这种圆锥投影使用两条标准纬线，相比一条标准纬线的投影，可以大大减小某种程度的变形。虽然形状或线性比例尺并不是完全正确的，但在标准纬线之间的区域中变形已减至最小。这种投影最适合于东西方向分布的大陆板块，而不适于合南北方向分布的大陆板块。

对于只有一条标准纬线（切线）的等积切圆锥投影，标准纬线没有变形，其他纬线投影后均变大，且离标准纬线越来越远。在保持面积没有变形的前提下，在纬线方向变形扩大了多少倍，经线方向就得相应缩小多少倍。所以不难发现，纬线的间隔以标准纬线为界向两侧是逐渐缩小的。

在双标准纬线等积圆锥投影（图 4-47）中，两条标准纬线长度比为 1。两条标准纬线之间的纬线长度比小于 1，因为要保持面积不变，经线长度比就要相应扩大倍数，因此，纬线间隔越向中间就越大。两条标准纬线之外的纬线长度比大于 1，因为要保持面积不变，经线长度比就要相应缩小倍数，因此纬线间隔越外就越小。

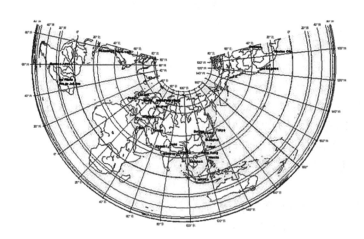

图 4-47　Asia North Albers Equal Area Conic

等积圆锥投影常用以编制行政区、人口密度图以及社会经济地图或自然图。例如中国地图出版社出版的 1∶800 万、1∶600 万和 1∶400 万《中华人民共和国地图》就采用了双标准纬线等积圆锥投影(第一标准线北纬 25°,第二标准线北纬 47°)。当制图区域所跨纬度较大时,常采用双标准纬线等积圆锥投影。当制图区域所跨纬度较小时,常采用切等积圆锥投影。

(3)等距圆锥投影。等距圆锥投影使沿经线方向长度没有变形,即 $m=1$ 或 $n=1$。图 4-48 所示是等距圆锥投影(Sphere Equidistant Conic,中央子午线 0°),这种地图上纬线间距相等,沿经线方向长度没有变形。除经线方向外,其他方向的长度都有变形,面积和角度也有变形,但变形都不太大。等距圆锥投影也分等距切圆锥投影和等距割圆锥投影两种。

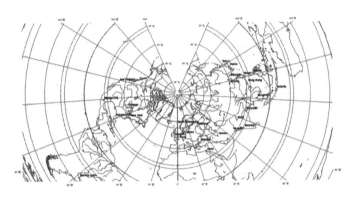

图 4-48　Sphere Equidistant Conic

等距切圆锥投影,标准纬线处相切没有变形;从标准纬线向南、北纬线长度比都大于 1,经线长度比等于 1,面积变形和角度变形均随离标准纬线愈远而愈大。等距割圆锥投影,两条标准纬线相割没有变形;两条标准纬线以内,纬线长度比小于 1,两条标准纬线以外,纬线长度比大于 1,经线长度比等于 1;在两条标准纬线之内,面积变形向负的方向增加;在两条标准纬线以外,面积变形向正的方向增加,角度变形随离标准纬线愈远,变形愈大。等距圆锥投影在我国出版的地图中比较鲜见。

4.6.5.3　圆锥投影的典型应用

在众多圆锥投影中,还有一种正轴等面积切圆锥投影,称为兰勃特等积圆锥投影,属单标准纬线的等积性质的圆锥投影,应用也比较广泛。设圆锥投影面相切于一条纬线上,按等面积条件将经纬线网投影到圆锥面上,沿一母线展平。投影图上的纬线为同心圆圆弧,经线为辐射直线,经线夹角与经差成正比。角度与长度变形离标准纬线越远,则越大。此投影适用于东北长而南北窄的区域图。

4.6.6　圆柱投影

4.6.6.1　圆柱投影定义

圆柱投影是一种以圆柱面为承影面的投影。从几何意义上理解,假想用圆柱面包裹着地球,圆柱投影就是使圆柱面和地球面相切或相割,以圆柱面作为承影面,将球面上的经纬线投影到圆柱面上的投影,如图 4-49 所示。

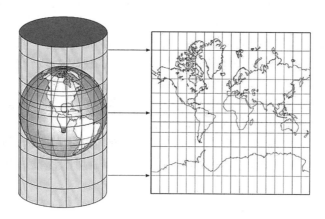

图 4-49　圆柱投影示意图

4.6.6.2　圆柱投影的分类

现有的典型圆柱投影许多，比如高尔投影（Gall）、古蒂等面积投影（Goode's Homolographic）、兰勃特圆柱等面积投影（Lambert's Cylindrical Equal Area）、墨卡托投影（Mercator）、米勒投影（Miller）、摩尔外德投影（Mollweide）、正弦曲线投影（Sinusoidal）、横墨卡托投影（Transverse Mercator）、高斯投影（Gauss）、可利投影（Plate Carree）、卡西尼投影（Cassini's）、拉伯得投影（Laborde）、斜墨卡托投影（Oblique Mercator）等。这些圆柱投影一般分为两种方式。

1. 按圆柱面与球面相对位置分类

按圆柱面与球面相对位置的不同，圆柱投影分正轴圆柱投影、横轴圆柱投影和斜轴圆柱投影三种，分别如图 4-36（b）、图 4-37（b）、图 4-38（b）所示。在一般情况下，横轴圆柱投影和斜轴圆柱投影中的经纬线投影为曲线，只有通过球面坐标极点的经线投影为直线。圆柱投影变形的变化特征是以赤道为对称轴，南北方向同名纬线上的变形数值相等。

2. 圆柱按变形性质分类

按变形性质，圆柱投影可以分成等角圆柱投影、等积圆柱投影和等距圆柱投影。

（1）等角圆柱投影。是保持角度、形状没有变形的圆柱投影，是一种正形地图投影。假想一个圆柱切于地球的赤道，按等角条件用数学方法将地球的经纬线投影到圆柱面上，再将圆柱面切开展成平面。在图 4-49 中可见，等角圆柱投影的特点如下：

① 经纬线在平面上成一组互相垂直的平行线；

② 经线的间隔相等；

③ 赤道标准线，即角度、形状、长度保持不变；

④ 纬线的间隔随纬度增高而加大；

⑤ 地球上两点间的等方位线（等角航线）在平面上描绘成直线，广泛用于编制航空图、航海图和世界地图。

（2）等积圆柱投影。是保持面积没有变形的圆柱投影。假想一个圆柱切于地球的赤道，按等积条件用数学方法将地球的经纬线投影到圆柱面上，再将圆柱面切开展成平面。在图 4-50 中可见，等积圆柱投影（Sphere Cylindrical Equal Area，中央子午线 0°）特点如下：

① 经纬线在平面上成一组互相垂直的平行线；

② 经线的间隔相等；

③ 赤道标准线，即角度、形状、长度保持不变；

④ 纬线间隔从地图中心向南、北方向逐渐缩小。

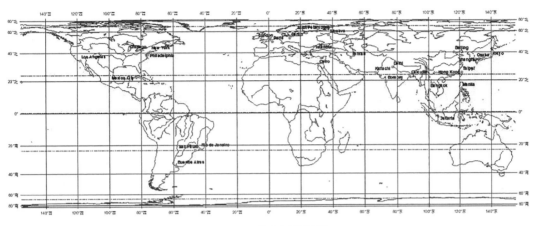

图 4-50　等积圆柱投影

（3）等距圆柱投影。又称方格投影，假想球面与圆柱面相切于赤道，赤道为没有变形的线。经纬线网格，同一般正轴圆柱投影，经纬线投影成两组相互垂直的平行直线。在图4-51 中可见，等距圆柱投影（Sphere Equidistant Cylindrical，中央子午线 0°）特点如下：

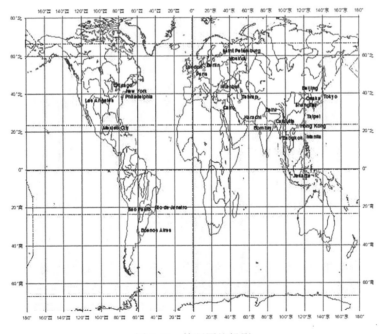

图 4-51　等距圆柱投影

① 保持经距和纬距相等，经纬线成正方形网格；

② 沿经线方向无长度变形；

③ 角度和面积等变形线与纬线平行，变形值由赤道向高纬逐渐增大；

④ 投影适合于低纬地区制图。

4.6.6.3 圆柱投影的典型应用

1. 墨卡托投影

墨卡托投影是最常用的圆柱投影之一，通常以赤道为切线，是一种典型的等角正轴切圆柱投影。它由荷兰地图学家、数学家墨卡托于 1569 年所创，沿用至今。

墨卡托投影的主要特点如下：

（1）经线以几何方式投影到圆柱面上，而纬线以数学方式进行投影，投影后经纬线呈相互垂直网格状，如图 4-52 所示。

（2）经线等间距排列的平行线。

（3）纬线也是一组平行线，纬线间隔向南北两极逐渐增大。

（4）面积变形最大。在纬度 60°地区经线和纬线比都扩大 2 倍，面积比例比实际扩大了 4 倍。到纬度 80°附近，经线和纬线比例尺都扩大将近 6 倍，面积扩大了 33 倍。所以在墨卡托投影上，纬度 80°以上地区就一般表示。

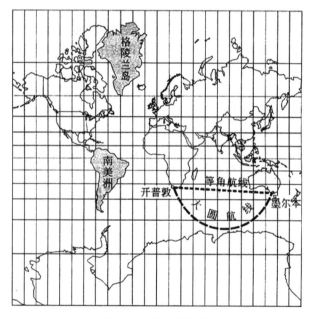

图 4-52　墨卡托投影

等角航线是指地球表面上与经线交角都相同的曲线，或者说是地球上两点间的一条等方位线。墨卡托投影之所以著名，是因为它还有一个非常重要的特性：墨卡托投影上的等角航线投影后表现为直线，也就是说，船只要按照等角航向航行，不用改变方位角，就能从起点到达终点。由于经线是收敛于两极的，所以地球表面上的等角航线是除经线和纬线以外，以极点为渐近点的螺旋曲线。如图 4-53 所示，因墨卡托投影是等角投影，而且经线投影为平行直线，那么两点间的那条等方位螺旋线在投影中只能是连接该两点的一条直

114

线。因此，等角航线在墨卡托投影图上表现为直线，这一点对于航海航空具有重要意义，至今为止，大多数深海航行者依旧使用借助墨卡托投影来绘制航海图。航行时，在墨卡托投影图上只要将出发地和目的地连成一直线，用量角器测出直线与经线的夹角，船上的航海罗盘按照这个角度指示船只航行，就能到达目的地。

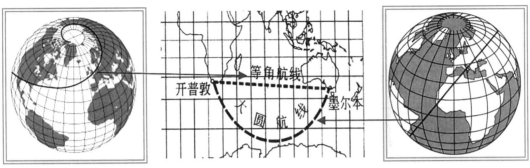

图 4-53　等角航线和大圆航线

但事实上，等角航线并不是地球上两点之间的最短距离，地球上两点之间的最短距离是过任意两点的大圆弧，该大圆弧被称为大圆航线(或正航线)。如从非洲的好望角到澳大利亚的墨尔本，沿等角航线航行，航程是 6020 海里；沿大圆航线航行，航程是 5450 海里，二者相差 570 海里(约 1000 公里)，显然，沿大圆航线更为经济。大圆航线在地球上表现为直线，是与各经线的夹角是不等的，因此它在墨卡托投影图上为曲线。

在进行远航时，完全沿着等角航线航行，航线是一条较远路线，虽航线方向易于控制但很不经济；而大圆航线虽一条最近的路线，但船只航行方向需要时时调整改变。因此，实际远航前，一般先把大圆航线展绘到墨卡托投影的海图上，然后把大圆航线分成几段，再把每一段连成直线，形成等角航线。船只航行时，总体来说大致是沿大圆航线航行，确保走了较短路径，但单看每一小段航线，却又是等角航线，不用随时改变航向。

2. UTM 投影

UTM 投影是一种通用横轴墨卡托投影，类似以横轴椭圆柱面割于地球椭球体的两条等高圈，按等角条件，将中央经线两侧各一定范围内的地区投影到椭圆柱面上，再将其展成平面而得，如图 4-54 所示。此投影无角度变形，中央经线长度比为 0.9996，距中央经线约±180km 处的两条割线上无变形。亦采用分带投影方法：经差 6°或 3°分带。长度变形<0.04%。

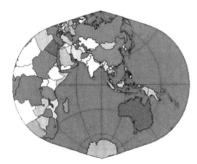

图 4-54　UTM 投影(中央经线 90°E)

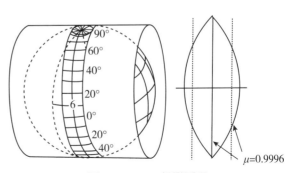

图 4-55　UTM 投影原理

115

3. 高斯-克吕格投影

高斯-克吕格投影是一种等角横切椭圆柱投影。以椭圆柱为投影面，使地球椭球体的某一经线与椭圆柱相切，然后按等角条件，将中央经线两侧各一定范围内的地区投影到椭圆柱面上，再将其展成平面而得。它由德国数学家、天文学家高斯（C. F. Gauss，1777—1855）及大地测量学家克吕格（J. Krüger，1857—1923）共同创建。我国大于 1∶50 万比例尺的国家基本比例尺地形图采用的就是此种投影。关于我国地图投影的相关问题将在4.7.2 小节中详细介绍。

4.6.7　方位投影

4.6.7.1　方位投影定义

方位投影是一种以平面为承影面的投影。假想用一个平面与地球相切或相割，将地球球面上的经纬网投影到平面上，能保持由中心到任意点的方位与实际一致的投影，称为方位投影。

4.6.7.2　方位投影的分类

方位投影的应用也十分广泛，有许多的方位投影，如 Aitoff 投影、日晷投影、兰勃特正方位等面积投影、正射投影、正方位等距离投影、平射投影、等积方位投影等。为了便于学习和使用，现将方位投影分类如下：

1. 方位投影按承影平面与球面相对位置分类

按承影平面与球面相对位置的不同，方位投影分正轴方位投影（图 4-36（c）），投影地图如图 4-56 所示；横轴方位投影（图 4-37（c）），投影地图如图 4-57 所示；斜轴方位投影（图 4-38（c）），投影地图如图 4-58 所示。

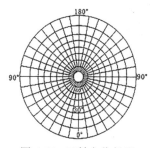
图 4-56　正轴方位投影

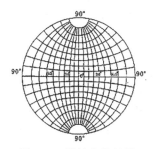
图 4-57　横轴方位投影

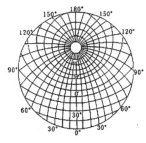
图 4-58　斜轴方位投影

（1）正轴方位投影。正轴方位投影的投影中心（切点）为极点，经线表现为交于一点的放射状直线，纬线表现为同心圆，两条经线的夹角与实地经度差相等。该投影具有从投影中心到任何一点的方位角保持不变的特点。等变形线都是以投影中心为圆心的同心圆，该投影最适宜于圆形轮廓的区域，如两极地区和南北半球的地图。

（2）横轴方位投影。横轴方位投影的投影平面与地球相切的切点在赤道上，通过投影中心的中央经线和赤道表现为直线，其他经纬线都是对称于中央经线和赤道的曲线，在中央经线上从中心向南向北，纬线间隔逐渐缩小，在赤道上从地图中心向东向西，经线间隔逐渐缩小。该投影适合赤道附近地区和东、西半球。

（3）斜轴方位投影。斜轴方位投影的切点可以在任意点上，中央经线投影为直线，其他经线投影为对称于中央经线的曲线，纬线投影为曲线。水、陆半球图和其他地区可采用斜轴方位投影。

2. 方位投影按透视方位分类

按透视方位分类，方位投影可分为透视方位投影和非透视方位投影。前者随视点位置不同又分为正射、外心、球面和球心投影，后者按变形性质又分为等角方位投影、等积方位投影和等距方位投影。

（1）等角方位投影。等角方位投影指保持角度正确的方位投影。图 4-59 中，在正轴等角方位投影中，纬线是以极点为圆心的同心圆，纬线间距从地图中心向外逐渐扩大。经线为由极点向外成放射状直线，经线间的夹角等于经度差。这种投影没有角度变形，但面积变形较大，到投影图的边缘，面积变形为中心的四倍，在编制南北纬 84°以上的地面 1∶100 万地图时常采用此投影。

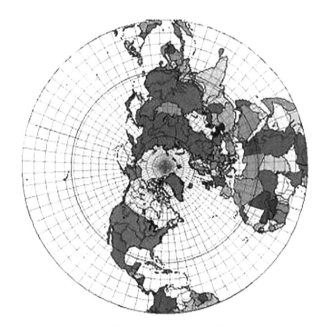

图 4-59 等角方位投影

（2）等积方位投影。等积方位投影是使图上各点的图上面积和相应的实际地面面积比值相等的方位投影。图 4-60 中，中央子午线 0°，等积斜方位投影中央经线表现为直线，其他经纬线为曲线。在中央经线上从地图中心向上向下，纬线间隔逐渐缩小。多用在地图集中做大洲图，各大洲面积便于对比。在中学使用的世界地图集中的陆半球和水半球，亚洲图、欧洲图、北美洲图、南美洲图、大洋洲及太平洋岛屿图等均用此投影图。

（3）等距方位投影。等距方位投影又称波斯托投影，如图 4-61 所示，中央子午线 0°。这种投影最为显著的特征是距中心点的距离和方向都是精确的。沿一个主方向比例不变，在正投影中，经线不变，在横轴、斜轴投影中，沿垂直圈比例不变。经纬线形式和等积方位投影相同，只是纬线间隔不同，当纬差相同时，在中央经线上纬线间隔距离相等。正轴投影主要用作极区地图，如北冰洋和南极洲地图。

图 4-60　等积方位投影

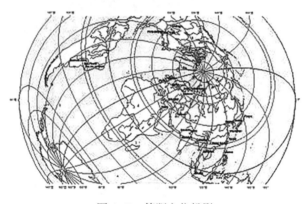

图 4-61　等距方位投影

4.6.8　多圆锥投影

4.6.8.1　多圆锥投影的原理和特点

多圆锥投影是假想有许多圆锥与地球面上的纬线相切，将球面上的经纬线投影于这些圆锥面上，然后沿同一母线方向将圆锥剪开展平并在中央经线上拼接起来，如图 4-62 所示。它的主要特点是：其中由于圆锥顶点不止一个，所以纬线投影为同轴圆弧，其圆心都在中央经线的延长线上；中央经线为直线，其余经线投影为对称于中央经线的曲线。由于多圆锥投影的经纬线系弯曲的曲线，具有良好的球形感，所以它常用于编制世界地图。

4.6.8.2　多圆锥投影的应用

1. 普通多圆锥投影

普通多圆锥投影属于任意投影（图 4-63），中央经线是无变形且为直线，由中央经线

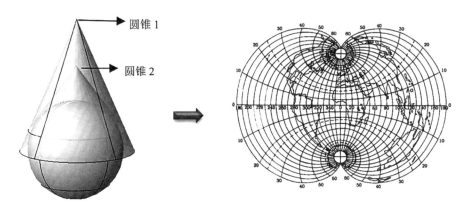

图 4-62　多圆锥投影

向两侧的距离愈远，则变形数值愈大。赤道为直线，其他纬线是对称于赤道的同轴圆弧，中央经线上的纬线间隔相等。

事实上，普通多圆锥投影特别适合表示沿中央经线方向（南北方向）延伸的制图区域。众所周知，普通多圆锥投影的用途就是绘制地球仪用的图形。方法是：把整个地球按一定经差分为若干带，每带中央经线都投影为直线，各带的投影图在赤道相接，将这样的投影图贴在预制的球胎上。

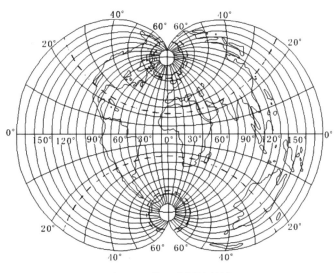

图 4-63　普通多圆锥投影

2. 等差分纬线多圆锥投影

等差分纬线多圆锥投影属于任意性质的多圆锥投影，是我国制图工作者根据我国行政区划的形状和位置，约定了变形分布后，于 1963 年设计的投影。我国主要用此投影编制各种比例尺世界政区图以及其他类型世界地图。

结合图 4-64，等差分纬线多圆锥投影的特点如下：

（1）赤道和中央经线均为直线，没有变形且互相垂直。

（2）纬线（除赤道外）投影后均是对称于赤道的同轴圆的圆弧，圆心在中央经线上。

（3）经线（除中央经线）均为对称于中央经线的曲线，经线间隔从中央经线成比例逐渐减小。

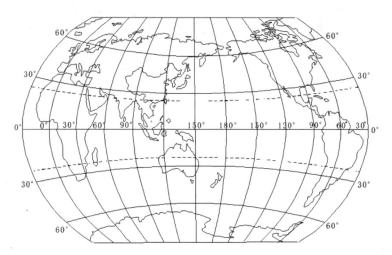

图 4-64　等差分纬线多圆锥投影

（4）经纬网便会出现重复部分，赤道上经线的经度差为 420°。

（5）南北两极表示为圆弧，该弧长为赤道长度的一半，投影后的经纬线呈球形感。

（6）中央经线配置为 150°E，以突出我国区域的中央位置。

（7）保持我国的形状和大小变形较小，我国绝大部分地区的面积变形在 10% 以内，小部分地区在 20% 以内；面积比等于 1 的等变形线自东向西横贯我国中部，中央经线和纬线 44° 的交点处没有角度变形。我国境内绝大部分地区的角度变形在 10° 以内，少数地区在 13° 左右。

（8）全球大陆不产生目视变形，同纬度带面积变形近似相等，有利于比较我国与同纬度国家面积。

（9）保持南北美洲大陆板块完整，且位于图幅东部。

（10）保持太平洋和大西洋完整，可显示我国与邻近国家的位置关系。

（11）我国 1∶1400 万的等差分纬线多圆锥投影地图图廓尺寸为 180cm×264cm。

4.6.9　伪圆锥投影

4.6.9.1　伪圆锥投影的定义和特点

伪圆锥投影是附加了一定条件的圆锥投影，对圆锥投影的经线形状加以改变而成的投影，又称为拟圆锥投影。

在正轴伪圆锥投影中，纬线仍为同心圆弧，且圆心保持在中央经线（直线）上；经线除中央经线为直线外，其他经线变形为对称于中央经线的曲线；中央纬线与所有的经线正交；在每一条纬线上的经线间隔相等，在中央经线上纬线间隔相等。显然，此时的经线和纬线不再互相垂直，故不可能有等角伪圆锥投影，只有等积伪圆锥投影和任意伪圆锥投影，其中最为常用等积伪圆锥投影编制中、小比例尺的大洲区域地图。

4.6.9.2 等积伪圆锥投影的应用

等积伪圆锥投影中最为著名是彭纳投影。1752年，彭纳投影由法国水利工程师彭纳设计而成。如图4-65所示，彭纳投影没有面积变形，中央经线和标准纬线处没有变形，仍为直线，离开这两条线越远，变形越大；其他纬线形状仍然保持和正轴圆锥投影一样的圆弧，保持长度不变；但其他经线却为对称于中央经线的曲线。该投影主要用于编制小比例尺大洲图、大洋图等。

图4-65 等差分纬线多圆锥投影

4.6.10 伪圆柱投影

4.6.10.1 伪圆柱投影定义和特点

伪圆柱投影是在圆柱投影的基础上，纬线为平行直线，经线根据一定条件变形设计成对称于中央经线曲线的投影，又称为拟圆柱投影。

伪圆柱投影的纬线与圆柱投影相似；而经线则不同，除中央经线为直线外，其余的经线均为与中央经线对称的曲线，该曲线可以为正弦曲线，也可以为椭圆曲线。显然，投影后，经纬线不再正交，不再是等角投影。因此，伪圆柱投影只有等积伪圆柱投影和任意伪圆柱投影，实际多见等积伪圆柱投影。伪圆柱投影主要用于绘制世界图、大洋图和各分洲图。

4.6.10.2 伪圆柱投影的应用

伪圆柱投影的应用非常广泛，有很多著名的伪圆柱投影。

1. 桑逊投影

桑逊投影(Sanson-Flamsteed Projection)是一种正弦曲线等面积伪圆柱投影，由法国人桑逊于1650年所创，如图4-66所示。该投影类似于圆柱投影，纬线投影后为互相平行的直线，中央经线为垂直于各纬线的直线，其他经线投影后为对称于中央经线的正弦曲线，离中央经线和纬度愈高之处变形愈大；在中央经线上纬线间隔相等，在中央纬线上经线间隔相等。该投影适用于赤道附近南北延伸的区域，高纬度地区变形大。

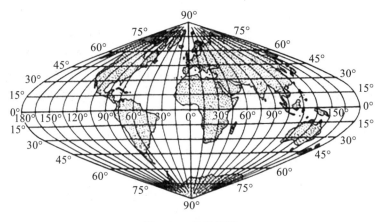

图 4-66　桑逊投影

2. 爱凯特投影

爱凯特投影(Eckert Projection)是一种极点投影成线的等面积伪圆柱投影,如图4-67所示,是基于桑逊投影的改良,区别在于高纬度地区的处理。在4-66中明显可见,高纬度地区的角度变形十分大。为了能够改善这种高纬度地区的变形,试图将桑逊投影中的南北两极极点改造成两条极线,所有经线收敛于极线,每条极线的长度约定等于赤道的一半,称为爱凯特投影。高纬度地区变形仍相对较大。该投影主要应用于编制小比例尺世界图。

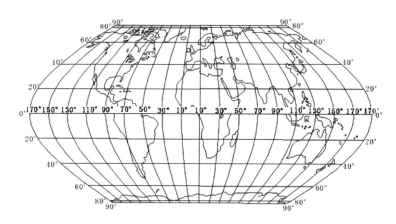

图 4-67　爱凯特投影

3. 摩尔威德投影

摩尔威德投影(Mollweide Projection)是一种经线为椭圆曲线的等积伪圆柱投影,如图4-68所示。由德国人摩尔威德于1805年设计而成。该投影中的纬线和圆柱投影相似,是平行于赤道的一组平行直线,且纬线间隔不等,由赤道向南、北逐渐缩小;中央经线为直线,赤道上经线间隔相等,其他经线为对称与中央经线的同一中心的椭圆,在距离中央经线的±90°经差位置处的两条经线(两个半椭圆弧)可以合为一个正圆,该正圆的面积等于地球面积的一半。摩尔威德投影是没有面积变形的投影，但长度和角度都有变形的。该投影中有两个特殊没有变形的点，分别位于中央经线北纬40°和南纬40°的交点位置，以这两个点为中心，向外变形会逐渐增大，特别是高纬度地区变形较大。该投影常用于编制小比例世界地图，特别是世界地图及东、西半球地图。

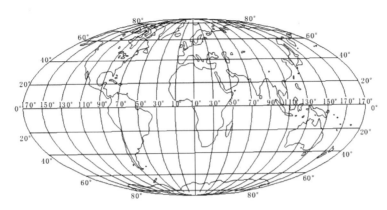

图 4-68　摩尔威德投影

4. 古德投影

前面几种伪圆柱投影都存在高纬度地区变形相对较大的不足。美国地理学家古德（J. Paul Goode）于 1923 年提出了一种分瓣方法，将摩尔威德投影进行恰当的分瓣改良，如图 4-69 所示，即古德投影是一种伪圆柱投影的先分瓣再组合的表示方法，在地图上几个主要制图区域的中央都定一条中央经线，将地图分成几个部分，按同一主比例尺及统一的经纬差展绘地图，然后沿赤道拼接起来，这样，每条中央经线两侧投影范围不宽，变形减小且均匀。中央经线为直线，其他经线是对称于中央经线的曲线，纬线为一组平行直线。该投影常用于编制世界地图。

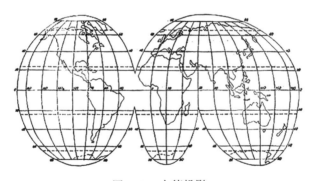

图 4-69　古德投影

分瓣有两种情况，既可以保持大陆完整、大洋割裂分瓣，也可以保持大洋完整、大陆割裂分瓣。例如，为了保证大陆的完整性，在海洋部分断裂，具体：在 20°E 设置非洲的中央经线，在 150°E 设置澳大利亚中央经线，在 60°E 设置欧洲、亚洲的中央经线；在 100°W 设置北美洲中央经线，在 60°W 设置南美洲中央经线。如果为了保持海洋的完整性，则在大地上分瓣断开，具体：在30°W设置北大西洋的中央经线，在20°W设置南大西洋的中央经线，在170°W设置太平洋北部的中央经线，在140°W设置太平洋南部的中央经线，在60°E设置印度洋北部的中央经线，在90°E设置印度洋南北的中央经线。

4.6.11 伪方位投影

伪方位投影是在方位投影的基础上，依据某些条件而设计的投影，又称为拟方位投影。伪方位投影中，正轴投影时，纬线仍为同心圆；中央经线为直线，其余经线为对称于中央经线并相交于极点的曲线，所有经线均指向纬线的圆心。在横轴的和斜轴投影中，经纬线则较为复杂的曲线。该投影无等角投影和等积投影，只有任意投影。其等变形线形状可以设计为心形、三角形、方形、椭圆形、三叶玫瑰形等规则的几何图形，如图4-70所示。该投影能适应各种特殊要求，常用于编制小比例尺地图。

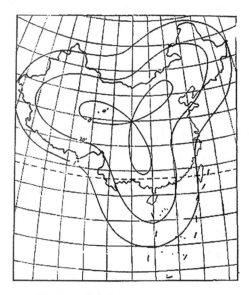

图 4-70　伪方位投影(三叶玫瑰形)

4.7　我国国家基本比例尺地形图的投影

国家基本比例地形图是世界各国经济建设、文化建设、政治建设和国防建设的重要基础图件，是测绘地理信息、遥感科学技术编绘各种地图资料的基础。目前，世界各国采用的基本比例尺体系不尽相同。

《国家基本比例尺地形图分幅与编号》(GB/T 13989—2012)明确指出我国国家基本比例尺地形图包括：1∶100万、1∶50万、1∶25万、1∶10万、1∶5万、1∶2.5万、1∶1万、1∶5000、1∶2000、1∶1000、1∶500共11种地形图。

地图投影而言，我国11种国家基本比例尺地形图按比例尺大体分两种投影形式：1∶100万采用兰勃特投影(正轴等角割圆锥投影)；1∶50万、1∶25万、1∶10万、1∶5万、1∶2.5万、1∶1万、1∶5000、1∶2000、1∶1000、1∶500采用高斯-克吕格投影(横轴等角切椭圆柱投影)。

4.7.1 兰勃特投影

我国1:100万国家基本比例尺地形图、全国地图(分省地图)地理底图及相近比例尺地图一般采用兰勃特投影。兰勃特投影是由德国数学家兰勃特(J. H. Lambert)拟定的正形圆锥投影。由于兰勃特投影是一种正轴等角割圆锥投影,所以它特别适用于中纬度地区,我国又位于中纬度地区,所以它一直是我国小比例尺地图的投影首选。

兰勃特投影的变形分布规律是:

(1)角度没有变形。

(2)采用双标准纬线相割,割线上没有任何变形,长度比等于1;现阶段我国全国地图的双标准纬线的纬度分别为25°N和47°N,根据自然资源部中央经线常位于110°E。兰勃特投影也应用于各省地图,中央经线参数可根据图幅地理位置加以判定,第一标准纬线由图幅最南端纬度计算,第二标准纬线由图幅最北端纬度计算,计算公式如下:

$$\begin{cases} \varphi_1 = \varphi_S + 30' \\ \varphi_2 = \varphi_N - 30' \end{cases} \tag{4-53}$$

例如,哈尔滨的参数为:第一标准纬线44°34′N,第二标准纬线为46°10′N,中央经线128E。

(3)同一纬线上等经差的线段长度相等,两条纬线间的经纬线长度处处相等。变形比较均匀,变形绝对值也比较小。因此,就我国而言,位于地图的近乎中央位置,我国范围内的变形几乎相等,且变形较小,最大长度变形不超过±0.03%(南北图廓和中间纬线),最大面积变形不大于±0.06%。

(4)在同一经线上,两标准纬线外侧长度比大于1,两标准纬线之间长度比小于1。

4.7.2 高斯-克吕格投影

4.7.2.1 高斯-克吕格投影概述

我国国家基本比例尺地形图中1:50万、1:25万、1:10万、1:5万、1:2.5万、1:1万、1:5000、1:2000、1:1000、1:500(除1:100万以外)均采用高斯-克吕格投影。高斯-克吕格投影是由著名的德国数学家、物理学家、天文学家高斯初步制定,后经德国大地测量学家克吕格对该投影进行补充优化,故称为高斯-克吕格投影,亦称为横轴等角切椭圆柱投影,其他国家也称横轴墨卡托投影。

在几何意义上,高斯-克吕格投影与前文的圆柱投影都不同,如图4-71所示,它是假想用一个椭圆柱横套在地球椭球体上,使其与某一条经线相切,其椭圆柱的中心轴与赤道平面重合,将中央经线两侧各一定经差范围内的地区投影到椭圆柱面上,再将椭圆柱面展开成平面。

结合图4-71,分析高斯-克吕格投影的特性如下:

(1)没有角度变形。

(2)中央经线为直线,无长度变形,切于赤道相互垂直。

(3)其他经线(除中央经线以外的投影经线)均长度比大于1,以中央经线为对称且收敛于极点,距离中央经线越远的经线长度变化越大。

(4)赤道保持直线,其他纬线呈弧线并凸向赤道。

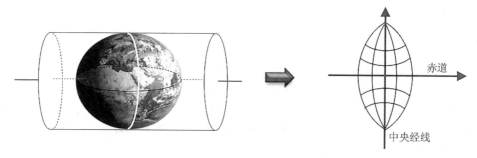

图 4-71　横轴等角切椭圆柱投影

（5）离中央经线越远变形越大。由于是在中央经线东西两侧各一定经差范围地区进行投影，所以长度变形和面积变形均控制在很小的范围内，其中长度变形≤0.14%，面积变形≤0.27%。

4.7.2.2　分带投影

根据高斯-克吕格投影的特性可知，距离中央经线越远的经线变形越长，也就是投影边缘的变形是最大的。为了能够削弱并更好地控制长度变形和面积变形，采用分带投影的方法最为适宜。我国大中比例尺地形图分别采用不同的高斯-克吕格投影分带投影：1∶2.5万~1∶50万地形图采用6°分带投影；1∶1万及更大比例尺地形图采用3°分带投影。

1. 6°分带投影

所谓6°分带投影，即从本初子午线（0°经线）开始，自西向东每6°经差为一个投影带，全球共分60个投影带。其中，东半球从0°经线起算向东到180°经线依次为1，2，3，4，5，…，30带，西半球从180°经线向东到0°经线依次为31，32，33，34，35，…，60带。我国1∶2.5万、1∶5万、1∶10万、1∶25万、1∶50万国家基本比例尺地形图采用6°分带投影，其最大长度变形为0.138%，最大面积变形为0.276%。我国位于东半球73°33′E~135°05′E，共跨11个6°带，即13~23带，如图4-72所示。

图 4-72　26°分带投影原理

确定各投影带的中央经线经度位置计算公式：

$$L = 6° \times n - 3° \tag{4-54}$$

其中，L 为第 n 带的中央经线经度。

2. 3°分带投影

所谓3°分带投影，即从东经1°30′开始，自西向东每3°经差为一个投影带，全球共分

120个投影带。从东经1°30′经线起算向东依次为1，2，3，4，5，…，120带。我国1:1万、1:5000、1:2000、1:1000、1:500国家基本比例尺地形图采用3°分带投影，其最大长度变形为0.0345%，最大面积变形为0.069%。我国共跨21个3°带，即25~45带，如图4-73所示。

确定各投影带的中央经线经度位置计算公式：

$$L = 3° \times n \tag{4-55}$$

其中，L为第n带的中央经线经度。

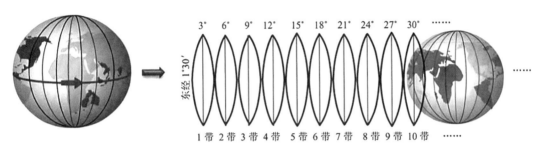

图4-73　3°分带投影原理

通过对比图4-72和图4-73发现，3°分带的120个中央经线中有一半和6°分带的中央经线重合。

4.7.2.3　高斯平面直角坐标系

在高斯-克吕格投影面上，中央子午线和赤道投影后都是直线，一般常以中央经线直线为纵坐标轴（X轴），以赤道直线为横坐标轴（Y轴），中央子午线和赤道的交点O作为坐标原点，这就是高斯平面直角坐标系。

由于x值在北半球为正值，南半球为负；y值向东为正，向西为负。而我国位于北半球，x值全为正值，而y值则有正有负，中央经线向东为正，中央经线向西为负，在赤道处y值的绝对值最大，6°带上大约330km。为了避免y值出现负值，可在横坐标上加上500km，即规定各投影带的纵坐标均西移500km。

然而，在6°带投影中有60条中央经线，在3°带投影中有120条中央经线，如何区分这么多的XOY坐标系呢？为了确保地球面和投影面上的点保持一一对应关系，还需要在新横坐标的前面添加带号，最终得到的横坐标被称为国际统一坐标，此时的横坐标全都为正，且是唯一值。例如，一个点的横坐标$y = 22123456.789$m，则表示该值为国际统一坐标，它在22号带上，位于22号带的中央经线的西侧，$y' = -376543.211$m。

4.7.3　其他投影

除了兰勃特投影和高斯-克吕格投影以外，我国现阶段主要应用的地图投影其实还有另外一些。比如海上小于1:50万的地形图多用墨卡托投影（Mercator正轴等角圆柱投影）；我国大部分省区图以及大多数这一比例尺的地图多采用兰伯特投影和属于同一投影系统的阿伯斯投影（Albers Projection，正轴等积割圆锥投影），广泛应用于航海航空的墨

127

卡托(Mercator Projection，投影正轴等角圆柱投影)，等等。

表 4-9 列出了我国主要地图投影及应用。

表 4-9 我国主要地图投影及应用

地图投影	地图应用	主要参数
斜轴等积方位投影	全国地图	投影中心：(27°30′N，105°E) 或 (30°30′N，105°E) 或 (35°30′N，105°E)
斜轴等角方位投影		
正轴等积割圆锥投影 (Albers 投影)	全国地图 (含南海诸岛插图)	第一标准纬线：25°00′N 第二标准纬线：47°00′N
正轴等角割圆锥投影 (Lambert 投影)	中国分省分区地图 (海南省除外)	各省图或区图可分别采用各自的标准纬线。
正轴等积割圆锥投影 (Albers 投影)		
正轴等角圆柱投影 (Mercator 投影)	中国分省分区地图 (含海南省)	—
正轴等角割圆锥投影 (Lambert 投影)	国家基本比例尺地形图 (1：100 万)	按国际统一标准分幅，第一标准纬线：该图幅最南端纬度值加上 30′；第二标准纬线：该图幅最北端纬度值减去 30′
高斯-克吕格投影 (6°分带)	国家基本比例尺地形图 (1：5 万~1：50 万)	投影带号：13~23 带； 中央经线：$L = 6° \times n - 3°$
高斯-克吕格投影 (3°分带)	国家基本比例尺地形图 (1：5000~1：2.5 万)	投影带号：25~45 带； 中央经线：$L = 3° \times n$
城市平面局域投影 城市局部坐标高斯投影	城市图 (1：500~1：5000)	—

4.8 地图比例尺及定向

4.8.1 地图的比例尺概念

一般情况下，小范围大比例尺的地图上长度缩小的比率处处相等，此时可以忽略地球曲率的影响，地图上注明的地图比例尺是地图上的线段长度与实地相应线段经水平投影的长度之比值，该长度比表示的是地图图形缩小程度，也称缩尺。常用 $\dfrac{1}{M}$ 表示，公式为

$$\frac{1}{M} = \frac{d}{D} \tag{4-56}$$

其中, d 为地图上的线段长度; D 为实地相应线段经水平投影的长度, 即简称实地长度。比如, 应用公式可知, 在 1∶25 万的地图上, 1cm 相当于实地 2500m, 若图上量取某一相关长为 2.5cm, 则对应其实地距离为 6.25km。需要注意的是, 在地图上量取计算的距离实际上只是水平距离, 如果实地的坡度较大时, 还应按比例加上适当的坡度和弯曲改正数。

对于较大范围的制图区域而言, 各种投影变形的影响不可忽略, 实地由曲面到平面转换后的投影变形并不是处处相等的。因此, 用地图投影时地球半径缩小的比值来代替该地图的比例尺, 称为地图主比例尺。对于大范围的小比例尺地图而言, 地图的尺度量算大大减弱, 只有在标准点或标准线上才可以用地图标注的主比例尺量算, 因其概括性强用复式比例尺表示更为适宜。

地图比例尺是必不可少的地图数学基础, 它的大小与地图内容的详细程度和精度有关。当比值 $\frac{1}{M}$ 越大, 地图比例尺就越大, 图幅所包含的实地面积就越小, 表示内容越详尽, 地图误差越小, 量测精度越高; 反之则相反。

4.8.2 地图比例尺的表示

现代地图有别于传统象形地图等的主要特性是具有量测性。地图比例尺就是从地图上量取实地相应的距离的有效数学方法。地图比例尺常以数字、文字或图形等形式表示, 一般绘注在外图廓下方。地图比例尺主要有以下三大类表现形式: 数字比例尺形式、文字比例尺形式、图解比例尺形式。

4.8.2.1 数字比例尺形式

用数字来表示的比例尺称数字式比例尺, 又称比例式比例尺或分数式比例尺。比例式比例尺 (如 1/100000) 或称分数式比例尺 (如 $\frac{1}{100000}$), 其表示图上距离比实地距离, 注意分子和分母必须单位统一后作比较, 且把其结果转化为分子为 1 的形式, 而此时的分母则说明实地线对象缩小了 100000 倍后表示在图上。虽然比例式比例尺或称分数式比例尺表示的优点是比较精确简明、易于运算, 但是书写不便、不易排版。因此, 常多见数字式比例尺表示, 如 1∶100000 或 1∶10 万。

4.8.2.2 文字比例尺形式

用文字形式来表达的比例尺, 称为文字比例尺, 又称为说明式比例尺。常见的文字比例尺形式主要有"五万分之一""图上 1 厘米等于实地 50 千米", 或如图 4-74 所示等。

1 cm = 10 km
厘米=千米

1 inch = 27,778 yards
英寸=码

1 centimeter = 10,000 meters
厘米=米

1 page unit = 22 map units
相对比例

1 inch = 83,333 feet
英寸=英尺

1 in = 83,333 ft
英寸=英尺

1 in = 16 miles
英寸=英里

1 inch equals 15.78 miles
英寸=英里

图 4-74 文字比例尺样式范例

4.8.2.3 图解比例尺形式

用图形的形式解析表示比例尺, 称为图解比例尺。图解比例尺可以更为细化地分为直

129

线比例尺、斜分比例尺和复式比例尺。

1. 直线比例尺

直线比例尺是指在一条水平直线注明单位长度所对应的实地距离。它可以不必经过数字计算，可直接量得地图上相应线段的实地长度，直线比例尺是根据数字比例尺的原理，在一段直线上按一定的间距划分若干等分绘制的。其各等分划上注有数字，说明直线的各等分相应于实地上若干距离，如图 4-75 所示。直线上有主刻度和分刻度，以 0 刻度为界，0 刻度左边为分刻度，0 刻度右边为主刻度。直线比例尺的使用非常广泛，样式非常丰富。

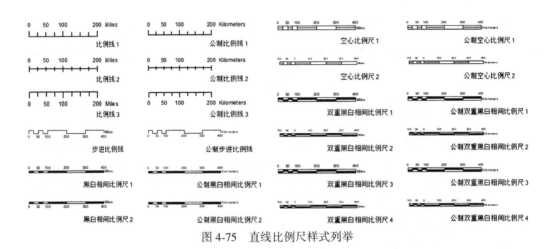

图 4-75 直线比例尺样式列举

直线比例尺的具体用法是：用两脚规在图上量取两点间的直线距离，然后将两脚规移到直线比例尺上，使两脚规的一端落在直线比例尺某一基本单位值（整分划数）的分划上，再看另一端落在尺头的什么位置，然后按照尺上的注记，即可读出两点间的实地距离。如图 4-76 所示，在 1∶5 万的直线比例尺中，主刻度部分中每厘米表示 0.5km，分刻度尺部分每小格表示 50m，所量的距离在实地为 1750m。该方法使用非常广泛。

2. 斜分比例尺

斜分比例尺是指根据相似三角形原理制成图解比例尺，也叫微分比例尺。实际上，斜分比例尺不多见，它并不是绘制在地图上的，而是一种量算地图的金属或塑料工具。先绘制一个直线比例尺作为基尺，以 2cm 长度为单位将基尺划分若干尺段，过各分点做 2cm 长的垂线，并 10 等分，连各等分点成平行线；再对最左端副段的上下边也 10 等分，错开一个格连成斜线，注上相应数字即可，如图 4-77 所示。用该尺可以量测准确读出百分之一基本单位，估读出千分之一。

例如，在图 4-77 中，量取 1.61 个单位长度，地图比例尺为 1∶5 万，则其实地长度为 1.61km；在图 4-78 中，量取 1.61 个单位长度，地图比例尺为 1∶10 万，则其实地长度为 3.22km。

图 4-76 直线比例尺读距离

130

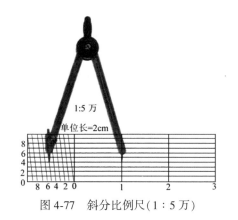

图 4-77　斜分比例尺(1∶5 万)

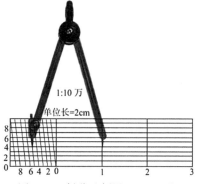

图 4-78　斜分比例尺(1∶10 万)

3. 投影比例尺

在大于 1∶100 万的地图上,投影变形是非常微小的,可以同一比例尺(主比例尺)进行表示和量算;但对于更小比例尺的地图而言,经纬线的投影变形不尽相同,特别是长度变形,因而不能仅用主比例尺表示和量测。因此,需要根据地图主比例尺和地图投影长度变形的分布规律而设计一种复合的图解比例尺。投影比例尺通常是对每一条纬线(或经线)单独设计一个直线比例尺,再将各直线比例尺组合起来,设计成由主比例尺和若干条局部比例尺组合成的图解比例尺,也称复式比例尺或经纬线比例尺或诺谟图。其中,局部比例尺分为经线局部比例尺和纬线局部比例尺两种。

投影比例尺量测图上实地距离时,方法基本上与直线比例尺相同。用两脚规读数时,应置于纬线比例尺上相应纬度的尺形线上读取。当量测标准线段的长度时,需要用主比例尺尺线;当沿经线或附近似经线方向某线段的长度时,需要用经线局部比例尺;当沿纬线或附近似纬线方向某线段的长度时,需要用纬线局部比例尺。

如图 4-79 所示是正轴等角割圆锥投影,其标准纬线分别为北纬 16°和北纬 48°,没有长度变形,采用主比例尺;两条标准纬线之间的纬线比标准纬线缩短,两条标准纬线之外的纬线比标准纬线增长,均采用纬线局部比例尺。

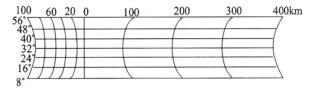

图 4-79　正轴等角割圆锥投影

4.8.3　中国国家基本比例尺系统

为了能够促进成果共享和行业标准化,明确规范了中国国家基本比例尺系统。中国国家基本比例尺地形图是根据国家颁布的测量规范、图式和比例尺系统测绘或编绘的全要素地图，也可简称为国家基本地形图、基础地形图、普通地图等。中国国家基本比例尺系列包括1：500、1：1000、1：2000、1：5000、1：1万、1：2.5万、1：5万、1：10万、1：25万、1：50万、1：100万共11种比例尺。国家基本比例尺地形图数据库通过逐年的积累更新，根据国家地理信息中心提供的数据，已有5748885个成果，其中，1：5万、1：10万、1：25万、1：50万、1：100万已达到全覆盖；具体矢量地图数据已有1：500地形图618268幅，1：1000地形图149418幅，1：2000地形图162336幅，1：5000地形图22037幅，1：1万地形图567573幅，1：5万地形图216868幅，1：25万地形图5355幅，1：100万地形图418幅。

各国家基本比例尺地形图的作用各有侧重：

1：1万、1：2.5万地形图主要用于小范围内详细研究和评价地形，城市、乡镇、农村、矿山建设的规划、设计，林斑调查、地籍调查，大比例尺的地质测量和普查，水电等工程的勘察、规划、设计，科学研究，国防建设的特殊需要，以及可作为编制更小比例尺地形图或专题地图的基础资料。

1：5万、1：10万地形图是我国国民经济各部门和国防建设的基本用图。这种比例尺地形图主要用于一定范围内较详细研究和评价地形，供工业、农业、林业、水利、铁路、公路、农垦、畜牧、石油、煤炭、地质、气象、地震、环保、文化、卫生、教育、体育、民航、医药、海关、税务、考古、土地等国民经济各部门勘察、规划、设计、科学研究、教育等使用；也是军队的战术用图，供军队现场勘察、训练、图上作业、编写兵要、国防工程的规划和设计等军事活动使用；同时也是编写更小比例尺地形图或专题图的基础资料。

1：25万地形图比较全面和系统地反映了区域内自然地理条件和经济概况，主要供各部门在较大范围内作总体的区域规划、查勘计划、资源开发利用与自然地理调查，也可供国防建设使用，也可作为编制更小比例尺地形图或专题地图的基础资料。

1：50万地形图综合反映了范围内的自然地理和社会经济概况，用于较大范围内进行宏观评价和研究地理信息，是国家各部门共同需要的基本地理信息和地形要素的平台，可以作为各部门进行经济建设总体规划，省域经济布局、生产布局、国土资源开发利用的计划和管理用图或工作地图，国防建设用图，也可作为跟小比例尺普通地图的基本资料和专题地图的地理底图。

1：100万地形图综合反映了制图范围内的自然地理和社会经济概况，用于大范围内进行宏观评价和研究地理信息，是国家各部门共同需要的基本地理信息和地形要素的平台，可以作为各部门进行经济建设总体规划，经济布局、生产布局、国土资源开发利用的计划和管理用图或工作底图，国防建设用图，也可作为更小比例尺普通地图的基本资料和专题地图的地理底图。

4.8.4　地图比例尺的作用

（1）地图比例尺决定着图上面积的大小。

对于实地同一地区而言，地图的比例尺越大，则图上图形所占的面积越大；相反，地图的比例尺越小，则图上图形所占的面积越小。例如，实地$1km^2$，在1：5万的地图上表示为$4cm^2$，在1：10万的地图上表示为$1cm^2$。

(2)地图比例尺反映地图的量测精度。

通常人眼能分辨的两点之间的最小距离是 0.1mm，因此，把地形图上 0.1mm 所能代表的实地水平距离称为比例尺精度或极限精度。根据比例尺精度，可以确定在实地测量时所能达到的准确程度，比如，在测量 1∶5 万地形图时，地面上测量所能达到的精度为 0.1mm×50000＝5m，结论是小于 5m 的实地地物可以不必测量；又如，在测量 1∶10 万地形图时，地面上测量所能达到的精度为 0.1mm×100000＝10m，结论是小于 10m 的实地地物可以不必测量。同理，在使用地图时，根据地图精度的要求，可以确定该选用何种比例尺为宜，比如要求实地长度准确到 25m，则地图比例尺不应小于 1∶25 万。因此，地图比例尺越大，地图的量测精度就会越好。

(3)地图比例尺决定着地图内容的详细程度。

在同一区域或同类型的地图上，内容要素表示的详略程度和图形符号的大小，主要取决于地图比例尺。比例尺愈大，地图内容愈详细，符号尺寸亦可稍大些；反之，地图内容则愈简略，符号尺寸应减小。

4.8.5　地图定向

所谓地图定向，就是确定地图上图形的地理方向，即地图上的地理坐标网相对内图廓的方向位置。地图定向主要有地形图定向和一般地图定向。

4.8.5.1　地形图定向

实地和地图上的图形已通过地图投影完成了由曲面到平面的一一对应关系，形成了所谓的"地形图"，但该"地形图"的地理方向与内图廓的定向关系尚不明确。需要通过规定三北方向和三北方向角来定向。为了满足地形图的使用需要，规定 1∶2.5 万、1∶5 万、1∶10 万比例尺地形图需要绘出三北方向。一般情况下，三北方向是不一致的，它们之间相互构成一定的角度称为三北方向角或偏角。

1. 三北方向

三北方向是真子午线北方向、坐标纵线北方向、磁子午线北方向的总称。

(1)真北方向。真北方向即真子午线北向，又称正北方向，过地球上任意一点指向地球地理北极的方向。其方向线称真北方向线或真子午线，地形图上的东西内图廓线即为真子午线，东西内图廓线的北方方向代表真北。由于北极星在天空中的位置变化极其微小，故而在测量时通常以指向北极星的方向为真北方向。真北方向可通过陀螺仪或天文测量方法来测定，如图 4-80 所示。

(2)坐标北方向。图上方里网的纵线叫坐标纵线，它们平行于投影带的中央经线，也是投影带的平面直角坐标系的纵坐标轴，纵坐标值递增的方向称为坐标北方向。大多数地图投影的坐标北和真北方向是不完全一致的，如图 4-80 所示。

(3)磁北方向。地球本身是一个大磁体，与一切磁性物体一样，具有两个磁力最强点，叫磁极。北磁极位于北纬 76°1′，西经 100°处；南磁极位于南纬 65°8′，东经 139°处。指北针(罗盘)由于受地球北磁极和南磁极的影响，磁针一端指向北磁极，另一端指向南磁极。在某点磁针水平静止时所指的方向，就是某点的磁子午线的方向。磁偏角相等的各点连线就是磁子午线，它们收敛于地球的磁极。严格说来，实地上每个点的磁北方向也是不一致的。地图上表示的磁北方向是本图幅范围内实地上若干点测量的平均值，地形图上

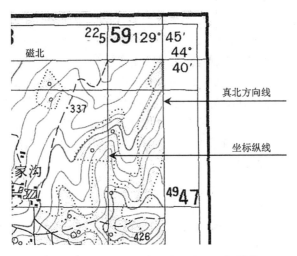

图 4-80　地形图上的真北方向线和坐标纵线

用南北图廓点的连线表示该图幅的磁子午线，其上方即该图幅的磁北方向，如图 4-81 所示。

结合图 4-80 和图 4-81 对比真北方向线、坐标纵线、磁北方向线，不难发现，三者所指的北方向并不一致，如图 4-82 所示的 1∶5 万地形图中，竖直方向的内图廓与方里网纵线有明显偏差，如图 4-83 所示，主要有 6 种典型的关系图形（坐标纵线和磁北方向线重合的几种情况略）。因此，为了准确衡量真北方向线、坐标纵线、磁北方向线三者的方向及三者之间的偏角大小，需要进一步学习方位角、三北方向角等概念。

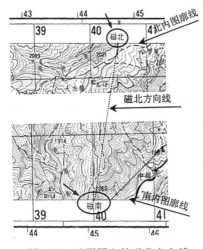

图 4-81　地形图上的磁北方向线

图 4-82　真北方向线和坐标纵线关系

2. 地形图上的方位角

所谓方位角，是从一点 P 的指北方向线起，顺时针方向至某一目标的方向线的夹角 α。值得注意的是，真北方向线、坐标纵线、磁子午线都可以作为北方向线，由三条方向

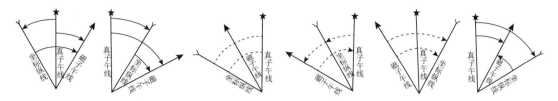

图 4-83　三北方向线图形类型

线依次可以构成相应的三种方位角为：真方位角、坐标方位角、磁方位角。

（1）真方位角。在图 4-84 中，从 P 点的真子午线起，顺时针到目标 1 的方向线之间的夹角 α_1，叫做真方位角。在地形图上欲求 AB 线段的真方位角，可以从 A 点作上述真子午线的平行线 AN 用量角器以 AN 为起始边，顺时针量至 AB 方向线的夹角，即得 AB 线段的真方位角（图 4-85）。

（2）磁方位角。在图 4-84 中，从 P 点的磁子午线起，顺时针到目标 2 的方向之间的夹角 α_2，叫做磁方位角。

（3）坐标方位角。在图 4-84 中，从 P 点的坐标纵线起，顺时针到目标 3 的方向线之间的夹角 α_3，叫做标方位角。

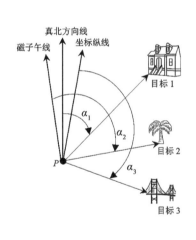

图 4-84　三种方位角的示意图

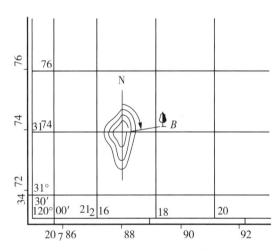

图 4-85　地形图上测定真方位角

3. 地形图的三北方向角

（1）坐标纵线偏角。过某点的坐标纵线对真子午线的夹角，叫坐标纵线偏角，也称子午线收敛角，如图 4-86 所示。以真子午线为准，坐标纵线东偏为正，称为东收敛角；西偏为负，称为西收敛角。

关于坐标纵线偏角（子午线收敛角）的计算，可以利用给定的高斯坐标值 (x, y) 转换成其地理坐标值大地经纬度 (B, L)，再将得到的 (B, L) 经过不同展开次数的子午线收敛角计算公式求得。

（2）磁偏角。地球上的地极和磁极是不一致的，而且磁极的位置不断有规律地移动。

过某点的磁子午线对真子午线的夹角，叫做磁偏角，如图4-86所示。以真子午线为准，磁子午线在真子午线以东，称为东偏，角值为正；在真子午线以西，称为西偏，角值为负。地球上各点的磁偏角是变化的，在我国范围内，正常情况下，磁偏角都是西偏，只有某些发生磁力异常的区域才会出现为东偏。

磁偏角的值是会发生变化的，地形图上所表示的磁偏角，是指测图时图幅范围内磁偏角的平均值，一般在图历簿中有记载或者原图上已注明。但是由于磁偏角的变化比较小且变动有规律，一般用图时仍可使用图上标注的磁偏角值，需精密量算时，则应根据年变率和标定值推算用图时的磁偏角值。

（3）磁针对坐标纵线偏角。过某点的磁子午线与坐标纵线之间的夹角，称为磁针对坐标纵线的偏角，如图4-86所示，简称磁坐偏角，以坐标纵线为准，磁子午线东偏为正，西偏为负。磁坐偏角可以用磁偏角与子午线收敛角的和求得。

4. 地形图的三北方向偏角图

在1：2.5万、1：5万、1：10万的地形图中，常常在外图廓的下方绘注三北方向偏角图，如图4-87所示。应该根据本图幅在投影带中的位置及磁子午线对真子午线、坐标纵线的关系选定偏角关系图。图形只表示三北方向的位置关系，由于张角较小，其张角不是按角度的真值绘出的，角度的实际值通过注记表明。

对于三北方向偏角是定向的关键，但在军用地形图上往往使用密位制的偏角加密表示。

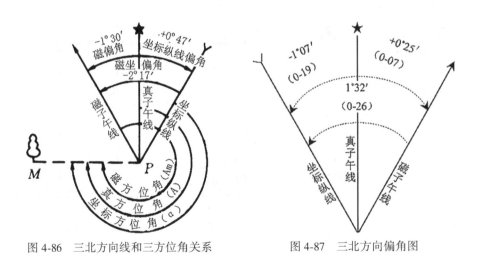

图4-86　三北方向线和三方位角关系　　　　图4-87　三北方向偏角图

5. 使用罗盘仪定向

为了满足地图使用需要，罗盘仪不仅便于确定图形在图纸上的方位，同时还用于在实地标定地图的方位。在野外地形工作定向时，一般主要采用明显地物参照定向，只有在无明显地物可参照时才需要使用罗盘仪定向，比如航海。

根据地形图绘制的偏角图和地图的真子午线（东西内图廓线）或方里网（直角坐标网）纵线、或磁子午线，用罗盘仪（图4-88）进行地形图的实地定向，应用十分广泛。

使用罗盘仪进行地形图定向的步骤大体如下：

136

（1）用罗盘仪按真子午线定向。首先使罗盘仪度盘上的南北线与地形图上的内图廓线重合，从图 4-87 三北方向偏角图上查得磁偏角为东偏 0°25′，然后向左转地形图 0°25′；否则，如果磁偏角西偏，则需向右转动地图。此时地形图方向与实地方向一致。

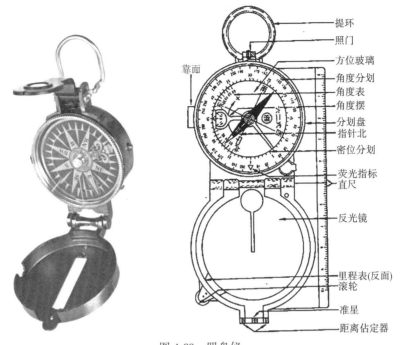

图 4-88　罗盘仪

（2）用罗盘仪按磁子午线定向。如果地形图上有磁子午线标记时，可将罗盘仪度盘上的南北线与图中磁子午线重合，转动地图，使磁北方向与度盘的北方一致，则地形图方向就与实地一致了。

（3）用罗盘仪按坐标纵线定向。使罗盘仪度盘的南北线与地形图的任意一条方里网纵线重合，转动地形图，使其磁针指示出三方向偏角图中所注的磁坐标角值，则地形图方向就与实地一致了。

4.8.5.2　一般地图定向

我国一般地图通常采用真北方向定向。但是，有时制图区域的情况比较特殊，用真北方向定向不利于有效地利用标准纸张和印刷机的版面设计，也可以考虑采用斜方位定向，同时必须在显要位置注明"指北方向"的标志。

思　考　题

1. 地图投影的实质是什么？许多不同类型的地图投影存在的意义是什么？

2. 地球椭球体和参考椭球体之间是什么关系？

3. 地图投影的主要变形有哪些？为什么会产生变形？长度比、长度变形、面积比、面积变形的意义是什么？为什么说长度变形是主要变形？

4. 地图投影设计的原则是什么？该如何选择和判别地图投影的类型？

5. 地球表面的定位主要包括什么？

6. 简述正轴圆锥投影的构成、变形特点、投影后经纬线的形式以及适用情况；正轴圆柱投影的构成、变形特点、投影后经纬线的形式以及适用情况。

7. 简述地图投影的分类及各投影的典型应用。

8. 地理坐标如何定义？包括哪些类型？该如何进行比较区别？

9. 我国国家基本比例尺系列有哪些？它们都是采用何种地图投影？请说明理由。

10. 简述等角航线和大圆航线的定义。在实际的远距离航行中，该怎样运用等角航线和大圆航线呢？

11. 高斯-克吕格投影为什么要进行分带投影？能否根据公式(4-54)和公式(4-55)推算出它们的反算公式，并解释它们的表示意义？

12. 地图比例尺有哪些作用？具体表示形式有哪些？

13. 哪些比例尺地形图需要绘制三方向偏角图？应用罗盘仪该如何在地形图上定向？

课程思政园地

珠峰测高如何更精确

2020年珠峰高程测量进入决胜阶段，我国为何要开展珠峰高程测量？此次测量技术有哪些亮点？如何确保成果准确权威？

珠峰高程测量是一项代表我国测绘技术发展水平的综合性工程，其核心任务是精确测定珠峰高度。特别是在2015年尼泊尔发生8.1级大地震后，珠峰高程有何变化，成为各国关注的科学问题，我国有责任、有义务、有能力给出权威测量成果。

我国先后于1975年、2005年成功完成珠峰高程测量。2020年珠峰高程测量将综合运用全球导航卫星系统(GNSS)测量、水准测量、光电测距、雪深雷达测量、重力测量、卫星遥感等测绘技术，精确测定珠峰新高度；同时，结合珠峰高程测量开展珠峰地区气候变化研究、生态环境保护等自然资源监测工作。

就此次测量采用的新技术、新方法而言，体现了三大亮点。一是技术手段更加丰富。此次测量除了采用传统测量方法、卫星导航定位技术外，引入航空重力测量、卫星遥感、北斗短报文通信等新技术。二是有望实现"数据突破"。本次测量包括航空重力测量、峰顶重力测量、峰顶周边地区重力加密测量等内容，将全面提升珠峰高程测量"起算面"（大地水准面）精度，获取历史上精度最高的珠峰高程测量结果；首次引入卫星遥感测量，将完成珠峰实景三维场景数据产品和珠峰地区山地冰川变化监测。三是国产仪器显身手。本次测量采用的卫星定位、重力、超远距离测距等装备仪器以国产仪器为主，将体现出近年来国产测绘仪器装备不断提高的技术水平。

此次测量主要包括4个阶段：一是前期坐标控制网和高程基准传递测量；二是峰顶"会战"测量；三是珠峰高程测量数据处理和检核；四是珠峰高程测量成果的认定和发布。

获取准确权威的珠峰高程测量成果，需要经历长时间准备和精准施"测"的过程。近30年来，随着卫星导航定位技术快速发展，各国科研人员开展了珠峰高程测量相关科学研究。有些科研人员利用卫星导航定位接收机测量的珠峰高度，通过简单计算，就宣称获得了最新的珠峰高程数据。实际上，通过这种快速测量方式获得的珠峰高程测量结果仅仅是一项科学研究成果。

这种测量方式重点关注珠峰峰顶测量，却忽视了将峰顶测量结果归算到海拔起算面，测量精度有一定局限性，也不具有权威性。此外，快速测量方法手法单一、缺少检核，测量结果准确性也存有疑问。

我国科研人员将把此次珠峰高程测量纳入国家坐标基准和高程基准之中。通过开展珠峰地区的坐标控制网测量、国家高程基准传递等，对不同测量技术获得的珠峰高程测量结果进行比对检核。此外，此次测量还将利用各类大地测量数据，精化海拔高程计算的起算点、起算面，从而确保测量成果准确、权威。

珠峰处于欧亚板块和印度板块边缘的碰撞挤压带。长期以来，这一地区地壳运动非常活跃。特别是在 2015 年 4 月，尼泊尔发生了 8.1 级大地震。该地震对珠峰高程的影响已成为世界各国关心关注的科学问题。

纵观国内外研究成果，比较一致的看法是，尼泊尔大地震使得珠峰高度降低了 2.5～2.6cm。但由于这些研究大多是通过临近珠峰的监测点获取的数据进行推算，或者通过卫星遥感方法获得，只是一种间接成果。因此，必须要在珠峰峰顶直接测量，才能准确确定该地震对珠峰高度的影响，获取珠峰最新、最准确的海拔高程。

据了解，此次测量活动将获得珠峰地区最新的高精度大地水准面模型，开展尼泊尔大地震对珠峰高程的影响以及珠峰地区地壳形变监测分析；获取珠峰山地冰川时空变化特征分析成果，生产珠峰地区 10m 格网的数字地表模型数据和基于国产卫星的正射影像数据产品，制作实景三维场景数据产品。

珠峰是印度板块与欧亚板块发生碰撞导致喜马拉雅山脉和青藏高原隆升的产物。虽然这种隆升趋势现已变缓，但仍在持续。通过现代大地测量技术对珠峰及其周边地区的形变，以年或者数十年为时间单位，在水平和垂直方向开展精确监测，可为喜马拉雅山脉和青藏高原的隆升机制和变化趋势研究提供支撑。

尼泊尔大地震使地球局部地区地表形状、地貌发生明显变化，这也正是重新测量珠峰高程、对珠峰周边地区开展形变监测和研究的意义所在。

与以往珠峰高程测量相比，我国基础测绘工作近年来取得了长足进步，国家现代测绘基准体系初步建成、全国卫星导航定位"一张网"取得积极进展、国家基础地理信息数据库动态更新体系逐步完善、遥感影像获取应用及时有效，为这次顺利开展珠峰高程测量奠定了坚实的技术基础。

国家现代测绘基准体系初步建成。我国构建了由 360 座基站组成的国家卫星导航定位基准站网和由 4500 点组成的卫星大地控制网，组成新一代国家大地基准框架。布设 12.6 万公里的国家一等水准网，新建、改建 26327 个高程控制点，形成国家现代高程基准框架。新建 50 个国家重力基准点，完成 100 次绝对重力测量，进一步完善了国家重力基准体系。建设国家测绘基准管理服务系统，实现了测绘基准数据传输、存储、处理、服务一体化和实时化。国家现代测绘基准工程的实施，显著提升了我国大地基准、高程基准和重力基准的现势性、完整性，初步构建了高精度、三维、动态的现代化测绘体系，改变了传统繁重的测绘作业模式，测绘基准保障服务能力实现历史性飞跃。

全国卫星导航定位"一张网"取得积极进展。我国统筹测绘地理信息、地震、气象等部门建设的 2300 余座基准站资源，于 2017 年构建了由 2700 座站点组成的卫星导航定位基准站网，有效加强了高精度卫星导航定位服务能力。建成了 1 个国家级数据中心和 30 个省级数据中心，共同组成全国卫星导航定位基准服务系统。该系统是目前我国规模最大、覆盖范围最广的导航定位服务系统，能够兼容北斗、GPS、格洛纳斯、伽利略等卫星导航系统信号，具备了面向公众的实时亚米级导航定位和面向专业用户的厘米级、毫米级定位服务能力。

国家基础地理信息数据库动态更新体系逐步完善。构建了国家基础地理信息数据库动态更新与联动更新技术体系，建立了基于数据库增量更新和联动更新的技术方法、工艺流程。每年对覆盖全国陆地国土的 1∶5 万基础地理信息数据库进行更新，重点要素现势性保持在 1 年内，一般要素现势性保持在 2~3 年内。基于 1∶5 万数据库增量信息，实现了 1∶25 万和 1∶100 万基础地理信息数据库联动更新，可提供及时、准确、全面的测绘地理信息服务。

遥感影像获取应用及时有效。国家基础航空航天遥感影像成果是测制和更新国家基本比例尺地形图、建设和更新国家基础地理信息数据库的重要信息源。"十二五"期间，测绘地理信息部门充分调动各方积极性参与影像采集，逐步完善遥感影像获取体制机制，累计获取了航空摄影资料 375 万平方公里、5 米分辨率卫星影像 102 万平方公里、优于 2 米分辨率卫星影像 244 万平方公里，为经济社会发展提供了及时有效的遥感影像保障服务。

根据现有资料，珠峰高度依然以 1 厘米/年的速度"长高"。究其原因，由于珠峰区域处于印度板块与欧亚板块的碰撞地带，地壳运动促使了珠峰地区升高。

我国科研人员研究发现，印度板块向北推进，是形成青藏高原及其周围地区强烈变形的主要动力来源。珠峰地区在印欧板块推动下的整体抬升过程中呈波浪式的起伏，因此上升速率并不是均匀恒定的。

2015 年 4 月，尼泊尔发生了 8.1 级大地震。该地震对珠峰高程的影响成为各国科学家关心关注的热点问题。

2016 年，中国测绘科学研究院副研究员王虎利用"国家基准一期工程""中国大陆构造环境监测网络"，以及珠峰周边的 GNSS 观测资料，基于 UPD 模糊度固定技术，高精度解算尼泊尔 8.1 级大地震对我国珠峰地区及周边地震同震位移影响。数据分析表明，尼泊尔 8.1 级大地震对"世界屋脊"喜马拉雅山脉以及"世界之巅"珠穆朗玛峰产生了显著影响。

该地震发生前，珠峰区域以每年约 4cm 的速度向东北方向移动，垂直方向以每年约 0.2cm 的速度上升；此次地震使得珠峰地区与地震前相比，产生了约 33mm 的西南方向水平位移，垂直方向下沉约 20mm；西藏南部及珠峰地区的地壳整体向西南方向运动，运动方向基本指向地震破裂区域，其地震同震位移分布特征反映了青藏高原内部存在逆冲应变释放现象，符合逆冲断裂破裂的形变特征。

2020 年珠峰高程测量将综合运用多种传统和现代测量技术手段。其中，全球导航卫星系统(GNSS)测量是重要的组成环节之一。

GNSS 系统主要用于精确确定地球表面任何一点的几何位置。2005 年珠峰高程测量时，GNSS 测量还主要依赖 GPS 系统。在今年的珠峰高程测量中，将实现同步参考美国 GPS、俄罗斯格洛纳斯、欧洲伽利略和中国北斗四大全球导航卫星系统，并以北斗数据

140

为主。

　　北斗是被联合国全球卫星导航系统国际委员会认可的 GNSS 四大核心供应商之一。今年 3 月，第 54 颗北斗导航卫星已成功发射并进入工作轨道。这将是北斗系统在珠峰高程测量项目中首次应用。

　　登顶测量时，觇标上的 GNSS 系统接收机将依托多星座，尤其是北斗系统和珠峰区域及外围的 GNSS 监测网联机同步观测，获取平面位置、峰顶雪面大地高程等信息，最终通过卫星定位坐标的大地高程，换算成海拔高程。

　　此次珠峰高程测量，GNSS 系统将实现多星座联合观测，定位时间更短，测量更为准确。通过 GNSS 系统获取的大量翔实的数据，将有助于后期的测算。以前 GNSS 系统大多由国外生产，现在国产设备正在发挥着举足轻重的作用。此次配合北斗系统使用的 GNSS 接收机大多为国产设备，具有轻便、稳定性强、适合恶劣环境等优点，且是国产仪器中精度最高的设备。同时，还具备接收多星系统数据的功能。由于珠峰高程测量是在极端恶劣的环境下进行的，众多设备都需要根据实际情况特别改装研制，尤其是在海拔 8000m 以上珠峰峰顶使用的设备，必须适应低氧、高寒、低压等条件。

　　与传统测量手段相比，GNSS 测量技术定位精度高、操作简便，可实现全天候作业。峰顶觇标上的 GNSS 系统，在此次测量中将发挥至关重要的作用。尽管珠峰峰顶气候环境恶劣，但不会影响设备正常运行。GNSS 卫星技术不仅可以助力珠峰高程测量，还可以准确地分析监测相关区域的地壳运动变化情况。目前珠峰高程测量已经实现了由传统大地测量技术到综合现代大地测量技术的转变。在此背景下，专业测绘人员实现登顶，将大大有助于 GNSS 等多种测量技术更加准确地获得数据。

　　（资料来源：高悦，王少勇，隋毅. 珠峰测高如何更精确［N］. 中国自然资源报，2020-05-19.）

第5章 地图分幅编号

5.1 地图分幅编号的意义

我国幅员广大、领域辽阔，各种比例尺地形图数量极大。为了便于测绘、拼接、管理和使用，防止重测、漏测，地形图必须按适当的面积、大小划分图幅，这就是地图的分幅，另外，若不分幅，地图幅面过大，一般印刷设备难以满足地图印刷的要求。为了科学地反映各种比例尺地形图之间的关系和相同比例尺地图之间的拼接关系，并能快速检索查找到所需要的某种地区某种比例尺的地图，同时还为了便于地图发放、保管和使用，需要将地形图按一定规律进行编号。总之，为了便于编图、测图、印刷、保管和使用地图的需要，需对地图进行分幅和编号。

5.2 地图分幅

分幅是用图廓线分割制图区域，其图廓线圈定的范围称为单独图幅。图幅之间沿图廓线相互拼接。一类是按经纬线分幅的梯形分幅法（又称为国际分幅），另一类是按坐标格网分幅的矩形分幅法。

5.2.1 梯形分幅

地图的图廓由经纬线组成（即以经线和纬线来分割图幅），称为经纬线分幅。它是当前世界上各国地形图和大区域的小比例尺分幅地图所采用的主要分幅形式。地形图、大区域的分幅地图多用经纬线分幅。地形图的梯形分幅由国际统一规定的经线为图的东西边界、统一规定的纬线为南北边界。由于各条经线（子午线）向南、北极收敛，所以整个图形略呈梯形。其划分方法随比例尺的不同而不同。

我国的八种基本比例尺地形图就是按经纬线分幅的，它们是以 1∶100 万地图为基础，按规定的经差和纬差划分图幅，使相邻比例尺地图的数量成简单的倍数关系（表 5-1）。

表 5-1   地形图的图幅大小及其图幅间的数量关系

比例尺		1∶100 万	1∶50 万	1∶25 万	1∶10 万	1∶5 万	1∶2.5 万	1∶1 万	1∶5000
图幅范围	经差	6°	3°	1°30′	30′	15′	7′30″	3′45″	1′52.5″
	纬差	4°	2°	1°	20′	10′	5′	2′30″	1′15″

比例尺	1：100万	1：50万	1：25万	1：10万	1：5万	1：2.5万	1：1万	1：5000
图幅间数量关系	1	4	16	144	576	2304	9216	36864
		1	4	36	144	576	2304	9216
			1	4	36	144	576	2304
				1	4	16	64	256
					1	4	16	64
						1	4	16
							1	4

经纬线分幅的主要优点是：每个图幅都有明确的地理位置概念，因此适用于很大区域范围（全国、大洲、全世界）的地图分幅，可分多次投影，变形较小。它的缺点是：第一，当经纬线是曲线时（许多投影把纬线投影成曲线，有一些投影也把经线投影成曲线），图幅拼接不方便，如果使用横向分带投影，如圆锥投影，同一条纬线在不同投影带中，其曲率不相等，拼接起来就更加困难（图5-1）；第二，随着纬度的升高，相同的经、纬差所包围的面积不断缩小，因而实际图幅不断变小，这就不利于有效利用纸张和印刷机的版面，为了克服这个缺点，在高纬度地区不得不采用合幅的方式，这样就破坏了分幅的系统性。此外，经纬线分幅还经常会破坏重要物体（如大城市）的完整性。

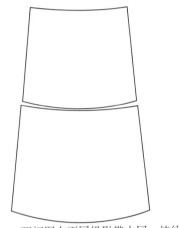

图5-1　两幅图在不同投影带中同一纬线投影成不同曲率的圆弧

5.2.2　矩形分幅

每幅地图的图廓都是一个矩形，因此相邻图幅是以直线划分的，矩形的大小多根据纸张和印刷机的规格（全开、对开、四开、八开等）而定。

矩形分幅可以分为拼接的和不拼接的两种。拼接使用的矩形分幅是指相邻图幅有共同的图廓线（图5-2），使用地图时，可以按其共用边拼接起来，大型挂图多采用这种分幅形式，中华人民共和国成立前的1：5万地形图也曾用过这种方法分幅，现在世界上还有一些国家的地形图仍采用这种矩形分幅方式。不拼接的矩形分幅指图幅之间没有共用边，常常是每个图幅专指一个制图主区，图幅之间不能拼接，地图集中的分区地图通常都是这样分幅的，它们之间常有一定的重叠，而且有时还可以根据主区的大小变更地图的比例尺（图5-3）。

矩形分幅的主要优点是：图幅之间接合紧密，便于拼接使用；各图幅的印刷面积可以相对平衡，有利于充分利用纸张和印刷机的版面；可以使分幅线有意识地避开重要地物，

143

以保持其图像在图面上的完整。它的缺点是：图廓线没有明确的地理坐标，因此使图幅缺少准确的地理位置概念，而且整个制图区域只能一次投影，变形较大。

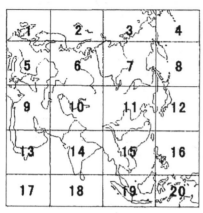

图 5-2　拼接的矩阵分幅图

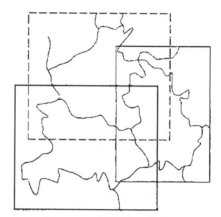

图 5-3　不拼接的矩阵分幅

5.3　地图编号

多幅地图中的每一幅图用一个特定的号码来标志，叫做地图的编号。地图的编号应具有系统性、逻辑性和唯一性等特点，常见的基本编号方法有五种。

5.3.1　行列式编号

将制图区域划分为若干行和列，并相应地按序数或字母顺序编上号码。列的编号可以是自左向右，也可以自右向左；行的编号可以自上而下，也可以自下而上。图幅的编号则取"行号-列号"或"列号-行号"的形式标记。图 5-4 中行号用阿拉伯数字从左向右排列，行的号码用罗马字母标记，自上而下排列，采用"行号-列号"的形式编号，因该区(大洋洲的澳大利亚等国家)在南半球，图号前冠以"S"。大区域的分幅地图常用此编号法，如国际百万分之一地图就是用行列式编号的。目前，世界上许多国家的地形图都采用行列式的方法编号。

5.3.2　自然序数编号法

将分幅地图按自然序数顺序编号，一般是从左到右、自上而下，也可以用别的排列方法，例如，自上而下、从右到左，以及顺时针、逆时针等。小区域的分幅地图常用自然序数编号法。

5.3.3　经纬度编号法

经纬度编号法只适用于按经纬度分幅的地图。它的编号方法是：以图幅右图廓的经度除以该图幅的经差得行号，上图廓的纬度除以该图幅的纬差得列号，然后用行数在前、列数在后的顺序编在一起，即为该图幅的图号。

这种方法编号的图号可以准确地还原出图幅的经纬度范围，具有定位意义。图 5-4 中 1∶5 万比例尺地图的编号 289097 是这样计算的：

$$行号 = \frac{72°15'}{15'} = 289$$

$$列号 = \frac{16°10'}{10'} = 097$$

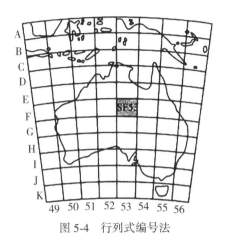

图 5-4　行列式编号法

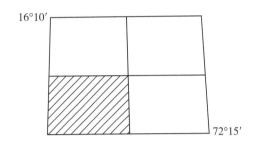

图 5-5　经纬度编号法举例(1∶5 万和 1∶2.5 万)

所计算的数字不是 3 位时，在前面用"0"补足。这样，行号和列号结合起来即为 289097。图 5-4 中有晕线的部分为 1∶2.5 万比例尺地图，它的图号可以用同样的方法算得为 577193。

5.3.4　行列-自然序数编号法

行列-自然序数编号法是行列式和自然序数式相结合的编号方法，即在行列编号的基础上，用自然序数或字母代表详细划分的较大比例尺图的代码，两者结合构成分幅图的编号。世界各国的地形图多采用这种方式编号。

5.3.5　图廓点坐标公里数编号法

图幅编号一般按西南角图廓点坐标公里数编号，按其纵坐标 x 在前，横坐标 y 在后，以短线相连，即"x-y"的顺序编号。这种编号方法主要用于工程用图等大比例尺地形图。

5.4　我国地形图的分幅编号

我国的地形图是按照国家统一制定的编制规范和图式图例，由国家统一组织测制，提供各部门、各地区使用，所以称为国家基本比例尺地形图。国家基本比例尺地形图的比例尺系列有 1∶5000、1∶1 万、1∶2.5 万、1∶5 万、1∶10 万、1∶25 万、1∶50 万、1∶100万八种比例尺。

145

5.4.1　1991 年前国家基本比例尺地形图的分幅和编号

图 5-6 是我国 1991 年前的基本比例尺地形图分幅与编号系统。它是以 1∶100 万地形图为基础，延伸出 1∶50 万、1∶25 万、1∶10 万三种比例尺。在 1∶10 万地形图基础上又延伸出两支：第一支为 1∶5 万及 1∶2 万比例尺；第二支为 1∶1 万比例尺。1∶100 万地形图采用行列式编号，其他六种比例尺的地形图都是在 1∶100 万地形图的图号后面增加一个或数个自然序数(字符或数字)编号标志而成。

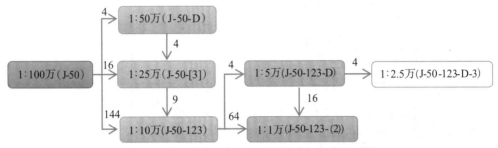

图 5-6　我国基本比例尺地形图的分幅与编号系统

5.4.1.1　1∶100 万地形图的分幅和编号

1∶100 万地形图的分幅和编号是国际上统一规定的，从赤道起向两极纬差每 4° 为一列，将南北半球分别分成 22 列，依次以拉丁字母 A，B，C，D，…，V 表示，为区别南、北半球，在列号前分别冠以"n"和"s"，我国领土处于北半球，故图号前的"n"全部均可省略；由经度 180° 起，从西向东，每经差 6° 为一行，将全球分成 60 行，依次用阿拉伯数字 1，2，3，…，60 表示，如图 5-7 所示，采用"列号-行号"编号法。

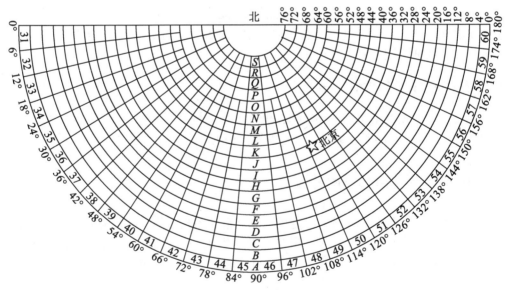

图 5-7　1∶100 万比例尺地形图的分幅与编号

146

我国领域内的 1∶100 万地形图，共计 77 幅，编号如图 5-8 所示。以北京所在的 1∶100 万地形图编号为例，标准写法写为"J-50"。

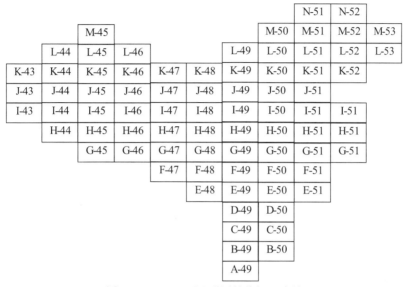

图 5-8   1∶100 万地形图的分幅和编号

5.4.1.2   1∶50 万、1∶25 万、1∶10 万地形图的分幅与编号

这三种比例尺地形图的编号都是在 1∶100 万地形图的图号后分别加上各自的代号所成，如图 5-9 所示。覆盖全国的这三种比例尺地形图图幅分别为 257 幅、819 幅、7176 幅，并已全部测绘成图。

每一幅 1∶100 万地图分为 2 行 2 列，共 4 幅 1∶50 万地形图，分别以 A，B，C，D 表示，图 5-9(a)中 1∶50 万地形图编号的标准写法为"J-50-A"。

每一幅 1∶100 万地图分为 4 行 4 列，共 16 幅 1∶25 万地形图，分别以[1]，[2]，[3]，…，[16]表示，图 5-9(b)中 1∶25 万地形图编号的标准写法为"J-50-[12]"。

每一幅 1∶100 万地图分为 12 行 12 列，共 144 幅 1∶10 万地形图，分别用 1，2，3，…，144 表示，图 5-9(c)中 1∶10 万地形图编号的标准写法为"J-50-9"。

每幅 1∶50 万地形图包括 4 幅 1∶25 万地形图，36 幅 1∶10 万地形图；每幅 1∶25 万地形图包括 9 幅 1∶10 万地形图，但它们的图号间都没有直接的联系。

5.4.1.3   1∶5 万和 1∶2.5 万地形图的分幅与编号

这两种地形图的图号都是在 1∶10 万地形图图号的基础上延伸出来的。

每幅 1∶10 万地形图分为 4 幅 1∶5 万地形图，分别以 A、B、C、D 表示，其图号是在 1∶10 万地形图图号后加上各自的数字代号而成，标准写法为"J-50-6-C"，如图 5-10(a)所示。

每幅 1∶5 万地形图分为 4 幅 1∶2.5 万地形图，分别以 1、2、3、4 表示，其编号是在 1∶5 万地形图图号后面再加上 1∶2.5 万地形图的数字代码而成，标准写法为"J-50-6-C-1"，如图 5-10(b)所示。

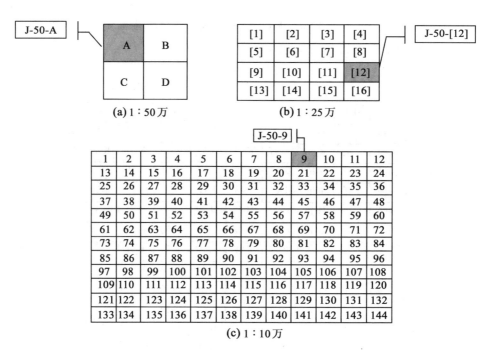

图 5-9　1∶50 万、1∶25 万、1∶10 万地形图的分幅与编号

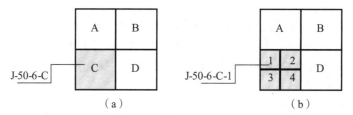

图 5-10　1∶5 万和 1∶2.5 万地形图的分幅与编号

5.4.1.4　1∶1 万地形图的分幅与编号

每幅 1∶10 万地形图分为 8 行 8 列，共计 64 幅 1∶1 万地形图，分别以（1），（2），（3），…，（64）表示，其编号是在 1∶10 万地形图图号后加上各自的代号而成，图 5-11 中 1∶1 万地形图编号的标准写法为"J-50-9-（32）"

在 1991 年前的地形图分幅与编号方法制定时，1∶5 千地形图还没有列入国家基本比例尺地形图，所以没有按旧方法划分的 1∶5 千比例尺地图的分幅与编号。

5.4.2　现行国家基本比例尺地形图分幅与编号

为了便于计算机检索和管理，1992 年国家标准局发布了《国家基本比例尺地形图分幅和编号》（GB/T13989—92）国家标准，自 1993 年 7 月 1 日起实施。

5.4.2.1　新的分幅和编号的特点

这一新的分幅和编号与 1991 年前的分幅与编号相比，具有以下特点：

（1）1∶5 千地形图被列入国家基本比例尺地形图系列，扩大了原先分幅与编号范围。

（2）分幅虽仍以 1∶100 万地形图为基础，经纬差亦没有改变，但划分方法却不同，

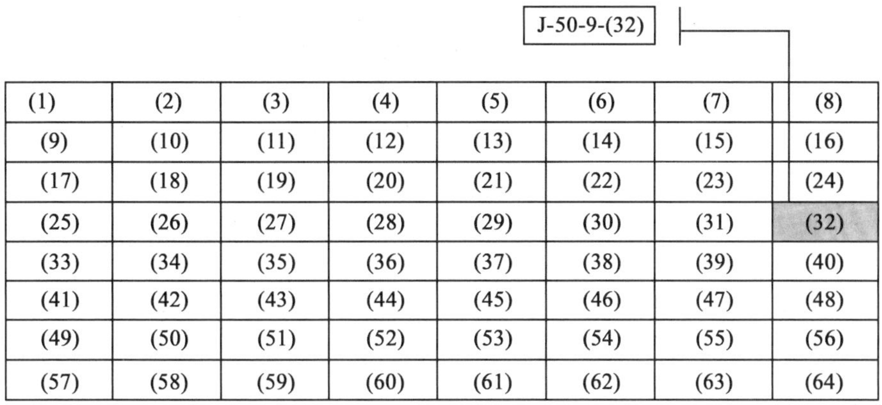

(1)	(2)	(3)	(4)	(5)	(6)	(7)	(8)
(9)	(10)	(11)	(12)	(13)	(14)	(15)	(16)
(17)	(18)	(19)	(20)	(21)	(22)	(23)	(24)
(25)	(26)	(27)	(28)	(29)	(30)	(31)	(32)
(33)	(34)	(35)	(36)	(37)	(38)	(39)	(40)
(41)	(42)	(43)	(44)	(45)	(46)	(47)	(48)
(49)	(50)	(51)	(52)	(53)	(54)	(55)	(56)
(57)	(58)	(59)	(60)	(61)	(62)	(63)	(64)

图 5-11 1∶1 万地形图的分幅与编号

即全部由 1∶100 万地形图逐次加密划分而成；此外，由旧的纵行、横列改成了现在的横行、纵列。

（3）编号仍以 1∶100 万地形图编号为基础，由表 5-2 中所列相应比例尺的行、列代码所构成，并增加了比例尺代码，因此，所有 1∶5 千～1∶50 万地形图的图号均由 5 个元素 10 位码组成。编码系列统一为一个根部，编码长度相同，方便于计算机处理。

表 5-2　　　　　　　　　　　　各种比例尺的代码

比例尺	1∶50 万	1∶25 万	1∶10 万	1∶5 万	1∶2.5 万	1∶1 万	1∶5 千
代码	B	C	D	E	F	G	H

5.4.2.2　新分幅方法

我国基本比例尺地形图分幅与编号新方法均以 1∶100 万地形图为基础，按规定的经差和纬差划分图幅，见表 5-3。

表 5-3　　　　　　　　　　　　各种比例尺地形图分幅

比例尺	图幅大小		比例尺代号	1∶100 万图幅包含该比例尺地形图的图幅数（行数×列数）	某地图图号
	经差	纬差			
1∶50 万	3°	2°	B	2×2＝4 幅	K51B002002
1∶25 万	1°30	1°	C	4×4＝16 幅	K51C004004
1∶10 万	30	20	D	12×12＝144 幅	K51D012010
1∶5 万	15	10	E	24×24＝576 幅	K51E020020
1∶2.5 万	7.5	5	F	48×48＝2304 幅	K51F047039
1∶1 万	3′45″	2′30″	G	96×96＝9216 幅	K51G094079
1∶5 千	1′52.5″	1′15″	H	192×192＝36864 幅	K51H187157

1：100万地形图的分幅按照国际1：100万地图分幅的标准进行，每幅1：100万地形图的标准分幅是经差6°、纬差4°(纬度60°~76°之间为经差12°、纬差4°；纬度76°~88°之间为经差24°、纬差4°)。

每一幅1：100万地形图分为2行、2列，共4幅1：50万地形图，每幅1：50万地形图的分幅为经差3°、纬差2°。

每幅1：100万地形图划分为4行、4列，共16幅1：25万地形图，每幅1：25万地形图的分幅为经差1°30′、纬差1°。

每幅1：100万地形图划分为12行、12列，共144幅1：10万地形图，每幅.1：10万地形图的分幅为经差30′、纬差20′。

每幅1：100万地形图划分为24行、24列，共576幅1：5万地形图，每幅1：5万地形图的分幅为经差15′、纬差10′。

每幅1：100万地形图划分为48行、48列，共2304幅1：2.5万地形图，每幅1：25万地形图的分幅为经差7.5′、纬差5′。

每幅1：100万地形图划分为96行、96列，共9216幅1：1万地形图，每幅1：1万地形图分幅为经差3′45″、纬差2′30″。

每幅1：100万地形图划分为192行、192列，共36864幅1：5千地形图，每幅1：5千地形图的分幅为经差1′52.5″、纬差1′15″。

5.4.2.3 新编号原则

1. 1：100万地形图的编号原则

与1991年前编号方法基本相同，只是行和列的称呼相反。1：100万地形图的图号是由该地所在的行号(字符码)与列号(数字码)组合而成，如北京所在的1：100万地形图图号的标准写法为"J50"。

2. 1：50万~1：5千地形图的编号原则

1：50万~1：5千比例尺地形图的图号均由5个元素10位码构成，如图5-12所示。

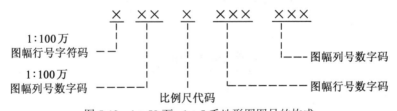

图5-12　1：50万~1：5千地形图图号的构成

1：50万~1：5千地形图的编号均以1：100万地形图编号为基础，采用行列编号方法，即将1：100万地形图按所含各比例尺地形图的经差和纬差划分成若干行和列，横行从上到下，纵列从左到右按顺序分别用阿拉伯数字(数字码)编号。表示图幅编号的行、列代码均采用三位数字表示，不足三位时前面补"0"，取行号在前、列号在后的排列形式标记，加在1：100万图幅的图号之后。

5.4.2.4 新编号方法

1. 图解编号方法

把图号为J50的百万分之一地形图划分为4行、4列，得到1：25万地形图共计16

幅，某一幅位于第 3 行、第 2 列，那么该图幅的图号为 J50C003002，如图 5-13 所示。

把图号为 J50 的百万分之一地形图划分为 12 行、12 列，得到 1:10 万地形图共计 144 幅，如果某一幅该比例尺地形图位于第 12 行、第 10 列，那么该图幅的图号标准写法为 J50D012010，如图 5-14 所示。

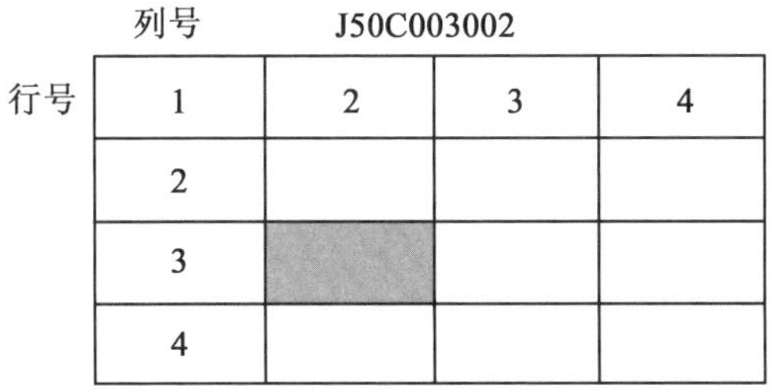

图 5-13　1:25 万比例尺地形图的分幅编号方法

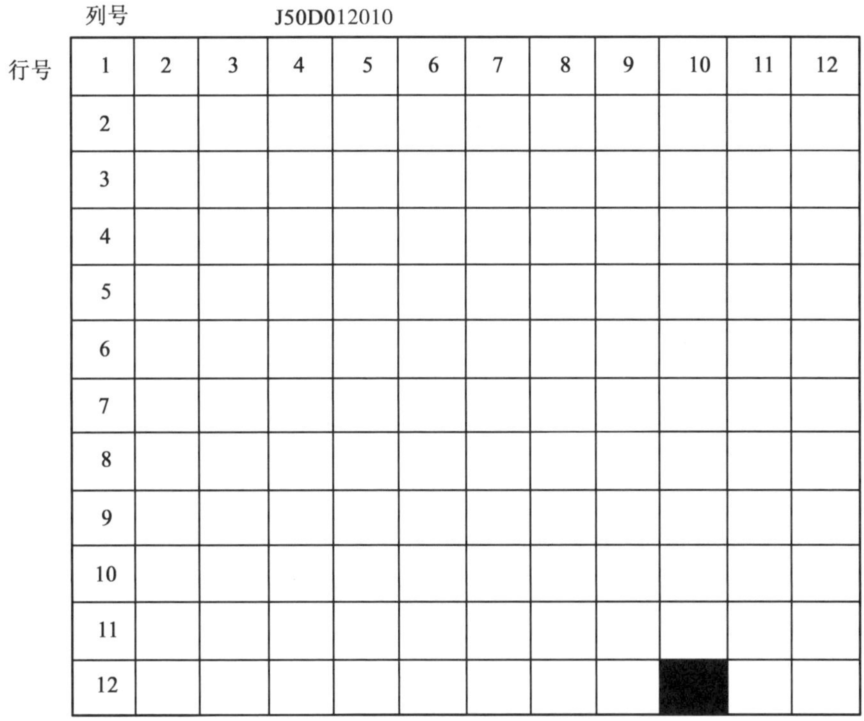

图 5-14　1:10 万比例尺地形图的分幅编号方法

同样，把图号为 J50 的百万分之一地形图划分为 192 行、192 列，得到 1:5 千地形图共计 36864 幅，位于第 188 行、51 列的 1:5 千地形图的编号为 J50H188051。

2. 公式计算编号的方法

(1) 已知某点的经纬度，计算该图幅西南图廓点的经纬度。

【例 1】　某点的经度为 114°33′45″，纬度为 39°22′30″，计算所在图幅的编号。

解：第一步，利用下列公式计算其所在 1:100 万的图幅编号：

$$\begin{cases} a = \left[\dfrac{\varphi}{4°} \right] + 1 \\ b = \left[\dfrac{\lambda}{6°} + 31 \right] \end{cases}$$

式中，[ ]表示分数取整数；a 为 1：100 万图幅所在纬度带的字符码；b 为 1：100 万图幅所在经度带的数字码；λ 为某点的经度或图幅西南图廓点的经度；φ 为某点的纬度或圈幅西南图廓点的纬度。将该点的经纬度坐标值代入上式，则有

$$\begin{cases} a = \left[\dfrac{39°}{4°} \right] + 1 = 10 \\ b = \left[\dfrac{114°}{6°} + 31 \right] = 50 \end{cases}$$

该点所在的 1：100 万图幅的图号为 J50。

第二步，利用下列公式计算所求比例尺地形图在 1：100 万图号后的行、列编号：

$$\begin{cases} c = \dfrac{4}{\Delta\varphi} - \left[\left(\dfrac{\varphi}{4°} \right) \div \Delta\varphi \right] \\ d = \left[\left(\dfrac{\lambda}{6°} \right) \div \Delta\lambda \right] + 1 \end{cases}$$

式中，[ ]表示分数取整数；( )表示商取余；c 为所求比例尺地形图在 1：100 万地形图编号后的行号；d 为所求比例尺地形图在 1：100 万地形图编号后的列号；λ 为某点的经度或图幅西南图廓点的经度；φ 为某点的纬度或图幅西南图廓点的纬度；$\Delta\lambda$ 为所求比例尺地形图分幅的经差；$\Delta\varphi$ 为所求比例尺地形图分幅的纬差。

求该点所在的 1：25 万地形图的编号。

$$\Delta\varphi = 1°, \quad \Delta\lambda = 1°30'$$

$$\begin{cases} c = \dfrac{4°}{1°} - \left[\dfrac{3°22'30''}{1°} \right] = 001 \\ d = \left[\dfrac{33'45''}{1°30'} \right] + 1 = 001 \end{cases}$$

故该点所在的 1：25 万地形图的编号为 J50C001001。

求该点所在的 1：10 万地形图的编号。

$$\Delta\varphi = 20', \quad \Delta\lambda = 30'$$

$$\begin{cases} c = \dfrac{4°}{20'} - \left[\dfrac{3°22'30''}{20'} \right] = 002 \\ d = \left[\dfrac{33'45''}{30'} \right] + 1 = 002 \end{cases}$$

故该点所在的 1：10 万地形图的编号为 J50D002002。

求该点所在的 1：1 万地形图的编号。

$$\Delta\varphi = 2'30'', \quad \Delta\lambda = 3'45''$$

$$\begin{cases} c = \dfrac{4°}{2'30''} - \left[\dfrac{3°22'30''}{2'30''}\right] = 015 \\ d = \left[\dfrac{33'45''}{3'45''}\right] + 1 = 010 \end{cases}$$

故该点所在的 1：1 万地形图的编号为 J50G015010。

(2)已知图号计算该图幅西南图廓点的经纬度。

按下式计算该图幅西南图廓点的经、纬度：

$$\begin{cases} \lambda = (b - 31) \times 6° + (d - 1) \times \Delta\lambda \\ \varphi = (a - 1) \times 4° + \left(\dfrac{4°}{\Delta\varphi} - c\right) \times \Delta\varphi \end{cases}$$

式中，λ 为图幅西南图廓点的经度；φ 为图幅西南图廓点的纬度；a 为 1：100 万图幅所在纬线带的字符所对应的数字码；b 为 1：100 万图幅所在经度带的数字码；c 为该比例尺地形图在 1：100 万地形图编号后的行号；d 为该比例尺地形图在 1：100 万地形图编号后的列号；$\Delta\varphi$ 为该比例尺地形图分幅的纬差；$\Delta\lambda$ 为该比例尺地形图分幅的经差。

【例 2】 已知某图幅图号为 J50B001001，求其图幅西南图廓的经、纬度。

解： $A = 10$，$b = 50$，$c = 001$，$d = 001$，$\Delta\varphi = 2°$，$\Delta\lambda = 3°$

$$\lambda = (50 - 31) \times 6° + (1 - 1) \times 3° = 114°$$

$$\varphi = (10 - 1) \times 4° + \left(\dfrac{4°}{2°} - 1\right) \times 2° = 38°$$

故该图幅西南图廓点的经、纬度分别为 114°、38°。

(3)不同比例尺地形图编号的行列关系换算。

由较小比例尺地形图编号中的行、列代码计算所包含的各种大比例尺地形图编号中的行、列代码。

最西北角图幅编号中的行、列代码按下式计算：

$$\begin{cases} c_大 = \dfrac{\Delta\varphi_小}{\Delta\varphi_大} \times (c_小 - 1) + 1 \\ d_大 = \dfrac{\Delta\varphi_小}{\Delta\varphi_大} \times (d_小 - 1) + 1 \end{cases}$$

最东南角图幅编号中的行、列代码按下式计算：

$$\begin{cases} c_大 = c_小 \times \dfrac{\Delta\varphi_小}{\Delta\varphi_大} \\ d_大 = d_小 \times \dfrac{\Delta\varphi_小}{\Delta\varphi_大} \end{cases}$$

式中，$c_大$ 为较大比例尺地形图在 1：100 万地形图编号后的行号；$d_大$ 为较大比例尺地形图在 1：100 万地形图编号后的列号；$c_小$ 为较小比例尺地形图在 1：100 万地形图编号后的行号；$d_小$ 为较小比例尺地形图在 1：100 万地形图编号后的列号；$\Delta\varphi_大$ 为较大比例尺地形图分幅的纬差；$\Delta\varphi_小$ 为较小比例尺地形图分幅的纬差。

【例 3】 1：10 万地形图编号中的行、列代码为 004001，求所包含的 1：2.5 万地形图编号的行、列代码。

解：$c_小 = 004$，$d_小 = 001$，$\Delta\varphi_小 = 20'$，$\Delta\varphi_大 = 5'$。

最西北角图幅编号中的行、列代码：

$$\begin{cases} c_大 = \dfrac{20'}{5'} \times (4-1) + 1 = 013 \\[3mm] d_大 = \dfrac{20'}{5'} \times (1-1) + 1 = 001 \end{cases}$$

最东南角图幅编号中的行、列代码：

$$\begin{cases} c_大 = \dfrac{4 \times 20'}{5'} = 016 \\[3mm] d_大 = \dfrac{1 \times 20'}{5'} = 004 \end{cases}$$

所包含的 1∶2.5 万地形图编号的行、列代码为：

$$
\begin{array}{cccc}
013001 & 013002 & 013003 & 013004 \\
014001 & 014002 & 014003 & 014004 \\
015001 & 015002 & 015003 & 015004 \\
016001 & 016002 & 016003 & 016004
\end{array}
$$

由较大比例尺地形图编号中的行、列代码计算该图包含的较小比例尺地形图编号中的行、列代码，其较小比例尺地形图编号中的行、列代码计算公式如下：

$$\begin{cases} c_小 = \left[\dfrac{c_大}{\dfrac{\Delta\varphi_小}{\Delta\varphi_大}} \right] + 1 \\[8mm] d_大 = \left[\dfrac{d_大}{\dfrac{\Delta\varphi_小}{\Delta\varphi_大}} \right] + 1 \end{cases}$$

5.4.2.5 大比例尺地形图的特点及分幅与编号

1. 大比例尺地形图的特点

(1)没有严格统一规定的大地坐标系统和高程系统。有些工程用的小区域大比例尺地形图，是按照国家统一规定的坐标系统和高程系统测绘的；有的则是采用某个城市坐标系统、施工坐标系统、假定坐标系统及假定高程系统。

(2)没有严格统一的地形图比例尺系列和分幅编号系统。有的地形图是按照国家基本比例尺地形图系列选样比例尺，有的则是根据具体工程需要选择适当比例尺。

(3)可以结合工程规划、施工的特殊要求，对国家测绘部门的测图规范和图示做一些补充规定。

2. 大比例尺地形图的分幅与编号

为满足规划设计、工程施工等需要而测绘的大比例尺地形图，大多数采用正方形或矩形分幅法，它是按统一的坐标格网线整齐行列分幅，图幅大小见表 5-4。

154

表 5-4

几种大比例尺图的图幅大小

比例尺	正方形分幅		矩形分幅	
	图幅大小(cm^2)	实地面积(km^2)	图幅大小(cm^2)	实地面积(km^2)
1:2000	50×50	1	50×40	0.8
1:1000	50×50	0.25	50×40	0.2
1:500	50×50	0.0625	50×40	0.05

常见的图幅大小为 50cm×50cm、50cm×40cm 或 40cm×40cm，每幅图中以 10cm×10cm 为基本方格。一般规定，对 1:2000、1:1000 和 1:500 比例尺的图幅采用纵、横各 50cm 的图幅，即实地为 1km^2、0.25km^2、0.0625km^2 的面积。以上均为正方形分幅，也可采用纵距为 40cm、横距为 50cm 的分幅，总称为矩形分幅。图幅编号与测区的坐标值联系在一起，便于按坐标查找图幅。地形图按矩形分幅时，常用的编号方法有以下两种：

1)图幅西南角坐标公里数编号法

采用图幅西南角坐标公里数，x 坐标在前，y 坐标在后。其中，1:1000、1:2000 比例尺图幅坐标取至 0.1km(如 245.0~112.5)，而 1:500 图则取至 0.01km(如 12.80~27.45)。以每幅图的图幅西南角坐标值 x、y 的公里数作为该图幅的编号，图 5-15 所示为 1:1000 比例尺的地形图，按图幅西南角坐标公里数编号法编号，其中，画阴影线的两幅图的编号分别为 2.3-1.5 和 3.0-2.5。

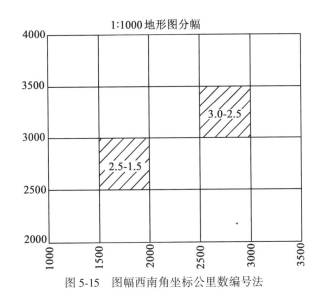

图 5-15　图幅西南角坐标公里数编号法

2)基本图幅编号法

将坐标原点置于城市中心，用 x，y 坐标轴将城市分成 I、II、III、IV 四个象限，如图 5-16(a)所示。以城市地形图最大比例尺 1:500 图幅为基本图幅，图幅大小为 50cm×40cm，实地范围为东西 250m、南北 200m。行号按坐标的绝对值 $x=0~200$m 编号为 1，$x=200~400$m 编号为 2，依此类推；列号按坐标的绝对值 $y=0~250$m 编号为 1，$x=250~$

500m 编号为 2，依此类推。x，y 编号中间以斜杠"/"分割，成为图幅号。

图 5-16（b）所示为 1∶500 比例尺图幅在第一象限中的编号；每 4 幅 1∶500 比例尺的图构成 1 幅 1∶1000 比例尺的图，因此，同一地区 1∶1000 比例尺的图幅的编号如图 5-16（c）所示。每 16 幅 1∶500 比例尺的图构成一幅 1∶2000 比例尺的图，因此，同一地区 1∶2000比例尺的图幅的编号如图 5-16（d）所示。

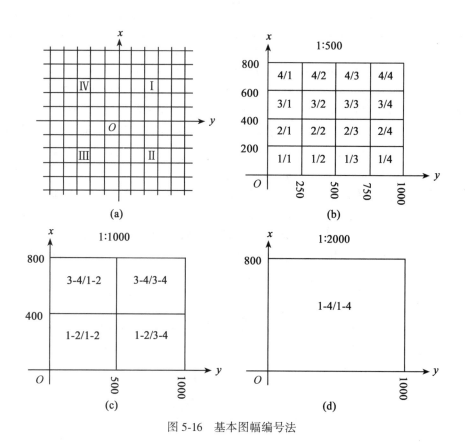

图 5-16　基本图幅编号法

这种编号方法的优点是，看到编号就可知道图的比例尺，其图幅的坐标值范围也很容易计算出来。例如，有一幅图编号为Ⅱ39-40/53-54，可知为一幅 1∶1000 比例尺的图，位于第二象限（城市的东南区），其坐标值的范围是：

$$\begin{cases} x: & -200\mathrm{m} \times (39-1) \sim -200\mathrm{m} \times 40 = -7600 \sim 8000\mathrm{m} \\ y: & 250\mathrm{m} \times (53-1) \sim -250\mathrm{m} \times 54 = -13000 \sim 13500\mathrm{m} \end{cases}$$

另外，已知某点坐标，即可推算出其在某比例尺的图幅编号。如某点坐标为（7650，-4378），可知其在第四象限，由其所在的 1∶1000 比例尺地形图图幅的编号可以算出：

$$\begin{cases} N_1 = [\mathrm{int}(\mathrm{abs}(7650))/400] \times 2 + 1 = 39 \\ M_1 = [\mathrm{int}(\mathrm{abs}(-4378))/500] \times 2 + 1 = 17 \end{cases}$$

所以其在 1∶1000 比例尺图上的编号为Ⅳ39-40/15-18。

例如，某测区测绘 1∶1000 地形图，测区最西边的 Y 坐标为 74.8km，最南边的 X 坐

156

标为 59.5km，采用 50cm×50cm 的正方形图幅，则实地 500m×500m，于是该测区的分幅坐标线为：由南往北是 X 值为 59.5km，60.0km，60.5km，…的坐标线，由西往东是 Y 值为 75.3km，75.8km，76.3km，…的坐标线。所以，正方形分幅划分图幅的坐标需依据比例尺大小和图幅尺寸来定。

3）其他图幅编号方法

如果测区面积较大，则正方形分幅一般采用图廓西南角坐标公里编号法，而面积较小的测区则可选用流水编号法或行列编号法，如图 5-17、图 5-18 所示。

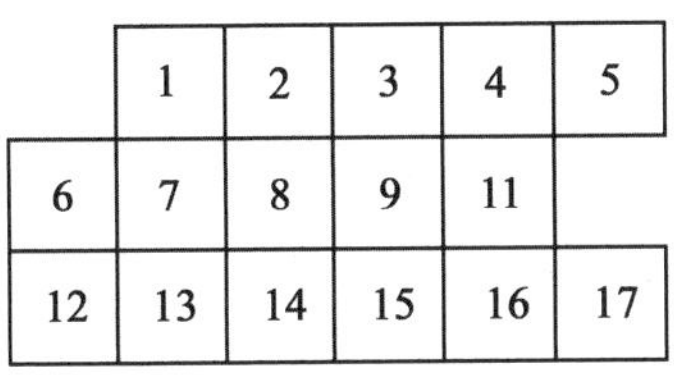

图 5-17　流水编号法

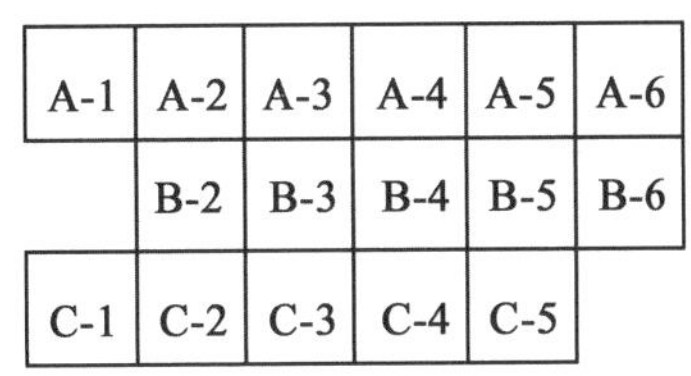

图 5-18　行列编号法

流水编号法：从左到右、从上到下以阿拉伯数字 1，2，3，…编号，如图 5-17 中第 13 图可以编号为××-13（××为测区名称）。

行列编号法：一般以代号（如 A，B，C，…）为行号，右上到下排列；以阿拉伯数字 1，2，3，…作为列代号，从左到右排列。图幅编号为：行号×列号，如图 5-18 所示的"B-5"。

思　考　题

1. 叙述地图比例尺的含义及分类。

2. 试述矩形分幅和经纬线分幅的优缺点。

3. 我国基本比例尺地形图都选用哪几种投影？说明它们的投影原理。

4. 我国基本比例尺地形图是如何分幅和编号的？

5. 为什么我国编制世界地图常采用等差分纬线多圆锥投影？

6. 已知某地的地理坐标为 $\varphi = 38°52'20''(N)$，$\lambda = 115°28'05''(E)$。计算该点所在的 1:50 万、1:5 万地形图新旧图号。

课程思政园地

2020 年标准地图分布

2020 年 8 月 29 日，自然资源部发布 2020 年标准地图，标准地图服务系统新上线 55 幅公益性地图和 1 幅自助制图底图。截至目前，该系统共提供了 324 幅公益性地图供公众下载使用，提供了 4 幅自助制图底图供公众在线制图。

据相关负责人介绍，与往年相比，2020 年发布的地图主要有以下三方面特点：

一是地图服务国家重大战略能力进一步提升。继推出长江经济带区域地图、京津冀都市圈地图、粤港澳大湾区区域地图之后，为服务"长三角一体化"发展重大国家战略，发布了长江三角洲地区区域图，满足涉及长三角一体化发展战略的地图需求，同时方便公众直观地认识了解"长三角一体化"发展战略。

二是地图内容更加丰富。此次发布的地图，尺寸上主要以 4 开幅面为主，同时发布了少量 1 厘米和 3 厘米的极小尺寸地图，充分考虑了印刷制作等特殊场景的地图使用需求。在内容上包括了中国地图、世界地图、各大洲地图以及我国主要河流湖泊分布图等多种地图，满足公众更加多样化的地图需求。

三是地图获取途径进一步便捷。提供了各省、自治区、直辖市的标准地图服务网站的链接，公众可以从页面下方的"各省(区、市)标准地图服务"快速访问各地相关网站，获取内容更加多样化的各省(区、市)地图。

(资料来源：王瑜. 2020 年标准地图分布［N］. 中国自然资源报，2020-08-31.)

第二次世界大战中的地图战——史密斯的发现

第二次世界大战期间，在英国皇家空军总部情报部门工作的，有一位名叫史密斯的姑娘。一次，当她用立体放大镜检查从空中拍摄的德国占领区皮恩穆德岛的照片时，突然发现了一个弯曲的黑影，黑影又衬托着一个呈"T"形的白色斑点。这位有经验的照片分析员怀疑那个黑影可能是一种倾斜的火箭发射轨道。皇家空军部门的首脑很重视这一发现，命令将这张照片尽量放大。结果判明，"T"形白色斑点就是放在倾斜轨道上准备发射的德国 V2 飞弹。这张照片及分析报告立即呈送首相丘吉尔。接着，英国情报机关也动员起来，进一步搜集有关这个波罗的海小岛的详细情报。原来，以冯·布劳恩为首的一批德国科学家和工程师研制出 V2 火箭后，希特勒想利用它装上炸药来摧毁英国。事实上，从 1936 年起，德国就开始秘密进行 V2 飞弹的研制与试验了。由于其保密工作做得巧妙，英国对此竟一无所知，幸亏史密斯的发现，英国才免于这场灾祸。

(资料来源：陈建根. 第二次世界大战中的地图战——史密斯的发现［J］. 地图，1991.)

第二次世界大战期间美国地缘战略空间观念变迁——基于地图投影的视角

第二次世界大战中，美国非常重视地图服务。据统计，美军地图服务机构生产了逾 5 亿幅第二次世界大战用图。从 1940 年起，美国政府人员就已采用国家地理协会的地图藏品。此外，纽约公共图书馆、战略服务办公室地图口等也为美官方提供了大量地图服务。时任总统富兰克林·罗斯福作为地理爱好者，对当时的战略安全在地图上给予了高度关注。太平洋战争爆发后，VIP(贵宾)式地图服务被请进白宫。受罗斯福请求，1941 年 12 月 24 日，国家地理协会为他量身定制了"地图柜"(Map Cabinet)，配置了多角度世界和区域地图。1942 年，战略服务办地图口为他定制了 1 个 50 英寸的大地球仪圣诞礼物。同样作为礼物，罗斯福又从国家地理协会定制了"地图柜"，并于 1943 年开罗会议中送给英国首相丘吉尔。地图柜后在美国军政界推开，大量国家地理协会制图也流往英国、加拿大、澳大利亚盟友，且有些传到苏联，影响到同盟国阵营。

第二次世界大战初期，罗斯福就已察觉到战事对美国的影响。即便他仍想让美国置身事外，但事与愿违。战事全球蔓延，使他逐渐认清了战略形势，卷入第二次世界大战乃是时间问题。珍珠港事件后，美国正式参战。在罗斯福"炉边谈话"中，身为地图爱好者的他擅用地图表达干涉话语，引领了当时的美国民意。欧战爆发后，他进行了多次谈话，这些谈话反映了他地缘战略态度渐变，虽没直接提到地图，但谈话内容其实已折射出幕后地图的影响。1942 年年初，法西斯的侵略达到了高潮。为鼓舞美国及盟国，罗斯福第 20 次"炉边谈话"主谈战争动态。为增强谈话效果，幕后地图移至前台"现身说法"。总统新闻秘书斯蒂芬·T. 厄尔利在谈话前一周给全国报纸发了则声明，要求全体美国人当他们坐着聆听他们总统就接下来战争进展态势的谈话时，取来他们的地图和地球仪。《洛杉矶时报》响应此声明号召，出版了一幅欧洲中心墨卡托投影世界地图，标题紧扣谈话内容，强调每个美国人参与国防的重要性，旨在让每个美国家庭更接近战争现实。在欧洲中心墨卡托投影图中，新、旧世界好似隔大西洋"对称"，但实力不等。一旦旧世界沦陷，新世界抵抗将力不从心。谈话中，罗斯福熟用矩形地图道具解说，通篇 6 次提到"地图"。由于战事集中于中低纬，美洲中心结构呈现出美国被东西夹围，海洋天险变战略前沿，美国要保卫西半球并控制前沿航线，以援助盟国。该投影突出了美国在第二次世界大战中的中心地位，表达了其双向地缘脆弱性。罗斯福"看图说话"点醒了许多孤立主义者的地缘盲目性，证明了参战的正确性。相比第二次世界大战时孤立主义者以静态、孤立和区域的眼光观察圆柱投影，干涉主义者则是以动态、联系和全球视野来审视该投影的。

（资料来源：何光强. 二战期间美国地缘战略空间观态变迁——基于地图投影的视角[J]. 地理科学，2019，39(05).)

一幅地图救英国

　　第二次世界大战期间，英国遭到德国猛烈轰炸，处于危急之中。美国总统罗斯福提出援助英国，但遭到否决。一天，罗斯福亮出一幅希特勒政府绘制的附有说明的中南美洲地图。地图上，与美国利害攸关的巴拿马运河乃至整个拉丁美洲都被纳入德国范围——德国已把刺刀插进了美国的后院，德国的轰炸机也将随时飞临美国的上空进行轰炸。地图一公布，美国上下群情激愤，要求国会和政府参与战争，以确保美国的安全。在社会舆论的压力下，美国国会授权罗斯福对德开战，并为英国的运输船护航。这一决定使英国解除了危机，战争形势也因此发生转变。有人说："这幅地图拯救了英国。"20 世纪 60 年代，两位美国历史学家查阅大量的英国情报，发现丘吉尔秘密授意英国情报部门以德国名义出版印刷了这幅地图。

（资料来源：闻慧. 一幅地图救英国[J]. 世界中学生文摘，2006-03-06.)

第三篇　地图设计与编制

第6章 普通地图

6.1 普通地图概述

普通地图是以相对平衡的详细程度表示地表各种自然和社会现象的地图。它比较全面地反映制图区域的自然和社会经济的一般概貌，对地球表面上的各种基本要素，如居民地、交通网、水系、植被、境界、土质、地貌等都要详细地表示，而不突出表示其中某一种要素。它们在地图上表示的详细程度、精度、完备性、概括性和表示方法，在很大程度上取决于地图的比例尺。一般地讲，地图比例尺愈大，表示的内容愈详细，随着地图比例尺的缩小，内容的概括程度也就相应地愈大。

普通地图依比例尺的不同或地图内容的详细程度，又可划分为地形图、地理图(一览图)、地形地理图(地形一览图)。地形图详细表示地图基本要素。地理图(一览图)内容概略，但主要目标突出，以反映各要素基本分布规律为主。介于上述两者之间的为地形地理图(地形一览图)。

普通地图包括地形图和普通地理图。大比例尺地形图是通过航空摄影测量或地面实际测量完成的，内容非常详细而精确；中小比例尺地形图是在大比例尺地形图基础上缩编而成的，内容也比较详细。而普通地理图内容较为概括，主要强调反映制图区域的基本特征和各要素的地理分布规律。

6.1.1 地形图

6.1.1.1 国家基本地形图

我国的地形图是按照国家统一制定的编制规范和图式图例，由国家统一组织测制的，提供各部门、各地区使用，所以称为国家基本地形图。国家基本地形图采用以下比例尺系列：1∶5000、1∶1万、1∶2.5万、1∶5万、1∶10万、1∶25万(原为1∶20万)、1∶50万、1∶100万八种比例尺。每种比例尺地形图图幅所包括的范围大小、可能表示的最小长度和面积以及等高距选取都是不同的。

国家基本地形图的特点如下：

(1)具有统一的大地坐标系统和高程系统。我国的国家基本地形图统一采用"2000国家大地坐标系"和"1985国家高程基准"(以前曾采用"1980西安坐标系"和"1956年黄海高程系")。

(2)具有完整的比例尺系列和分幅编号系统。国家基本比例尺地形图按统一规定的经差和纬差进行分幅，内图廓线皆由经线和纬线构成，建立了统一的编号系统。

(3)依据统一的规范和图式。国家基本比例尺地形图是依据国家测绘管理部门统一制定的测量与编绘规范和《地形图图式》完成，在质量、规格方面完全统一。

6.1.1.2　工程用大比例尺地形图

除了国家基本地形图外，许多专业生产部门常根据本单位的需要，测制大比例尺地形图。例如，地质、石油、煤炭、冶金、水利、电力、铁道、公路、林业、农垦、城建等部门，结合重点勘测和重点工程建设的需要，测制了大比例尺地形图(1∶500～1∶2000)。为区别起见，这些大比例尺地形图一般称为工程用大比例尺地形图。它们都有自己的图式或规范，内容一般都按专业部门需要而有所增减。

工程用大比例尺地形图特点如下：

(1)没有严格统一规定的大地坐标系统和高程系统。有些工程用的小区域大比例尺地形图是按照国家统一规定的坐标系统和高程系统测绘的；有的则是采用某个城市坐标系统、施工坐标系统、假定坐标系统及假定高程系统。

(2)没有严格统一的地形图比例尺系列和分幅编号系统。有的地形图是按照国家制定的比例尺系列选择比例尺；有的则是根据具体工程需要选择适当比例尺。这类地形图多采用矩形分幅和数字顺序编号法，如图6-1所示。

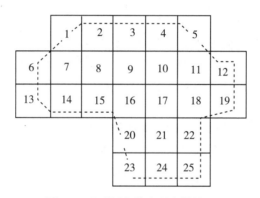

图6-1　地形图的数字顺序排号法

(3)可以结合工程规划、施工的特殊要求，对国家测绘部门的测图规范和图式做一些补充规定。

6.1.1.3　地形图发展趋势

目前，国外地形图以民用目的为主，满足经济建设和一般社会需求，如较详细地表示土地利用类型、道路的详细等级与服务设施、旅游景点等。一些国家所有大比例尺地形图均公开销售，公众使用地图比较普及。除了利用航空摄影测量方法测制大比例尺地形图以外，同时利用同一彩色航空像片完成其他自然资源地图。这种一次航空摄影，同时完成系列土地资源与土地条件图的方法，不仅可充分发挥航空影像的潜力，满足多方面的需要，而且节省财力和人力。

我国长期以来地形图是以军事用途为主，保密性很强。现有不少地图学专家建议军、民分版，民用版要增加民用的内容，如土地利用、交通、旅游等。测绘部门也进行了民用版的设计实验，而且对一次航空摄影同时测制地形图与多种专题地图的方法进行了实验和论证。但由于体制等各种因素的影响，这些实验方案尚没有列入实施计划。

需要特别指出的是，与地形图相联系的还有另一类地图，即地籍图。地籍图主要是用于土地使用和管理，以及地价计算等方面。其比例尺一般较大，从 1：500 到 1：5000，多数为 1：2000 或 1：1000。我国地籍图的测制已在城市范围逐步开展。

6.1.2 普通地理图

普通地理图虽然也表示水系、地形、居民点、交通线、境界线等，但不像地形图那样详细地表示地物的许多质量和数量特征，而是比较概括地表示制图区域的基本特征。一般说来，普通地理图的比例尺都小于 1：100 万，但也有中比例尺的普通地理图，包括省（区）图集中的分县图或省、县挂图，比例尺从 1：25 万至 1：75 万不等。全国小比例尺普通地理图一般采用 1：150 万、1：200 万，1：250 万、1：300 万、1：400 万、1：600 万等比例尺。普通地理图都是以地形图作基本资料经过取舍、概括缩编而成。

6.2 普通地图的基本内容

6.2.1 普通地图的基本内容

普通地图的内容包括数学要素、地理要素和辅助要素三大类，各自的主要内容如图 6-2 所示。

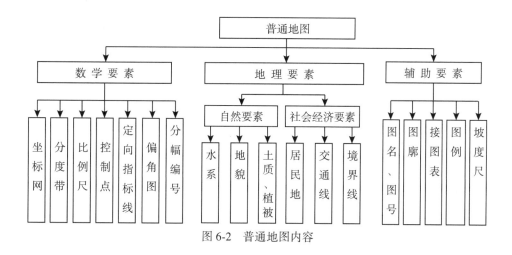

图 6-2 普通地图内容

6.2.2 普通地图的主要任务

普通地图具有丰富的信息，广泛用于经济建设、国防建设、科学研究和文化教育等方面。正如前文所述地图内容详略与地图比例尺大小的关系，企图用某一种比例尺的地图来满足一切需要，是不可能的，所以不同比例尺的普通地图，其任务和使用范围也不相同。现以我国国家基本比例尺地形图为例，阐述普通地图在经济、国防方面的基本任务和主要用途，详见表 6-1。

表 6-1　国家基本比例尺地形图以及比例尺小于 1：100 万地图的基本任务和主要用途

比例尺	基本任务	用于国民经济建设	用于国防建设和作战
1：5000~1：2.5 万	工程建设现场图，农田基本建设用图，城市规划用图，基本战术图	各种工程建设的设计以及农、林业生产的研究等	国防重点地区的基本技术、战术用图；炮兵射击，坦克兵等兵种的侦察和作战
1：5 万~1：10 万	规划设计图，战术图，专题地图的地理底图	各种建设规划设计；道路勘察，地理调查，地质勘察，土壤调查，农林研究等	广泛用作战术用图，司令部和各级指挥员在现场的用图
1：25 万~1：50 万	区域规划设计图，战役、战术图，专题地图的地理底图	各种建设的总设计；工农业规划；运输路线规划；地质、水文普查等	军以上高级司令部使用，合成军协同作战中应用较多，空军在接近大型目标时使用。
1：100 万	国家和省、市、自治区总体规划图，战略图，飞行图，专题地图的地理底图	了解和研究区域自然地理与社会经济概况；拟定总体建设规划，工农业生产布局，资源开发利用计划，小比例尺普通地图和专题地图的编图资料	统帅部战略用图；空军空中领航使用
小于 1：100 万	一览图	一般参考；文化教育和科学研究用图；专题地图和地图集的编图资料	确定战略方针；研究飞行设计，中远程导弹的发射等

6.3　自然地理要素的表示

6.3.1　水系要素及其表示

水系是地理环境中最基本的要素之一，对自然环境及社会经济活动影响很大。水系是各种水域的总称，包括海洋、江河、湖泊、池塘、沼泽、泉，以及人工开挖的运河、水库、沟渠、水井等；闸、堤、码头等是水系附属建筑物。

6.3.1.1　海洋要素的表示

海洋要素的表示主要包括海岸及海底地貌，有时也表示海流、潮流、底质、冰界和航行标志等。

1. 海岸结构、分类及其表示

1）海岸的结构

海岸是海洋和陆地相接的一条狭长地带，是海洋与陆地的一条重要分界线。海岸由沿岸地带、潮浸地带和沿海地带组成，如图 6-3 所示。

2）海岸的分类

根据海岸的形态和成因进行划分，我国海岸的分类如下：

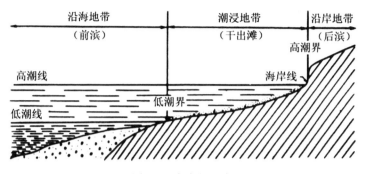

图 6-3　海岸的组成

　　（1）沙泥质海岸。海岸由沙泥质组成，沿岸地带低平，主要分布在我国东部大平原的前缘。它又分三角洲海岸，如黄河、长江和珠江三角洲，淤泥质平原海岸，如苏北海岸、辽东湾、渤海湾、莱州湾，沙砾质平原海岸，如台湾西海岸。

　　（2）基岩海岸。海岸由岩石组成，岸线曲折，岛屿众多，海湾深入陆地。我国浙江、福建、广东、广西的绝大部分海岸，山东半岛、辽东半岛的部分岸段，以及台湾东海岸，都属于这类海岸。因岩石组成、地形结构及动力条件的不同，又分为基岩侵蚀海岸，如辽东半岛、山东半岛、台湾东部、福建、广东、广西也有分布；基岩沙砾质海岸，如山东芝罘岛、福建平潭岛、广西钦州岛；港湾式淤泥质海岸，如山东半岛五垒岛湾和浙江、福建沿海；断层海岸，如台湾东海岸。

　　（3）生物海岸。生物海岸是由动植物的作用而形成的特殊海岸形态，分为珊瑚礁海岸及红树林海岸两类。其中珊瑚是生长在海岸中不能移动的动物，对温度和光等生长条件的要求很严格，多分布在岛屿或大陆边缘的温暖的海水中，改变了原有海岸的形态和性质，此种海岸称为珊瑚礁海岸。红树林是一种特殊的热带植物群落，生长在海湾或河口附近的淤泥中。涨潮时，它的下部被海水淹没；退潮时，其下部根系屹立在淤泥中。红树林海岸分布在我国海南岛、雷州半岛、广东东部和福建福州以南沿海某些岸段。它对于航道水深及攻防作战有一定的影响，在地图上要显示其分布范围。

　　3）海岸的表示

　　（1）海岸线。沿岸地带和潮浸地带的分界线即为海岸线的位置，在表示海岸线时，要反映海岸的基本类型及特征，大比例尺地形图上用 0.1mm 的蓝色实线绘出多年大潮高潮线，低潮线一般用黑色点线概略绘出，必要时要区分海岸的性质，如岩岸、沙岸、泥岸等，如图 6-4 所示。小比例尺地图上海岸的表示与大比例尺地形图上表示的大致相似，但海岸线要加粗到 0.25mm，表示的内容较为概略。

　　（2）沿岸地带，多有陡岸分布，陡岸是指岸坡比较陡峻，坡度在 50° 以上的地段，主要通过等高线或地貌符号表示，例如用陡岸符号表示有滩陡岸，如图 6-5（a）所示。无滩陡岸则用陡岸符号的上缘线同海岸线重叠绘出表示，齿形符号绘于岸线上，如果水部绘不下时，允许靠近岸线外侧绘出，如图 6-5（b）所示。

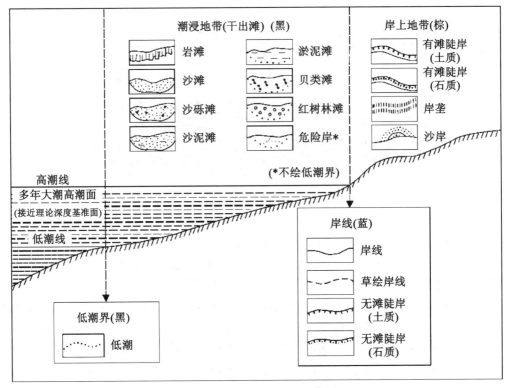

图 6-4 地形图上的海岸示意图

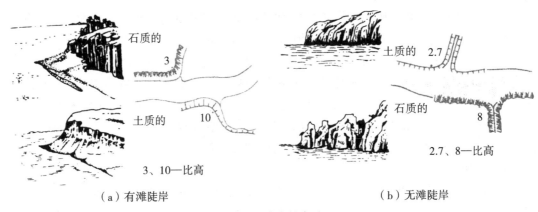

（a）有滩陡岸　　　　　　　　　　（b）无滩陡岸

图 6-5　陡岸的表示

（3）潮浸地带（干出滩），也叫海滩，地面和缓地向海部倾斜。有沙滩、沙砾滩、砾石滩、岩滩、珊瑚滩、淤泥滩、贝类养殖滩、红树滩等，这在地形图用相应符号表示，它们的外缘均为低潮线，如图 6-6 所示。

（4）沿海地带。重点表示与航行有关的要素，如危险岸、礁石、水深点及有关的航行标志等。其中危险岸是指沿岸的海部有许多礁石，海浪冲击，波涛汹涌，船只不能靠近的地段。礁石，包括明礁、干出礁和暗礁三种。明礁是指露出大潮高潮面的礁石；干出礁是指高潮时没于水下，低潮时又露出水面的礁石，即高出理论深度基准面的礁石；暗礁是指

168

经常在海水面以下，即在理论深度基准面以下的礁石，深度一般不到10m，孤立于海中或沿海地带，是航行时的危险物。

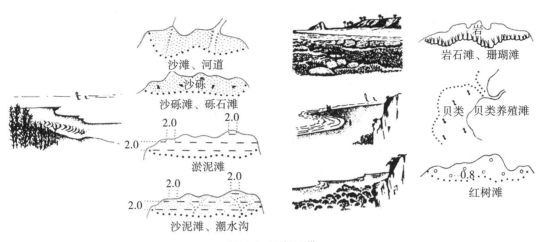

图6-6　潮侵地带

（5）海中岛屿。图上面积大于0.35mm²的，依比例表示；小于0.35mm²的，用不依比例的点状岛屿符号表示。在彩色地图上印成深蓝色。

（6）航行标志。主要有导航，如灯塔(桩)，引导舰船航行，形体高大、明显，图上除绘其符号外，还注其高程；指险，如灯船、浮标，是指险标志，设在水中，用于指示航道界限，指示有水上或水下障碍物；信号，信号杆(台、立标)，有水深信号标、风讯信号标、通行信号台、鸣笛标、界限标、电缆标等。

2. 海底地貌及其表示

过去，海底地貌在普通地图上并未得到应有的重视，近年来，由于我国海洋事业的发展，海底地貌的表示已成为普通地图上海域部分的重要内容之一。

1）深度基准面

深度基准面，是根据长期验潮的数据所求得的理论上可能最低的潮面，也称理论深度基准面。它在很多地区比我国以前曾经使用过的略最低低潮面还低0.2~0.3m。地图上标注的水深，就是由深度基准面到海底的深度。海水的几个潮面及海陆高程起算之间的关系，如图6-7所示。理论深度基准面在平均海水面以下，它们的高差在海洋"潮信表"中"平均海面"一项下注明，例如"平均海面为1.5m"，即指深度基准面在平均海水面下1.5m处。海面上的干出滩和干出礁高度是从深度基准面向上计算的。涨潮时，一些小船也可在干出滩上航行，此时的水深是潮高减去干出高度。海面上的灯塔、灯桩等沿海陆上发光标志的高度，则是从平均大潮高潮面起算的。因为舰船进出港或近岸航行，多选在高潮涨起的时间。

由上述可知，海岸线既不是0m等高线，也不是0m等深线；0m等高线应在海岸线以下的干出滩上通过，0m等深线大体应是干出滩的外围线(即低潮线)，在地图上它是比海岸线更不易准确测定的一条线；实际上，只有在无滩陡岸地带，海岸线与0m等高线、0m

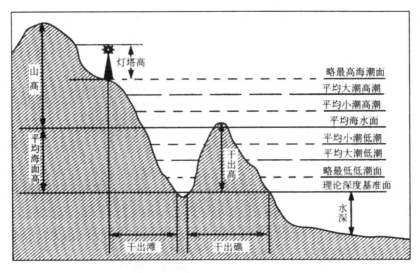

图 6-7　潮面及海深、陆地起算的示意图

等深线才重合；一般情况下，由于 0m 等高线同海岸线比较接近，地图上不把它单独绘出来，而用海岸线来代替，只有当海岸很平缓、有较宽的潮浸地带，且地图比例尺较大时，才绘出 0m 等高线，至于 0m 等深线，则一般都用低潮线来代替。

2）海底地貌的表示

海底地貌可以用水深注记、等深线、分层设色和晕渲等方法表示。

（1）水深注记，是水深点深度的注记，简称水深，类似于陆地上高程点的高程注记。海洋的水深是由深度基准面自上而下计算的；地图上海域部分标注的水深，则是由深度基准面到海底的深度，如图 6-8 所示。地图上的水深点注记不标其点位，而是用注记整数的几何中心来代替，如图 6-9 所示。可靠的、新测的水深点用斜体字注出，不可靠的、旧资料的水深点用正体字注出；不足整米的小数用较小的字注于整数后面偏下的位置，中间不用小数点，例如 23_5 表示水深 23.5m。

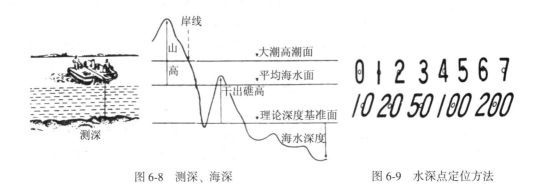

图 6-8　测深、海深　　　　　　　　　　图 6-9　水深点定位方法

（2）等深线，是从深度基准面起算的等水深点连成的闭合曲线。它有两种形式，一是点线符号，二是细实线符号。点线符号的形式是深度不同点线不同，直观易读，如图 6-10

170

所示。细实线符号结合水深注记，再配以等深线注记，也能收到较好的效果。

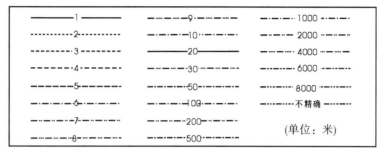

图 6-10　海图上的等深线符号

等深线的勾绘一般是先勾绘最浅的等深线和加粗等深线，内插其余等深线，配置水深注记，最后统一协调。此外，底质、潮流等也应与水深注记、等深线一并表示，如图 6-11所示。

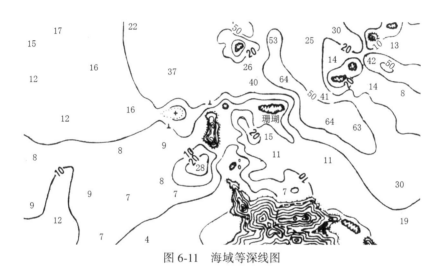

图 6-11　海域等深线图

分层设色法与等深线法相配合，可以较好地表示海底地貌。晕渲法是采用不同色调表示海底地貌起伏变化的方法，使海底地貌能更立体地得以展现。

6.3.1.2　陆地水系的表示

陆地水系是指一定流域范围内，由地表各种水体，如河流、运河、沟渠、湖泊、水库、池塘、井、泉、贮水池等构成的系统。

1. 河流分类及其表示

1) 河流分类

按成因，河流可分为天然河流与人工河流。天然河流，是自然形成的河流，具有主支流以锐角相交的特征，宽窄变化明显，由上游至下游逐渐变宽，如图 6-12 所示。人工河流，是由人工开凿的运河、沟渠等，具有人工造成的平直、宽窄相等、多呈直角相汇的特征，在地图上视比例尺和实地宽度分级，采用依比例和半依比例两种符号表示，其实地分级标准和所使用相应符号如表 6-2 和图 6-13 所示。高出地面的沟渠，在其符号上加绘短齿表示。

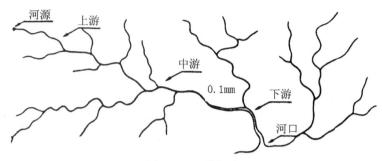

图 6-12　天然河流

表 6-2 运河与沟渠实地分级标准

符号	实地宽(m)	比例尺 1：2.5 万	1：5 万	1：10 万
单线渠	0.1mm	<5	<10	<20
	0.3mm	5~10	10~20	20~40
双　线　渠		>10	>20	>40

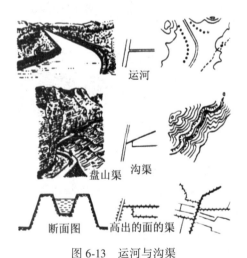

图 6-13　运河与沟渠

　　按水流状况，河流可分为常年河与时令河。常年河，又称常流河或常水河，是常年有水的河流，此类河流实地占大多数，地图上以蓝实线表示河岸线或水体。时令河，又称间歇河，是季节性有水或断续有水的河流，即雨季有水，旱季无水的河流，地图上以蓝虚表示，如图 6-14 所示。

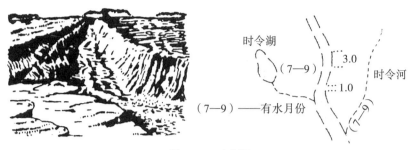

图 6-14　时令河

按河床隐露，河流可分为地表河、地下河、消失河段及输水槽。地表河系河床暴露在地表的河流。实地绝大部分河流皆属地表河。地下河又称暗流或伏流，是河床在地下的河流，多发育在喀斯特地区；其特点是河流时隐时现，明河与暗河交替出现。在地图上，倒虹吸管与地下河采用同一种反括弧符号，主要表示出地下河段出入口的位置，如图 6-15 所示。消失河段，是河流流经沼泽、沙地或沙砾地时河床不明显或地表流水消失的河段，一般多见于山前洪积、冲积扇和沼泽地区，地图上用蓝色点线表示，如图 6-16 所示。输水槽，又称渡桥或过水桥，常与河流、沟谷或道路在不同高程面上相交，高架于地面上的引水渡槽和引水管与输水槽一样，在地图上均用蓝色桥式符号表示，如图 6-17 所示。

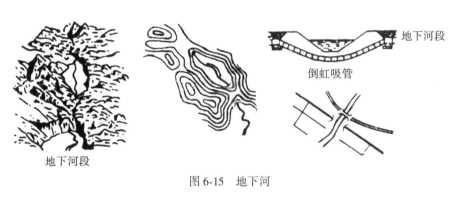

图 6-15　地下河

图 6-16　消失河段

2）河流的表示方法

在地图上用相应的蓝色线状符号表示河流。宽度能按比例表示的河流，用两条 0.1mm 的实线表示其两岸的水涯线，称为双线河。当河流较宽或地图比例尺较大时，其间水部多用蓝色网点或网线表示，若雨季的高水位与常水位相差很大，则在大比例尺地形

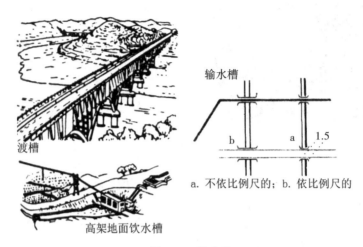

a. 不依比例尺的；b. 依比例尺的

图 6-17 输水槽

图上同时要用棕色虚线表示其高水位岸线，用棕色细点表示洪水淹没的滩地土质。

当地图上河流宽度不能按比例表示时，则用不依比例的单线表示，称为单线河。由河源到河口用以 0.1~0.4mm 的单线由细渐粗的自然过渡变化来反映河流的流向、形状和主支流的关系；当图上河宽大于 0.4mm 时，则用双线河符号表示。

单双线符号相应于实地的宽度如表 6-3 所示。

表 6-3　　　　　　　　　　　　　　单、双线河的实地分级标准

符号 比例尺 实地宽(m)	1：2.5 万	1：5 万	1：10 万	1：25 万	1：100 万
单线河 0.1~0.4mm	<10m	<20m	<40m	<100m	<400m
双线河	>10m	>20m	>40m	>100m	>400m

为了与单线河衔接及美观的需要，常用间距 0.4mm 的不依比例双线过渡到依比例的双线，如图 6-18 所示。

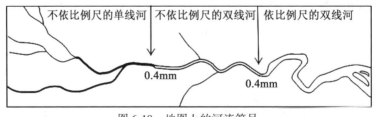

图 6-18　地图上的河流符号

小比例尺地图上的河流有两种表示法，一是用不依比例单线符号配合不依比例和依比例双线表示，二是用不依比例单线配合真形单线符号表示。

第一种方法与上述的大同小异，只是单线河的粗度随地图的用途而异，一般参考图用0.1~0.4mm，普通挂图用0.15~0.6mm。第二种方法是用不依比例的单线，直接过渡到真形单线，整个河流均用深蓝色符号表示，它能真实地反映河流的宽窄、汉道和河心岛，形象生动，真实感强，如图6-19所示。

图6-19　真形单线河段符号

3)河流水文特征表示

河流的水文特征主要指河宽、水深、流向、流速、底质、瀑布和石滩等，一般用符号加数量与质量注记表示。河宽是以常水位岸线间的距离计算的。在地图上以分式的分子表示，如图6-20(b)上的7、186和23为河宽(单位：m)。水深是指常水位时的深度，在地图上以分式的分母表示，如图6-20(b)上的0.4、5和0.6为水深(单位：m)。当河宽和水深变化较大时，需注出高水位时的宽度和深度，如$\frac{40-230}{0.9-1.8}$，其分子和分母中短横线后的数值分别为高水位时的河宽和水深。河宽、水深和底质注记，一般图上每隔15~20cm就需注出一个。流向，是指河水固定的流动方向。在地图上，除前述的以单线河由细渐粗的方法显示流向外，还可用加绘箭形符号表示；另外，天然河流主支相汇的锐角顶点，亦指示河水流向。凡有固定流向的江、河、运河和较大的沟渠，图上均需用箭形符号表示其流向，如图6-20(b)所示。流速，是指河水流动的速度，以m/s为计量单位，在地图上注在流向箭形符号的中部，如图6-20(b)所示；当流速超过0.3m/s时，图上需每隔15~20cm标注一个。瀑布，是从河床纵断面陡坡或悬崖处倾注下来的水流，在山崩、断层、熔岩阻塞、冰川的差别侵蚀和堆积处亦均可形成瀑布，在地图上用蓝色齿形符号表示，并注其比高，如图6-20(a)所示。石滩，是河床中有很多坚硬岩石，顶部显露或不显露水面的急流险滩，水底险峻而曲折，水深变化明显，对通航有一定影响。在地图上按实地范围大小，配置蓝色三角块符号表示，如图6-20(a)所示。

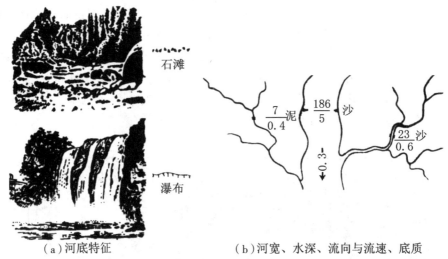

（a）河底特征 （b）河宽、水深、流向与流速、底质

图 6-20 水文特征

4）河流附属物及其表示

含交通渡运和水利工程两方面，如渡口、徒涉场、跳墩、水坝、水闸、码头、加固岸、防波堤、轮船停泊场和干船坞等，这些物体，在地形图上用半依比例或不依比例的符号表示，在小比例尺地图上则多数不表示。

2. 湖泊分类及其表示

湖泊是水系中重要组成部分，呈面状分布，能够反映环境的湿润状况，同时也能反映区域的景观特征及环境演变进程和发展方向，地图上采用蓝色水涯线配合浅蓝色普染水部表示。

湖泊按成因可分为天然湖和人工湖两类。天然湖包括构造湖、火山湖、冰川湖、河成湖、海成湖、宇宙湖等；人工湖分为池塘和水库两种。池塘的表示方法与一般湖泊相同，依塘口边线描绘其岸线；水库在河谷中按一定高程筑坝截流而成，其岸线形状与等高线形状一致。在地图上用蓝色水涯线配合浅蓝色水部表示，其大小能依比例表示时，采用岸线配合黑色水坝符号表示；不能依比例表示时，则采用专门符号表示，如图 6-21 所示。

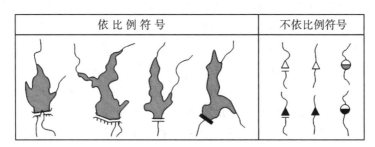

图 6-21 常见水库符号

湖泊按与河流的关系可分为进水湖和排水湖。进水湖是指有河流进而无河流出的湖泊，如新疆的博斯腾湖，排水湖是指河流发源处的水源湖，如吉林境内松花江的源头处长

176

白山天池。

　　湖泊按贮水情况可分为常年湖和时令湖。常年湖是指终年有水的湖泊，如鄱阳湖、太湖等，地图上用蓝实线表示常年水位形成的岸线，如图 6-22 所示。时令湖是指季节有水的湖泊，多分布在干旱和半干旱地区，图上用蓝色虚线表示有水时间较长的水涯线，并用蓝色注记标明有水的月份，如图 6-22 所示。

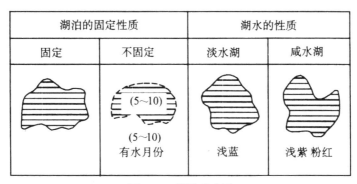

湖泊的固定性质		湖水的性质	
固定	不固定	淡水湖	咸水湖
	(5～10)　(5～10)　有水月份	浅蓝	浅紫　粉红

图 6-22　湖泊的表示

　　湖泊按水位变动情况可分为水位稳定湖泊和水位不稳定湖泊。水位稳定湖泊是指全年湖泊水位变化不大的湖泊，在地图上表示方法同常年湖。水位不稳定湖泊是指洪水期间湖面较大，枯水期间湖面较小的湖泊，在地图上用蓝实线表示常年水位的水涯线，以棕色虚线表示洪水时的高水位水涯线，并注明底质。

　　湖泊按湖水矿化程度可分为淡水湖、咸水湖及盐湖。淡水湖是指湖水中含盐量小于0.1%的湖泊，在地图上用蓝色水涯线配合浅蓝色水部普染表示。咸水是指湖水中含盐量为 0.1%～24.7%的湖泊，多分布在干旱和半干旱地区，我国青藏高原和新疆地区有些内陆湖的湖水是咸或苦的，这些湖泊的水涯线表示与上述相同；在大比例尺地图上，要在其名称注记下括注"咸"或"苦"等水质特征注记，湖泊面积太小的，则可注在湖外面，无名小湖，水质注记可省略；在小比例尺地图上，用普染浅紫色水部表示。盐湖是指湖水中含盐量大于 24.7%的湖泊，如青海的察尔汗盐湖为我国最大的盐湖，在地图上用普染深紫色水部，并括注"盐"注记表示。

　　3. 泉、井及贮水池表示

　　泉是地层里自然流出地面的地下水，为天然水源。按其性质可分矿泉、温泉、间歇泉、毒泉等。图上用蓝色符号表示，以符号实心圆的中心为定位点，其尾形表示流向，并加注质量注记，如图 6-23 所示。

　　水井是人工水源。图上仅表示居民地以外的有方位意义的水井，缺水地区的水井一般都予以表示，如图 6-24 所示，并注以质量和数量注记，标明水质（淡、咸、苦）、水井地面高程和井口水面深度。

　　贮水池是干旱地区用石或水泥构筑的雨水坑或水窖，用于存蓄雨水、雪水的设施；除人、畜饮用外，还可浇灌农田，亦可起蓄水保土作用。图上用实心方形符号表示，如图6-25 所示。

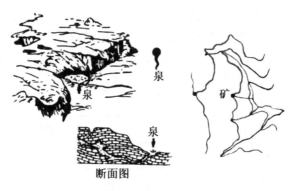

图 6-23　泉的表示

图 6-24　水井

水窖　贮水池

图 6-25　水窖、贮水池

6.3.2　地貌要素及其表示

地貌是地球表面各种起伏形态的通称，是普通地图上最主要的要素之一，与水系一起构成了地图上其他要素的自然地理基础，它在军事及国民经济上具有十分重要的意义。为了便于在地图上通过地貌确定地面上任意一个地面点的高程，判断地面的坡向、坡度和量测其坡度，能够清楚地识别各种地貌类型、形态特征、分布规律和相互关系，量测其面积和体积，人类经历了漫长的历程和多种尝试，创设了等高线法、写景法、晕渲法、晕滃法、分层设色法、互补色法等多种表示地貌的方法。下面针对几种主要的方法进行介绍。

6.3.2.1　基本地貌表示方法

1. 等高线法

等高线法是用标有高程注记的等高线和个别特殊符号相结合以反映地貌特征的一种方

法，如图 6-26 所示。

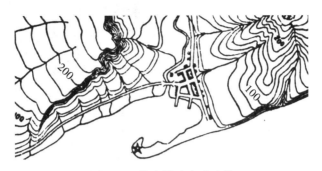

图 6-26　等高线法表示地貌

利用等高线和等深线表示陆地和海域地貌起伏，已成为现代地图上普遍运用的方法。在国外，等深线的出现较等高线早，目前它的优越性为世人所公认。

等高线法的优点很多，首先是它有明确的数量概念，在等高线地图上，近似的高度和坡度都可以直接判读出来，例如图上等高线相距很近表示陡坡，相距较远则表示缓坡；从高程注记上可以了解某一点的绝对高度；从等高线图形上还可以判断出地貌主要形态和典型特征，甚至最细微的碎部，这显然是其他地貌表示法所不及的。

地形图上的每根等高线反映某一高度的地形平面轮廓，而一组等高线则以其疏密（平距）变化反映地形的垂直轮廓（坡度变化）。因此，等高线图形能给人以立体概念，但是立体感不够强，对初次接触地图的人，一时难以建立立体概念，这是等高线法的不足之处，如图 6-27 所示。为了增强它的立体效应，在等高线法的基础上，可以采用粗细等高线或明暗等高线来弥补其不足。

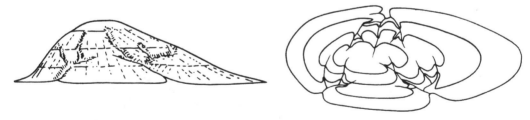

图 6-27　等高线的立体感

粗细等高线是指将处于背光部分的等高线加粗，形成暗影，与受光部分的等高线相对比，从而加强立体感，如图 6-28 所示。

明暗等高线是指依每条等高线不同的受光位置，将受光部位的等高线绘成白色，处于背光部位的等高线绘成黑色，从白色等高线转变为黑色等高线时，要用灰色线条逐渐过渡。这样，从明显的黑白对比中可以获得地貌的立体感。运用明暗等高线的地图要印在淡灰色图纸上，方可收到较好的效果，如图 6-29 所示。

图 6-28　粗细等高线

图 6-29　明暗等高线

2. 写景法

写景法是以绘画写景的形式表示地貌起伏和分布位置的地貌表示法，又称为透视法，是一种古老而质朴的方法，如图 6-30 所示。写景法在 18 世纪以前，曾为世界各国所普遍采用，虽然形式不同、风格各异，但都属于示意性的表示方法，而且成为当时地图上表示地貌的主要方法。

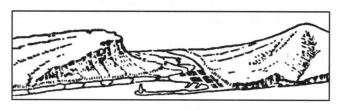

图 6-30　写景法

15—18 世纪，西欧的许多地图上所采用的地貌显示法则是比较完善的透视写景法，如图 6-31 所示。用此法描绘的地貌还有近大远小的透视效果。

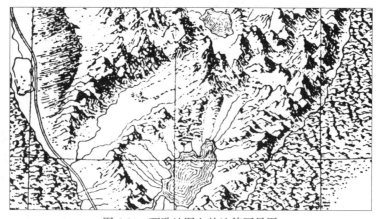

图 6-31　西欧地图上的地貌写景图

用写景法描绘地貌，使读者感觉到好像是从地图上空看过去的一样，能看到它的一个侧面，图形颇为逼真，能清楚地显示山脉、主要河流的大体走向及重要山峰的相对位置，如图 6-32 所示。但是，它仅能反映一两个侧面，随意性很大，当然也就不可能在图上进行高程、坡度等各种量测了。

马王堆地图　　　公元前168年

华夷图　　　　　1137年　　　　　　皇舆全图　　　　1718年

平江图　　　　　1229年　　　　　　三藏卡伦图　　　1720年

郑和航海图　　　1433年　　　　　　乾隆十三排地图　1761年

广舆图　　　　　1555年　　　　　　广东全省图　　　1813年

图 6-32　我国古代写景法

根据等高线图来绘制地貌写景图，是现代地貌写景法的一大发展，它摆脱了旧时那种纯绘画式的方法，采用透视法则，运用等高线原理，并参照航片，使绘出的图形能较为科学地表示地貌的形态、位置、高度等，保证了显示的地貌具有科学性。

绘图者根据等高线用素描手法塑造地貌形态，是一种最简便的方法，如图 6-33 所示，但所绘的图仅提高了示意的准确程度，仍不能用于精确的量测；而且，受绘图者对等高线图形的理解能力和绘画技巧的影响较大，若没有一定的绘画素养，则不容易掌握。

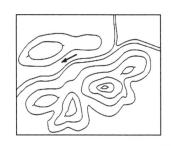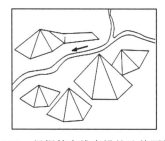

图 6-33　根据等高线素描的地貌写景图

根据等高线图形作密集而平行的地形剖面，然后按一定的方法叠加，获得由剖面线构成的写景图骨架，经艺术加工也可以制成地貌写景图，图 6-34 分别为剖面线按正位叠加、斜位叠加和经透视处理后叠加而绘成的地貌写景图。

自从电子计算机用于制图之后，为绘制立体写景图创造了有利的条件。根据 DEM 自动绘制连续而密集的平行剖面十分方便。图 6-35 即是由一组平行剖面和两组平行剖面所构成的立体写景图，它排除了绘图员主观因素的影响，图形精度较高，形态生动，还可以选择视点的方位和高度，获得不同的效果。

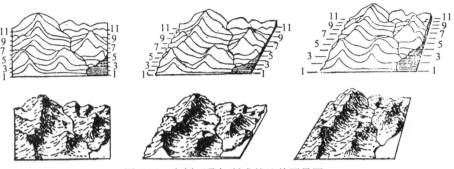

图 6-34　由剖面叠加所成的地貌写景图

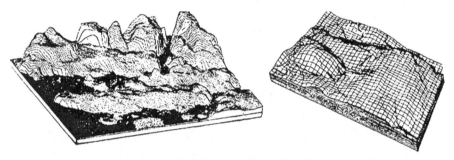

图 6-35　自动绘图机绘制的立体写景图

3. 晕渲法

晕渲法是沿地面斜坡方向布置晕线以反映地貌起伏和分布范围的一种方法，如图 6-36所示。其设计原则是：根据光线照射地面时，坡度大小不同，受光量多少不一，地面与其水平面的倾角越大，则所受到的光线就愈少。由此设计并计算出不同倾斜角的地面上所用晕线的粗细、长短和线间间隔（空白）大小，用这种方法描绘的晕线，不仅可以显示地貌起伏的分布范围，而且可以表现不同的地面坡度。

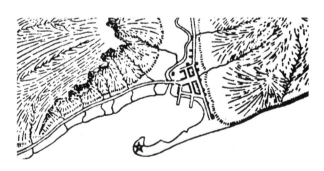

图 6-36　晕渲法

依据光源与地面位置关系，分直照晕渲和斜照晕渲两种。

晕渲法优于写景法，能较好地反映山地范围。直照晕渲能较好地反映山坡的坡度，故适用于大比例尺地形图。斜照晕渲有利于清晰地显示地貌总体形态，适用于小比例尺地图。

晕滃法的缺点是晕滃线不能确定地面的高程；绘制工作量大，要求技术水平高；密集的晕线掩盖地图其他内容；立体感不如晕渲法等，因此，现已被晕渲法、等高线法所代替。

4. 晕渲法

晕渲法是在平面上显示地貌立体的主要方法之一，是根据假定光源对地面照射所产生的阴暗程度，用浓淡的墨色或彩色沿斜坡渲绘其阴影，造成明暗对比，显示地貌的分布、起伏和形态特征的一种方法，又称为阴影法或光影法，如图 6-37 所示。其绘制的原理与晕滃法完全相同，仅是将粗细、疏密不同的晕线改为用浓淡不同的墨色或彩色渲染。

图 6-37　晕渲法

晕渲法依其光源位置不同，分为直照晕渲、斜照晕渲和综合光照晕渲三种，如图 6-38 所示。直照晕渲光线由天顶垂直照射地面，坡度大的地方渲染较浓，坡度小的地方则渲染较淡。斜照晕渲一般假设光线自西北方向斜照，照射到不同高度和坡形的地面上，便形成明暗对比现象。据此，用不同浓淡的墨色来建立地貌的立体感，一般采取向光部分着色淡或不着色，同时地势低的地方色调要略重于地势高的地方；而在背光的部分着色浓，坡度大的地方的色调要重于坡度小的地方。综合光照晕渲系直照晕渲与斜照晕渲相结合的一种方法。以斜照晕渲为主，显示地貌的立体效果；以直照晕渲为辅，补充斜照晕渲的不易表达之处，如深切河谷、陡坡等。晕渲法依据着色的不同，还可分为单色和彩色晕渲。

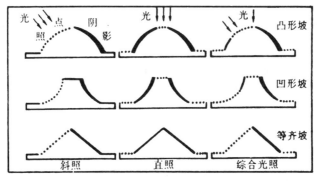

图 6-38　三种不同光照的晕渲法

晕渲法主要应用于以下两个方面：

(1)作为一种独立的地貌表示法，主要用于小比例尺地图，以及地区形势图、旅游图等专题地图上，以显示全图的地貌总体概念，效果较好。

(2)作为一种辅助方法，配合其他地貌表示法，可以进一步增强地貌的立体效果，适用于大比例尺地形图、小比例尺地势图、典型地貌图等多种类型的地图；在有等深线的海图上配以晕渲，可以明显地增强海底地貌的立体形态。

晕渲法的制作较晕㴑法容易，用晕渲法表示的地貌，在地图上虽然不能直接量测坡度和高度，也不能明显表示地面高程的分布，但它能生动直观地显示地貌的形态，使人们建立起形象的地貌立体感。

5. 分层设色法

分层设色法是根据地面高度划分的高程层，逐层设计不同的颜色，以反映地貌高低起伏等特征的一种表示方法，如图 6-39 所示。

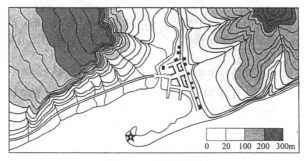

图 6-39　分层设色法

一般选择若干条能反映这个地区地貌特征(从深海到高山)的等高线，组成高度表或高程带，然后在高度表的每两条等高线之间涂以不同的颜色，组成色层高度表或称色层表，借助于颜色色调和饱和度的视觉感觉，建立地貌高低起伏的效果。

分层设色的立体效果主要靠有规律的组配色层来实现。依据光照和色彩的透视规律，主要有"越高越暗"和"越高越亮"的设色原则。

通常，越高越暗的设色原则应用较多，因为随着地面高度的增大，用色越暗，既有利于产生地貌的起伏感，也较少影响其他要素的表示；地势越低，用色越淡，有利于丘陵、平原地区其他众多要素的表达。根据越高越暗设色原则所建立的色层表，有简单和多色相两种。简单色层表通常由 3~4 种颜色组成，其中绿—褐色表示陆地部分，蓝色表示水域部分，适用于地面高度变化不大的地区或用以显示局部地貌，如图 6-40(a)所示。多色相色层表用在高度表划分较多的地图上，但用色也不宜过多，关键在于要选择好表示高程变化的几根主要等高线，并使色层过渡自然而不脱节，如图 6-40(b)所示。

分层设色法的优点是：能够醒目地显示地貌各高程带的范围以及不同高程带地貌单元的面积对比，具有一定的立体感，便于了解地面高低起伏的变化，判定大的地貌类型的分布。缺点是：不能量测，若设色不当，两色层间过渡不好，对比太强，易使读者对地貌产生"阶梯"的错觉，若色调过浓，则会掩盖图上其他要素。

6. 地景仿真法

随着计算机图形学、计算机科学等理论和技术的不断发展，写景符号法的描述精度和表现效果得到了极大的改进，现已发展成为可以逼真模拟实际地理景观并具有实用价值的三维地景仿真法。

三维地景仿真法在虚拟现实技术和三维图形技术支撑下，使其所表示的地貌具有生理立体视觉感。三维地景仿真法是利用计算机技术和可视化技术，将数字化的地貌信息用计算机图形方式再现，通过戴上特殊的头盔、数据手套等传感设备，或利用键盘、鼠标等输入设备，使地貌具有真三维立体感。三维地景仿真法特点如下：

（1）数字信息存储。地貌信息以数字信息的方式记录在计算机的存储介质中，便于计算机读取、分析、管理和输入地理信息，易于校正、编辑、改编、更新和复制地图要素。它是快速量算和自动分析的基础，提高了地图的使用精度。

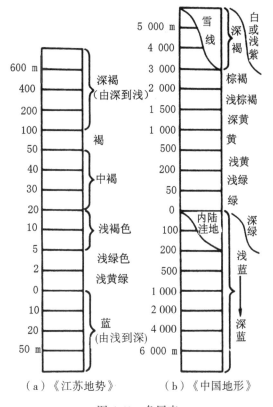

图 6-40　色层表

（2）真三维空间特征表示。建立在三维模型基础上的真三维空间表示，在显示效果上更加符合人眼观察地貌的规律，借助于一定的设备，能够给用户带来强烈的感官冲击，使其获得身临其境的体验，从而实现大多数用户在看图时想"进入地图"的愿望，使用户能够更加自然的接收地貌信息。

（3）实时动态显示。数字地貌虚拟表示可放大、缩小、漫游、旋转，甚至"飞翔"。借助虚拟现实技术和设备，更能产生逼真感，满足实时显示的要求。

（4）可交互设计。与一般数字地貌表示方法相比，数字地貌虚拟表示借助专业的设备，用户如同在真实的环境中一样，与虚拟环境中的任务、事物发生交互操作，获取新的信息。

（5）多比例尺切换换。三维数字地貌表示可以根据需求改变比例尺，并可在数学模型和分析模型的基础上，对地貌进行精确的量算和分析。

地景仿真具有可进入、可交互的特点，与这种环境（地图）打交道，用户能够产生身临其境的感觉，大大提高环境认知的效果。虚拟现实技术用于地形环境仿真并最终形成地景表示方法，是人类对环境认知的深化与科技进步的结果。

7. 地貌表示的注意事项

（1）掌握各种地貌的表示要领。地貌千姿百态、千变万化，地貌的基本形态及特殊形态并不能代表地貌的全部。所以，在表示地貌时，应针对实际地貌，依据测量规范及地形图图式，按基本地貌及特殊地貌的测绘方法，准确地表示各种复杂地貌。

（2）地貌的综合取舍。地貌的变化是复杂的，我们不可能也没有必要把地貌的所有微小变化都表示出来。在保证地貌总体形态不变的情况下，根据编图比例尺和用图目的的不同，对一些微小变化的地貌可以进行适当的综合取舍，如小于 1/2 等高距的地面起伏可以舍去；当特殊地貌高度小于 lm 时，可不单独测绘。

（3）正确选择地貌特征点。地性线控制了整个地貌形态，若地性线上的特征点取舍不当，地性线的方位就会改变，整个地貌形态将会与实地不符，同时会改变等高线的位置及疏密关系，等高线不能正确显示地面的坡度变化，也不能正确反映地貌形态。所以地性线上的特征点取舍要准确。

6.3.2.2 特殊地貌的表示方法

地表是一个连续而完整的表面，而等高线法又是一种不连续的分级法，所显示的地貌形态是个简化了的图形，因此用等高线表示地貌，无论等高距选择得如何正确、等高线描绘得如何精细，仍然不能逼真地反映出地貌的全部。只有配合相应的特殊地貌符号予以弥补。特殊地貌形态可归纳为独立微地貌、激变地貌和区域微地貌等。

1. 独立微地貌的表示方法

独立微地貌是指微小且独立分布的地貌形态，如山洞、溶斗、岩峰、山隘、土堆、坑穴等。

山洞主要发育在石灰岩地区，地形图上用黑色符号表示洞口位置，按真方向配置符号，并标注洞口最短直径和洞深，以及著名山洞的名称，如图 6-41 所示。

溶斗又称漏斗，底部通常有落水洞。地形图上用棕色符号表示，将符号的受光部的虚点线置于东南方，如图 6-42 所示。

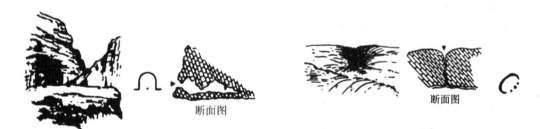

图 6-41　山洞　　　　　　　　　　　　　　　图 6-42　溶斗

岩峰地形图上对孤立和成群的岩峰分别用棕色的"孤峰"和"峰丛"符号表示，并注其比高，峰丛则以其最高大者的比高注出，如图 6-43 所示。

图 6-43　岩峰

186

山隘又称山口或隘口，地形图上用黑色符号表示，一般要注其高程，对季节性通过的山口则要注出通行的月份，著名的山口还要注出名称，如图 6-44 所示。

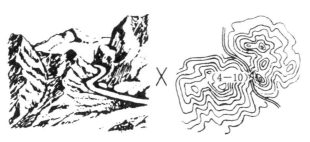

图 6-44　山隘

土堆高度在 1m 以上，图上面积小于 4mm² 且有方位作用的则用黑色不依比例符号表示；大于 4mm² 则依比例用实线绘出顶部概略轮廓线，以点线绘出底部边缘线，中间用长短线符号绘至坡脚，并测注其比高。烽火台、海边贝壳堆、固定的矿渣堆亦用此符号表示，分别加注"烽""贝壳"和"渣"等注记，如图 6-45 所示。

坑穴图上面积小于 4mm² 用黑色不依比例符号表示；大于 4mm² 则依比例用实线绘出坑口概略轮廓线，并向内加短齿符号，深度大于 2m 的坑穴要加注深度注记，如图 6-45 所示。

图 6-45　土堆、坑穴

2. 激变地貌的表示

激变地貌是指较小范围内产生急剧变化的地貌形态，包括冲沟、陡崖、陡石山、梯田坎、崩崖、滑坡、现代冰川等多易形成灾害的一类地貌。在地形图上，除梯田坎和冰川的冰雪分别用黑色和蓝色符号表示外，其余均用棕色的相应符号表示。

冲沟主要发育在土质疏松、植被稀少的斜坡上，黄土地区最为典型，由暂时性水流冲蚀而成的大小沟壑。图上宽度小于 0.4mm 的冲沟用单线符号表示，大于 0.4mm 的用双线符号表示；图上宽度大于 2mm 的陡壁冲沟，在沟壁上加绘齿形符号，超过 3mm 的需绘沟底等高线。另外，要注出沟深注记，在交通线两侧的单线冲沟还要注出沟宽，如图 6-46 所示。

陡崖是地面上坡度在 70° 以上形态壁立，难以攀登的陡峭崖壁。其中，有的由疏松土质表层所构成，有的由坚固的岩石所构成。在地图上用实线表示崖壁的上缘，齿形线表示斜坡的降落方向，其图上宽度大于 2mm 时，齿形线应依比例绘出，如图 6-47 所示。

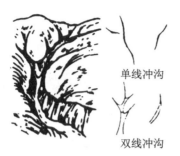
单线冲沟

双线冲沟

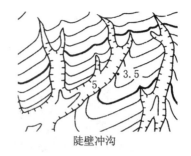
陡壁冲沟

图 6-46　冲沟

（a）石质的

（b）土质的

图 6-47　陡崖

　　陡石山是表面没有土壤覆盖，坡度大于 70°的石山，在地形图上用陡石山符号表示，如图 6-48 所示。

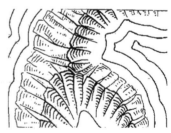

图 6-48　陡石山

　　露岩地是岩石露出地面，且分布较集中的地段。在地图上用散列配置三角块符号表示。对有方位作用的小面积露岩地，用 3 个三角块为一组表示，如图 6-49 所示。

　　岩墙是地壳裂隙被岩浆充填，冷却后成板状岩体，经长期剥蚀而露出地表的墙状物体。在地图上依比例用岩墙符号表示，并注其比高，大型的可以用等高线表示，如图 6-50 所示。

188

图 6-49　露岩地

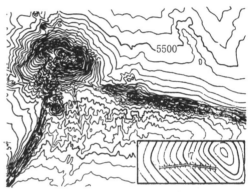

图 6-50　岩墙

　　梯田坎是山区、丘陵地区沿坡地修筑台阶形田地的陡坎。在地图上用黑色陡崖符号表示高于 2m 的梯田坎，如图 6-51 所示。梯田陡坎密集时，按实地位置绘出最高、最低两层陡坎，中间各层可适当取舍。

图 6-51　梯田坎

　　崩崖是沙土或石质山坡受风化作用后，岩石碎屑从山坡上崩落下来形成连接一片的堆积物。在地图上用相应符号表示出沙(土)质和石质两种崩崖，以实线表示崩崖的上缘，若上缘是陡崖，则加绘陡崖符号，大面积的崩崖要采用等高线配合表示，如图 6-52 所示。

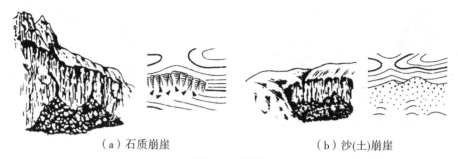

（a）石质崩崖　　　　　　　　　　（b）沙(土)崩崖

图 6-52　崩崖

滑坡是斜坡上的大块岩体或土体，因地下水和地表水的影响，在重力作用下，整块地沿着一定的滑动面向下滑动的地段。在地图上滑坡的上缘用陡崖符号绘出，以点线表示其轮廓，中间以长短不一的间断曲线表示，如图 6-53 所示。

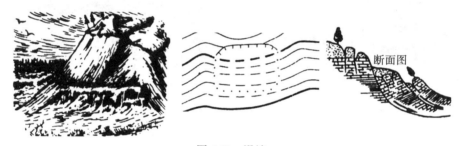

图 6-53　滑坡

现代冰川在地图上用蓝色虚线表示其范围，冰川的外表形态用蓝色等高线表示。粒雪源用蓝色等高线配合均匀的蓝点表示；冰裂隙以蓝色符号按实地大小和真方向表示；冰陡崖，又称冰陡坎或冰瀑布，图上用蓝色陡崖符号表示；冰碛，按实地情况，用棕色三角块和沙点符号表示；冰塔用蓝色等腰三角形符号，如图 6-54 所示。

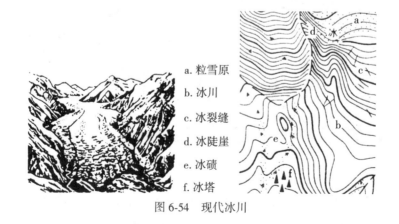

a. 粒雪原
b. 冰川
c. 冰裂缝
d. 冰陡崖
e. 冰碛
f. 冰塔

图 6-54　现代冰川

3. 区域微地貌的表示

区域微地貌是指实地高度甚小，但成片分布或仅表明地面性质和状况的沙地、石块地、龟裂地、干河床、小草丘地、残丘地等地貌形态，是劣质地理环境的显著标志，对区域经济开发有极大的负面影响，这类地貌在地图上均用相应符号表示，如图6-55所示。

平沙地是平坦的或起伏不明显的沙地，在地图上以均匀分布的沙点符号表示。

多小丘沙地是在生长有沙漠植物的地区，因风沙流动在植物周围受阻而堆积成丘，一般高度为1~5m，在地图上用粗点表示丘顶部，四周的点鳞错排列并逐渐减小，最后与底部平沙均匀配合。

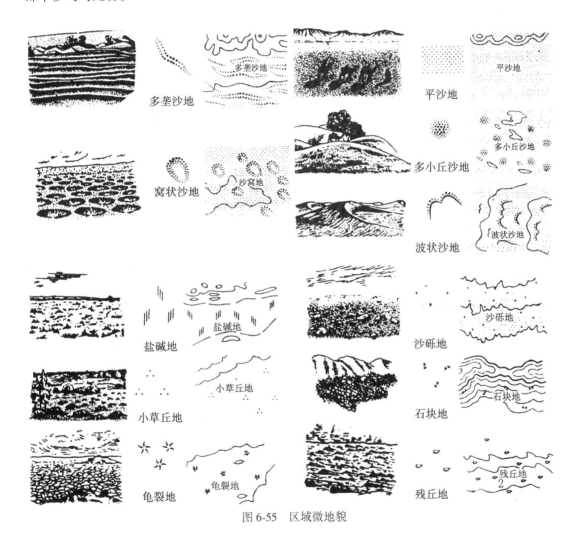

图6-55　区域微地貌

波状沙丘地是垂直于主要风向延伸，形成细长波浪状的沙丘，迎风坡较缓，背风坡较陡。其中，新月形沙丘的平面形态呈月牙形，迎风坡微凸而平缓，背风坡下凹而较陡，两翼顺着风向延伸，丘脊线成弧形；两个或两个以上沙丘联结在一起，构成"新月形沙丘链"。地图上以等高线表示其下部基面的高度和倾斜，用波状沙丘符号表示个体形态和分布范围，新月形弧线以一个或两三个连接错落绘出，其大小、方向、疏密与实地相符；较

191

长的新月形弧线，在迎风坡一侧加绘大沙点，并由大向小变化。

多垄沙地是沙漠地区顺着主要风向延伸的堤垄状沙地，顶部呈平缓弧形，两坡面近似对称。在地图上大沙垄一般用等高线表示，小沙垄用沙垄符号表示，绘成一排或两排点子，中央点子大，向两端逐渐减小，最后与平沙均匀配合，其位置、方向、长短、大小与实地相应。

窝状沙地是沙漠地区因风力作用，形成大片圆形沙坑，沙坑大而稀疏的地段称为沙窝地，小而密集的地段称为蜂窝状沙地。地图上用沙点符号表示，先用较大的点子绘成椭圆形轮廓，粗点绘在迎风面，其他点交错排列，逐渐减小，底部留出一定空白。

盐碱地是地面盐碱聚积、呈现白色、草木极少、土壤贫瘠的地段。地形图上用符号只表示不能种植作物的盐碱地，在分布范围内散列配置符号，图上面积大于 $4cm^2$ 的加注"盐碱地"注记。

小草丘地是指在沼泽、草原和荒漠地区长有草类和灌木的小丘成群分布的地段。地图上用符号散列配置在分布范围内表示，图上面积大于 $4cm^2$ 的加注"小草丘地"注记。

龟裂地是指荒漠地区低洼地段，因水分强烈蒸发，使地表黏土层形成犹如龟背网纹状裂隙。地图上用符号散列配置在分布范围内表示图上面积大于 $1cm^2$ 的龟裂地，大于 $4cm^2$ 的加注"龟裂地"注记。

沙砾地是指沙与砾石混合分布的地段；戈壁滩则为表面几乎全部被砾石或碎石及粗沙所覆盖的地区，地表坚硬，只生长有少量的稀疏耐碱草类及灌木。地图上用沙点配合三角块表示，图上面积大于 $4cm^2$ 的加注"沙砾地"或"戈壁滩"注记。

石块地是指碎石分布的地段。地图上用三角块符号散列配置在实地范围内表示，图上面积大于 $4cm^2$ 的加注"石块地"注记。

残丘地是指由风蚀或其他原因形成的成群石质或土质小丘。石质残丘形态和排列方向与岩石性质、山地构造方向以及风向有很大关系；土质的则迎风坡宽大、陡峭，背风面尖窄、坡缓呈拖尾状。地图上用其平面轮廓形状符号按实地方向散列配置在分布范围内，符号的尖端指示风向，图上面积大于 $4cm^2$ 的加注"残丘地"及平均比高注记。

干河床是指下雨或融雪后短暂时间内有水的河床。地图上用单或双虚线表示单线干河床或依比例表示的干河床，如图 6-56 所示；在用双线表示时，于其内填绘平沙地符号，表示土质。干涸湖亦用此法表示。

图 6-56　干河床

6.3.2.3　地貌注记

地貌注记分地貌高度注记、地貌性质注记和地貌名称注记。

1. 地貌高度注记

地貌高度注记是指地貌的高程点注记、地貌物体比高注记和等高线高程注记。

高程点注记是用以表示三角点、水准点等测量控制点的高程和等高线不能显示的山头、凹地、倾斜变换处等地貌特征点及高程，以加强等高线的量读性能，在地图上均用黑色注记表示，加注在点旁，并要求精确到 0.1m；对其负高度，要求在高程注记前加负号，如图 6-57(a)所示。

比高注记是用以表示瀑布、陡岸、堤、路堑、路堤、城墙、独立石、岩峰、陡崖、梯田坎、有测量控制点的土堆等地物地貌突出地面的部分由所在地面起算的高度，地形图上以与所属要素用色一致的原则，用相应的颜色注出比高注记，如水体用蓝色，人工地物用黑色，自然地貌物体用棕色等，精确到个位数，如图 6-57(b)所示。

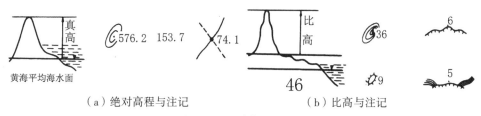

（a）绝对高程与注记　　　　　　　　　　（b）比高与注记

图 6-57　地貌高程点注记

等高线高程注记是为了迅速判明等高线的高程，通常选注在用图时能很快确定计曲线高程的山脊、山谷等地段，用棕色数字注出，要求字头朝向山顶，但不应倒置，分布要均匀适当，如图 6-58 所示。

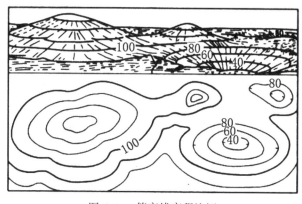

图 6-58　等高线高程注记

2. 地貌性质注记

地貌性质注记用以说明地貌类型特征，主要用于上述的一些特殊地貌类型，在地形图上要按图式规定与相应符号配合使用，如图 6-55 所示。

3. 地貌名称注记

地貌名称注记是指山峰、山脉等名称注记。山峰名称多与其高程注记配合注出；山脉名称则沿山脊中心线注出，过长的山脉应重复注出名称；在不表示出地貌的地图上，可以借助于名称注记以大致表明山脉的伸展、山体的位置等。

6.3.3 土质植被及其表示

6.3.3.1 土质要素的表示

在测绘学科中，土质专指地面表层的覆盖物。在大比例尺地形图上，专指沼泽、沙地、沙砾地、戈壁滩、石块地、盐碱地、龟裂地、小草丘地、残丘地等，实际上它们中的一部分是属水源地，大部分是一种特殊形态的微地貌类型，因此，特将其表示法归在水系和地貌要素中一并讲授，此处不再赘述。在地形图上表示土质，不仅能够反映地区的地理景观特征，而且对经济建设和军事行动有一定作用，不同土质类型对地面通行情况、战斗行动、隐蔽、通视条件和工程施工等均有影响。

6.3.3.2 植被要素的表示

1. 植被及其类型

植被，是覆盖在地面上的各种植物群落的总称。植被的分布与自然界的水、热、地势有着密切关系，因而具有一定的规律性，即纬度地带性和垂直地带性，从赤道到极地和从山脚到山顶，植被依次为热带雨林、常绿阔叶林、落叶阔叶林、针叶林、灌木丛、草甸、冰原、终年积雪带；有的植被不具有地带性，如沼泽地。植被具有明显的生态特征，既是判断地区自然条件优劣的重要标志，又是重要的自然资源，对发展工农业和在军事上有很大作用，特别是森林，它不仅是部队行动的天然隐蔽物，而且对部队运动、观察、射击亦有很大的障碍作用，同时又是良好的军事目标；在工业上，是工业的资源和建筑材料。地形图上不仅要反映其分布范围，而且还要反映质量和数量特征。

植被按其成因可分为天然植被和人工栽培植被两种，前者如原始森林、草地等，后者如人工栽培的各种果木、经济作物和水、旱地等；按植物的枝、干状况和经济价值又分为乔木类、灌木类、竹类、草本植物类和经济作物类。

2. 植被的一般表示方法

植被多呈面状分布，亦有呈线状和点状分布。依各类植被的分布特征和占地面积的大小不同，用依比例、不依比例、半依比例和示意性四种符号表示。凡图上面积大于10mm²的，称大面积的，用依比例符号表示；小于10mm²的，称小面积的，用不依比例符号表示；凡图上宽度窄于1.5mm的，称狭长的，用半依比例符号表示；对只反映植被分布特征的，称示意性的，如疏林、高草地、草地、稻田等，用配置示意性符号（即说明符号）表示，如图6-59所示。

依比例表示的植被符号又称为面积符号，在大比例尺地形图上通常采用地类界、底色、说明符号和质量、数量注记相互配合表示，即在地类界范围内普染或套印绿色，以显示轮廓面积，在其内填绘说明符号和质量、数量注记。如森林，用绿色普染林区整个轮廓范围，并配以相应的说明符号和注记，来说明具体树种及其数量特征。

地类界是指不同类别的地表覆盖植物的分界线，在地形图上用点线符号表示。底色是指在森林、幼林等植被分布范围内常以绿色普染或套印所构成的底层颜色。说明符号是指在植被分布范围内配置用以说明其种类和性质的符号。质量、数量注记是指在植被分布范围内加注文字和数字注记，用以说明植被的种类、平均高度和粗度等质量与数量特征。

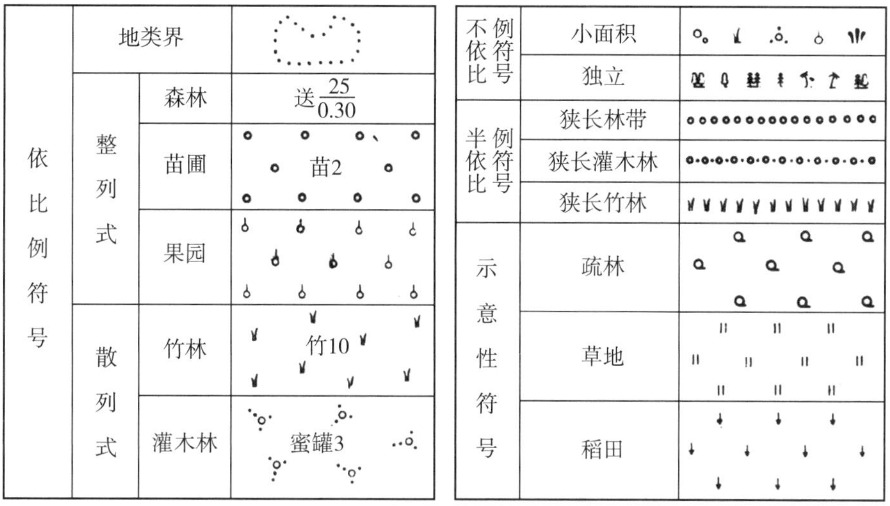

依比例符号	地类界		
	整列式	森林	送 $\frac{25}{0.30}$
		苗圃	苗2
		果园	
	散列式	竹林	竹10
		灌木林	蜜罐3

不依比例符号	小面积	
	独立	
半依比例符号	狭长林带	
	狭长灌木林	
	狭长竹林	
示意性符号	疏林	
	草地	
	稻田	

图 6-59　植被的表示

按图式规定，符号在分布范围内的配置方式有两种：一种称为整列式，即符号成行成列有规则地排列，如苗圃、果园、芦苇、草地、稻田等，按"品"字形配置；另一种称为散列式，即符号无规律地配置，任意排列，如竹林、灌木林等（图 6-59），所配置的各式符号均绘以黑色。

在经济和军事上价值越大，则质量、数量注记越详细，如灌木林、竹林只注其平均高度，而森林则还要注出其树干的平均粗度。

6.4　社会经济要素的表示

普通地图上表示的社会经济要素主要包括居民地、交通线和境界线等。

6.4.1　居民地的表示

居民地是人类居住和从事政治、经济、文化等各种社会活动的中心场所，因而是人口分布的主要标志。从地图上居民地的类型及其分布的稠密程度、建筑物的性质，可以反映出地区的经济、交通、文化的发达程度和行政意义；根据居民地的类型和分布，还可以研究地区历史的发展特点及居民地与自然条件的相互联系；在军事上，居民地常被作为防御阵地和进攻的目标，因此，居民地在政治、经济和军事上具有重要的意义，是普通地图中的一项重要内容。在地图上应表示出居民地的类型、形状、质量、行政意义和人口数量等特征。

6.4.1.1　居民地类型

（1）从地图的角度，根据政治、经济地位，人口数量和职业特点，建筑结构及其质量特征等指标，我国居民地分为城镇居民地和乡村居民地两大类。城镇居民地包括城市、集镇、工矿小区、经济开发区等；乡村居民地包括村屯、农场、林场、牧区定居点等。不同的居民地类型在地图上主要通过注记字体来区别。乡村居民地注记一律采用细等线体表示，城镇居民地注记基本都用中、粗等线体表示。但县、镇(乡)一级的居民点注记也有用宋体表示的。

(2)按居民地平面图形和房屋特征分为集团式、散列式、分散式和特殊式四类。

① 集团式居民地，指居民地内建筑物的规模较大，外围轮廓明确，分布相对集中，单体建筑相距不足10m，并依街巷划分成街区的居民地。多建在道路、河流两侧及交会处。集团式居民地分布很广，在我国北方和平原地区规模较大，分布较稀疏，南方和山区规模较小，分布密集。城市和集镇均为集团式居民地，北方的村庄多为集团式居民地，如图6-60所示。

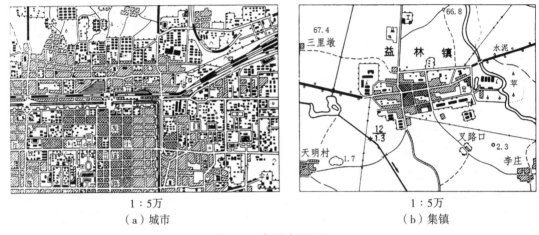

1:5万
（a）城市

1:5万
（b）集镇

图 6-60　集团式居民地

② 散列式居民地，指房屋沿河、渠、堤或路有规律分布呈带状，房屋之间距离大于10m，街道不明显，大多数不能连成街区，需单个表示主要房屋的居民地。主要分布在我国江苏沿海、沿江、杭州湾沿岸、珠江三角洲和新疆盆地等处，如图6-61(a)所示。

③ 分散式居民地，指由各个独立的房屋无规律的大体均匀分布于较大地区范围的居民地。四川、江浙一带较为典型，湖南、湖北两省亦有分布，如图6-61(b)所示。

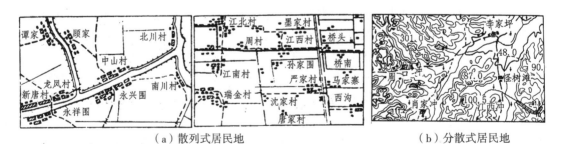

（a）散列式居民地

（b）分散式居民地

图 6-61　散列式和分散式居民地的表示

④ 特殊式居民地，指由特殊房屋组成的或具有特殊性质的居民地。一般指窑洞、牧区帐篷、蒙古包及其他如工棚、小草棚、渔村等季节性的临时房屋。多分布在黄土高原、内蒙古、新疆、青海、西藏，林区和江、河、湖、海岸边等地，如图6-62、图6-63所示。

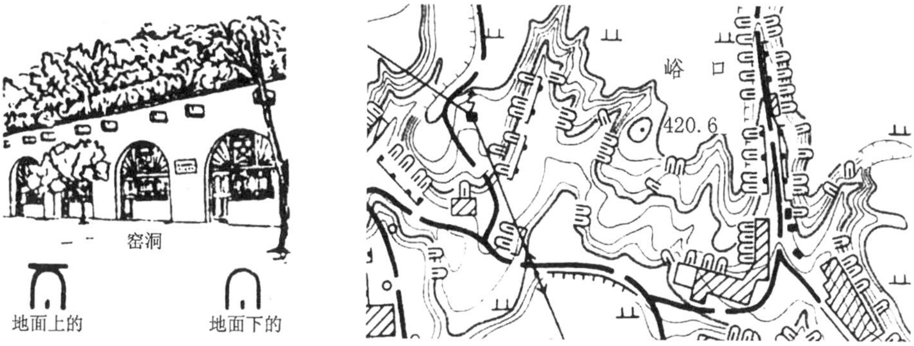

图 6-62　窑洞

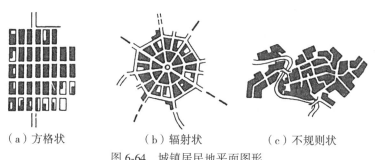

图 6-63　蒙古包与牧区帐篷

（3）按街区和街巷结构特征，分为方格状、辐射状和不规则状三类。

① 方格状居民地，指居民地内的街巷呈东西和南北向分布成方格状，分隔出的街区呈矩形。多见于平原地区的城镇，我国以北京和西安最为典型，如图6-64（a）所示。

② 辐射状居民地指居民地内街巷由一个或几个中心地向四面八方伸展，并与横向街巷一起分隔出梯形街区。我国以沈阳、长春最为典型，如图6-64（b）所示。

（a）方格状　　　　　（b）辐射状　　　　　（c）不规则状

图 6-64　城镇居民地平面图形

③ 不规则状居民地，指依山傍水的山城或港湾城市，受水域或山势等自然因素的影响，街巷无规律分布。我国以上海、青岛、重庆等城市最为典型。另外，老城市或城市中的老区，亦多为不规则状，如图 6-64(c)所示。

6.4.1.2 居民地的形状

大比例尺地形图上居民地的形状，是由其内部结构和外部轮廓来体现的，在地图上要尽可能地按比例描绘出居民地的真实形状。居民地的内部结构主要依靠街道网图形和街区形状、广场、水域、绿化地、种植地、空旷地等配合显示，其中，街道网图形是显示居民地内部结构的主要内容，如图 6-65 所示。在大比例尺地形图上应予详细表示，根据街道与居民地外面的道路相连接的具体情况，分别用街区的空白、双线公路符号或单线符号表示。居民地的外部形状也取决于街道网、街区和其他建筑物的分布范围。

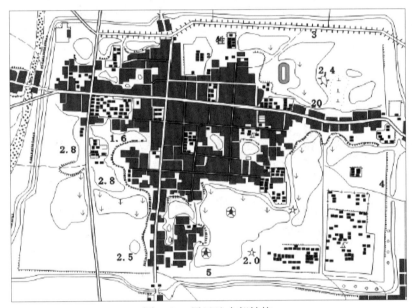

图 6-65　居民地内部结构

居民地表示的详略主要受地图比例尺的制约，随着比例尺的缩小，居民地的图形大小、详细程度及其表示方法等都会发生变化。例如，在 1∶5 万和更大比例尺地形图上，不仅要详细表示居民地类型和图形，而且还要表示出街区内建筑物的性质；在小于 1∶10 万比例尺的地形图上，就不能再区分街区的质量，一律以黑块表示；在 1∶50 万、1∶100 万的地形图及更小比例尺的普通地图上，除主要城市用概略的图形表示外，其他居民地均以不依比例的圈形符号表示，地图比例尺再缩小，图上所有的居民地都得以圈形符号表示，如图 6-66 所示。

表示居民地的圈形符号，其几何中心代表居民地的中心位置，若道路符号被中断，则表明道路从居民地内穿过；圈形符号若与道路或河流相切或相离，则表示居民地位于道路或河流的一侧。从圈形符号居民地的分布位置及与其他要素的关系，可以了解当地的地理特征，如平原水网地区的居民地一般沿河渠或圩堤分布，干旱和半干旱地区的居民地循水源分布，山区居民地沿山间盆地和河谷平原分布，等等。

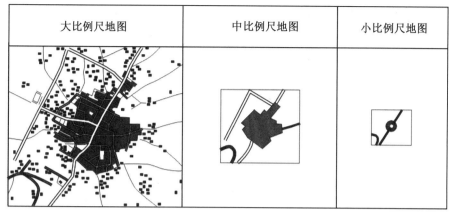

图 6-66　居民地外部形状的表示

6.4.1.3　居民地建筑物的质量特征

在大比例尺地形图上，因比例尺大，可详尽区分各种建筑物的质量特征，用各种居民地符号分别表示出普通房屋、突出房屋、高层建筑、街区、蒙古包、棚房、帐篷、破坏的房屋等，图 6-67 所示是我国地形图上居民地建筑物质量特征的表示法。随着地图比例尺的缩小，建筑物质量特征表示的可能性随之减小。例如，在 1：10 万地形图上，开始不区分街区性质，在中小比例尺地图上，用套色或套网线等方法表示居民地的轮廓图形，或用圈形符号表示居民地，此时居民地建筑物质量特征均无法显示。

1991年前旧版地形图上的表示方法			1991年起新版地形图上的表示方法		
独立房屋	■ 不依比例尺的 依比例尺的		普通房屋	■ 不依比例尺的 半依比例尺的 依比例尺的	
突出房屋	不依比例尺的 依比例尺的	1：10万 不区分	不依比例尺的 依比例尺的		1：10万 不区分
街　区	坚固 不坚固	1：10万	a.突出房屋 b.高层建筑		1：10万
破坏的房屋 及街区	□ 不依比例尺的 依比例尺的		同　左		
棚　房	不依比例尺的 依比例尺的		同　左		

图 6-67　居民地建筑物质量特征的显示

199

6.4.1.4 居民地行政等级

我国居民点的行政等级分为：首都级，即国家中央政府驻地的聚落；省会级，即省、自治区、直辖市、特别行政区政府驻地的聚落；地级市驻地级，即市、自治州、特区和相当于此级的风景名胜区政府驻地的聚落；县府驻地级，即县(市、区)、旗及相当于县级(含风景名胜区)的政府驻地的聚落；乡镇驻地级，即乡镇和相当于此级的风景名胜区政府及国营农、林、牧、渔场驻地的聚落；村庄级，即自然村、自然镇等非政府驻地的聚落。

居民地的行政等级是国家为实施行政管理而规定的一种"法定"的标志，表示居民地驻有某一级地方政权机构，从而显示出该居民地的政治、经济地位。编制地图时，要准确地表示出我国各级行政区域的行政中心地；对境外的区域，通常只区分出首都和一级行政中心地。地图上表示居民地行政等级的方法很多，有用地名注记的字体与字大来显示，用居民地圈形符号的图形和尺寸的变化来区分，用地名注记下方加绘辅助线的方法来表示等，如图6-68所示。

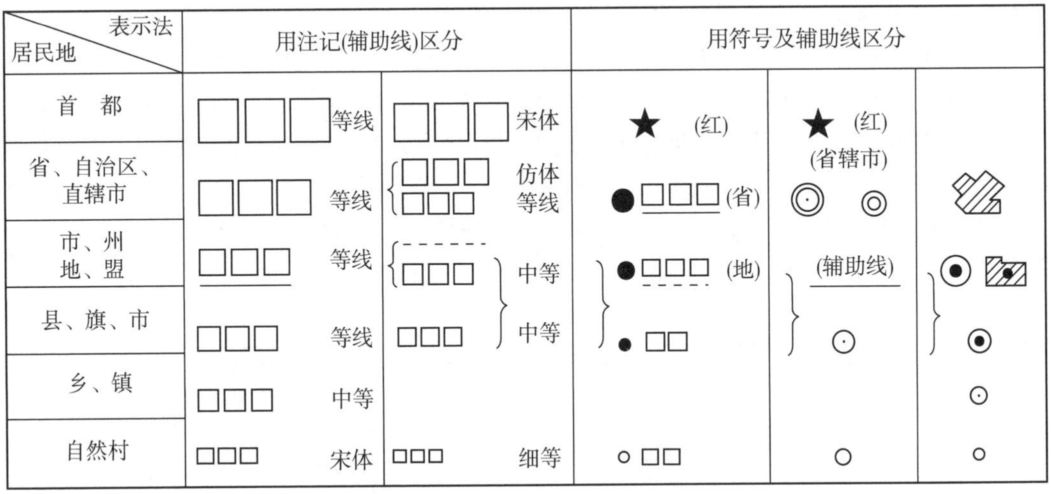

表示法 居民地	用注记(辅助线)区分		用符号及辅助线区分		
首　都	□□□ 等线	□□□ 宋体	★ (红)	★ (红) (省辖市)	▨
省、自治区 直辖市	□□□ 等线	{□□□ 仿体 □□ 等线}	●□□□(省)	◎　◎	▨
市、州 地、盟	□□□ 等线	{... 中等}	●□□□(地)	(辅助线)	◉　▨
县、旗、市	□□□ 等线	□□□ 中等	● □□	◎	◉
乡、镇	□□□ 中等		◎	◎	◎
自然村	□□□ 宋体	□□□ 细等	○ □□	○	○

图6-68　居民地行政等级表示方法

用地名注记的字体和字大来区分居民地行政等级是通常采用的一种较好的方法，一般从高级到低级，采用粗等线体—中等线体—宋体字，配以注记的大小变化，主次分明，明显易读。例如在1:2.5万至1:10万地形图上，以5.5mm、4.5mm、3.75mm和3.25mm的粗等线体注记分别表示首都、省会、地市级和县级政府驻地居民地名称，以3.0mm中等线体字表示乡镇级政府驻地居民地名称，以2.25mm宋体字注记表示村庄居民地名称。

通过圈形符号的图形及尺寸的变化来区分居民地行政等级，用于不需要表示居民地人口数的地图上，效果较好；当居民地行政等级和人口数需要同时表示时，则往往把第一重要的内容用注记来区分，第二重要的内容用圈形符号来表示。当地图比例尺较大，居民地可依比例用平面轮廓图形表示时，仍可用圈形符号表示其相应的行政等级，若居民地轮廓图形很大，则圈形符号可定位配置；若居民地轮廓范围较小，则将圈形符号配置在轮廓图形的几何中心或其主要部分的中心位置上。

当两个行政中心位于同一个居民地，一般采用不同字体注出两个等级的名称，若3个

200

行政中心位于同一个居民地，除了采用注记的字体字大区分外，还采用加辅助线的方法，辅助线有两种形式，一种是利用粗、细、虚、实的变化来区分行政意义，另一种是在地名下面加绘同级境界线符号。

6.4.1.5 居民地的人口数

我国居民地在 1 : 100 万地形图上分为六级：>100 万、50 万~100 万、10 万~50 万、5 万~10 万、1 万~5 万、<1 万。

大比例尺地形图上，居民地的人口数量通常是通过注记字体、字大的大小变化来表示；在小比例尺地图上，居民地的人口数一般通过不同大小的圈形符号，并配合注记字的大小来表示，如图 6-69 所示。但是，圈形符号的大小级别不宜过多，否则图面难以区分，所以有必要对人口分级拟定一些原则。例如：

(1)分级应该是连续的，分级要采用完整的数字。如>100 万、50 万~100 万、20 万~50 万、5 万~20 万、1 万~5 万、<1 万。

(2)分级应能反映居民地人口数的分布规律。如某制图区域的统计资料表明，0.8 万~3.5 万人口之间的居民地占居民地总数的比例很小，多分布在丘陵地区；而 90%的居民地人口数均在 6 万~18 万之间，分布在平原地区。因此，应按<1 万、1 万~5 万、5 万~20 万进行分级，以反映居民地人口数的地理分布规律。

(3)分级应顾及居民地类型、地图比例尺以及地图的用途。一个居民地，除人口数外，还具有行政、工业、交通、文化等方面的意义。因此，按人口数进行分级时，应把各方面情况相近的居民地尽可能地划分到同一等级中去。例如，我国省会一级的居民地，除少数几个外，多数处于相近似的条件，在考虑人口分级时，要尽量使它们处于同一等级中。分级的方法与地图的比例尺有很大关系，一般地说，大比例尺地形图采用较小的级差，分级比较详细；而小比例尺地图需要使用较大的级差，分级比较概略。不同用途的地图，其分级详细程度也不相同。

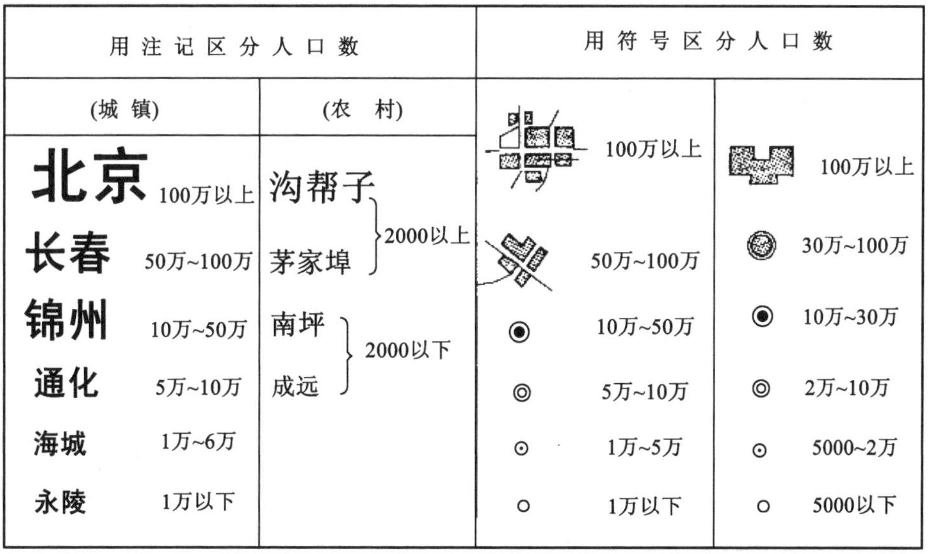

图 6-69 居民地人口数表示方法

6.4.2 交通线及其表示

交通线是各种交通运输路线的总称。它是联系居民地的纽带、人类活动的通道，可以反映地区开发程度和条件，是国民经济、国防和社会生活中不可缺少的重要因素。它包括陆路交通、水路交通、航空交通和管线运输等几类。在地图上应正确表示交通线的类型和等级、位置和形状、通行程度和运输能力，以及与其他要素的关系等特征。

6.4.2.1 陆路交通要素的表示

在地图上，陆路交通应表示铁路、公路和其他道路三类。其中，铁路和公路是地面交通运输的主要动脉，在现代化战争中，它们不仅是地面或空中判定方位的重要目标，而且是部队实施战场机动的重要条件。根据道路的分布状况和运输能力，还可以判断经济和文化的发展情况。因此，地图上要详细地表示出道路的类型、等级和通行能力，对于高级道路还应注明路宽和质量，道路的各种附属物体亦应全面表示。道路是狭长的线状物体，表示道路的符号均属半依比例符号。

1. 铁路

铁路是地面交通的大动脉。在大比例尺地图上应区分单线和复线、普通铁路和窄轨铁路、普通牵引铁路和电气化铁路、现用铁路和建筑中铁路等，而在小比例尺地图上，铁路则区分为主要(干线)和次要(支线)铁路两种。

我国大中比例尺地形图上，铁路皆用传统的黑白相间的花线符号来表示，其他的一些技术指标，如单线、复线用加辅助线来区分，标准轨和窄轨以符号的宽窄、花线节长短来区分，已建成和未建成的用不同符号来区分等。小比例尺地图上，多采用黑色实线来表示如图 6-70 所示。

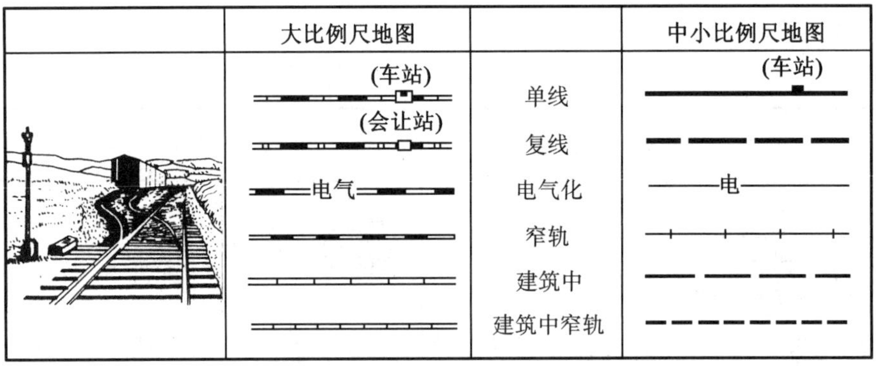

图 6-70　地图上的铁路符号

2. 公路

公路是连接城镇、乡村和工矿基地之间的供载重汽车行驶的道路。在地形图上，以前分为主要公路、铺装公路、普通公路和简易公路等几类；后改为公路和简易公路两类。主要以双线符号表示，再配合符号宽窄、线号的粗细、色彩的变化和质量数量注记等反映其各项技术指标，例如注明路面的性质、路面的(路基)宽度，如图 6-71 所示。新图式将公路的名称和分级，依国家标准划分为高速公路、等级公路和等外公路三类，如图 6-72 所示。其中，高速公路是供汽车分道高速行驶，全部控制出入口的公路。等级公路指路基坚固，路面铺有水泥、沥青材料的公路，分一、二、三、四级。等外公路指路基不太坚固，路面铺有砾石或砂碎石，宽度较窄的公路，通往林区等的专用公路亦属此类。

	大比例尺地图	中比例尺地图	小比例尺地图
高速公路		══════════	主要公路
普通公路	══砾6（8）══ （套棕色）	══砾6（8）══	金红色
简易公路	══════════		次要公路
建筑中的公路	═ ═ ═ ═ （套棕色）	═ ═ ═ ═	金红色
建筑中简易公路	═ ═ ═ ═		

图 6-71　以往地图上公路的表示

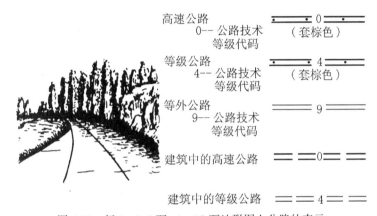

图 6-72　新 1：2.5 万～1：10 万地形图上公路的表示

在地图上以双线表示，每隔 20cm 注一个等级代码，高速公路和等级公路均套印棕色。在小比例尺地图上，公路等级相应减少，符号亦随之简化，一般多用实线描绘。

3. 其他道路

其他道路是指公路以下的低级道路，包括机耕路(大车路)、乡村路、小路、时令路和索道等。在小比例尺地图上，公路以下的其他道路通常表示的更为概略，例如只分为大路和小路。

4. 道路附属设施

道路附属设施是指道路上的桥梁、车站及其附属物、隧道、路堤、路堑、涵洞、里程碑和路标等建筑物。

6.4.2.2　水路交通要素的表示

水路交通主要区分为内河航线和海洋航线两种。地图上常用带有箭头的短线表示河流通航的起讫点等；在小比例尺地图上，有时还以颜色标明定期和不定期通航河段，以区分河流航线的性质，小比例尺地图上还要表示海洋航线。

海洋航线常由港口和航线两种标志组成，港口只用符号表示其所在地，有时还根据货

203

物的吞吐量区分其等级，航线多用蓝色虚线表示，常区分为近海航线和远洋航线，近海航线沿大陆边缘用弧线绘出，远洋航线常按两港口间的大圆航线方向绘出，但要注意绕过岛礁的危险区；相邻图幅的同一航线方向要一致，要注出航线起讫点的名称和距离；当几条航线相距很近时，可合并绘出，但需加注不同起讫点的名称，如图 6-73 所示。

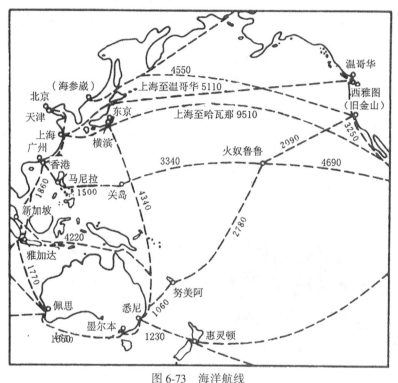

图 6-73　海洋航线

6.4.2.3　航空交通要素的表示

在普通地图上，航空交通是由图上表示的航空港来体现的，一般不表示航空线路。

我国规定，地形图和小比例尺地图上不表示境内的航空港和任何航空标志。对国外的航空港等，图上则要详细表示。

6.4.2.4　管线运输要素的表示

管线运输要素主要包括运输管道和高压电线、通信线三种，它是交通运输的另一种形式。运输管道有地面和地下两种，我国地形图上目前只表示地面上的运输管道，一般用线状符号加质量注记表示图上不短于 1cm 的管道，如输送石油、煤气、水等的管道，则加注"油""煤气""水"等注记，如图 6-74 所示。高压电线即电力线，分为高压和低压两种。低压电线一般不表示。在大比例尺地图上，高压输电线是作为专门的电力运输标志，用线状符号加电压等注记表示；在线路较密地区，只表示干线；通往居民地的高压电线只绘至居民地边缘，在图上距公路边 3mm 以内的高压线不表示，但在分岔、转折处应绘出一段以示方向，有方位作用的电线杆、电线架应准确绘出，如图 6-75 所示。通信线一般只表示主要线路，同时表示出有方位意义的电线杆；在地物稀少地区，凡比较固定的通信线路都应表示。图上表示方法与高压电线相同。

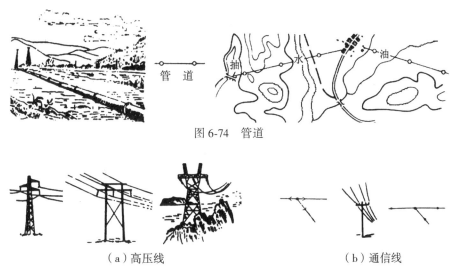

图 6-74　管道

（a）高压线　　　　　　　（b）通信线

图 6-75　高压电线与通信线

6.4.3　境界线及其表示

境界线是区域范围的分界线，包括政区和其他地域界，在图上要求正确反映出境界线的等级、位置以及与其他要素的联系。

6.4.3.1　政区界线的表示

政区界线又分为政治区划界线和行政区划界线两种。政治区划界线国家或地区间的领域分界线，其中主要指国界，它又区分已定国界线与未定国界线两种。

国界线表示国家领土归属的界线。图上表示国界线是关系到维护国家的领土完整，涉及国与国之间的政治、外交关系等重大问题，必须严肃认真对待。国界线的表示必须根据国家正式签订的边界条约或边界议定书及其附图，按实地位置在图上准确绘出，并在出版前按规定履行报批手续，经外交部和总参谋部审查批准后方能印刷出版。

行政区划界线指国内各级行政区划范围的境界线，具有政治意义和行政管理意义，地形图上必须准确而清楚地绘出。

在不同比例尺地图上，国界线表示的详细程度略有差异，但表示国界线时一般应该注意以下几点：

（1）陆地上的国界线符号必须准确地连续不断地绘出，界桩、界碑按坐标值展绘，注出编号，并尽量注其高程；国界线上的各种注记应注在本国界内，不得压盖国界线符号，如图 6-76 所示。

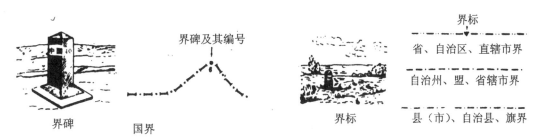

图 6-76　境界线、界碑与界标

205

（2）以河流及其他线状地物为界的国界线按下列原则处理：

① 以河流中心线或主航道线为界的国界线，在明确岛屿归属的情况下，当河流用双线描绘，且其间能容纳国界线符号时，可在河流中心线或主航道线位置上，间断地绘出国界线符号，如图 6-77（a）所示。

② 当双线河流符号内不能容纳国界线符号或河流用单线描绘时，则沿河流两侧间断地交错绘出国界线符号，每段绘 3~4 节，河中若有岛屿，则用附注标明岛屿的归属，如图 6-77（b）（d）所示。

③ 以河流的一侧为界的国界线，应在所在国的一侧不间断地绘出国界线，如图 6-77（c）所示。

④ 以共有河流或其他线状地物为界时，国界线符号在河流或其他线状地物两侧每隔 3~5cm 交错绘出一段符号，每段绘 3~4 节，但境界线的交接点、明显的拐弯点以及出图廓界端要绘出，岛屿用附注标明归属，如图 6-77（d）所示。

⑤ 当国界线符号不能明显地反映河流中的岛屿、沙洲的领属关系时，应在岛屿、沙洲名称注记下方括注隶属国名的简称，对无名称的岛屿、沙洲，则括注在其一旁，如图 6-77（d）所示。

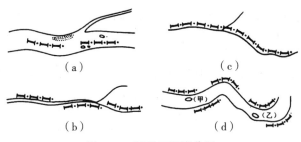

图 6-77　国界以河流分界

⑥ 国界沿山脊、山谷延伸时，应沿山脊、山谷绘出国界符号，保持国界通过其所在的山头、鞍部、山脊、山谷的中心位置不变，如图 6-78 所示。

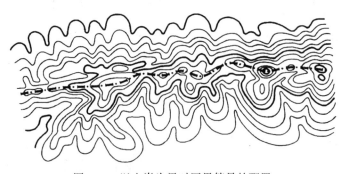

图 6-78　以山脊为界时国界符号的配置

⑦ 国界线上及其附近的地形、地物名称的处理。国界线上及其附近的地形、地物名称，特别是国界条约协定中指出的作为划界依据的山名、河名、村名等，应在保证清晰的

206

条件下，尽量都表示。选取的名称要与条约附图取得一致，若与新测地名不一致，则可将边界条约用名作为副名括注。凡属一国所有的地物，其名称应各自注在本国境内。凡属两国共有的界山、界河、界标等名称，一般将名称和高程或编号分别注在两国境内。如两国山名相同，可将名称注在我国，高程注在邻国，如图 6-79 所示，或相反。界河名称相同时，可交替注出。

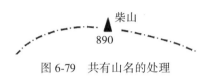

图 6-79　共有山名的处理

⑧ 穿越国界线的河流、山脉名称可分段注在各国境内；若两国名称相同，河流或山脉在图上较短时，可跨越国界线注一个，如图 6-80 所示。

图 6-80　穿越国界河名的处理

⑨ 国界线上的独立地物一般应表示，密集时可删除一些无特征意义的，地物的实地中心绘在国界线上，如图 6-81 所示。

图 6-81　国界线上独立地物的表示

⑩ 海域中的国界线，如我国台湾省、南海诸岛等处，应遵循我国已出版地图的传统绘法。

国内行政境界的表示方法与国界的表示基本相同。有几种特殊情况作如下说明：

第一，境界通过非线状地物时，境界符号不间断地绘出。

第二，境界以道路、河流等线状地物为界时，境界符号不能在中心绘出，可在两侧间断交替绘出，若河流符号内能容纳境界符号，则境界符号在中心位置间断地绘出，但在境界线的转折点或交汇点，境界符号不得省略，如图 6-82 所示。

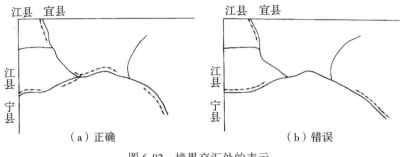

图 6-82　境界交汇处的表示

第三，境界符号出图廓时，应加界端注记，若仅在图廓外有微小部分出图廓，应破图廓绘出，不加界端注记，如图 6-83 所示。

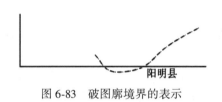

图 6-83　破图廓境界的表示

第四，境界上的地物必须归属清楚，如图 6-84 所示。

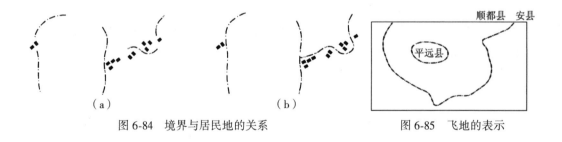

图 6-84　境界与居民地的关系　　　　　　　图 6-85　飞地的表示

第五，飞地在地形图上用相应的境界符号表示其等级，并在其范围内加注隶属名称，如图 6-85 所示。

6.4.3.2　其他境界线的表示

其他境界线是指地区界、停火线界、禁区界等一些专门界线。例如巴拿马运河地区界、克什米尔印巴停火线界、朝鲜"三八线"军事分界线、神农架自然保护区界线、白云山国家森林公园界线等。这些界线的表示原则与政区界基本相同。

地图上的境界线符号用线号不等、结构不同的对称性符号或不同颜色的符号表示。政区界中除未定界外，均以不同形式的点与线组合符号表示，而其他境界线均以相应的虚线、点线或其他形式的符号表示，如图 6-86 所示。为了增强政区范围的明显性，在小比例尺地图上，往往将境界线符号配以一定宽度的色带，其用色和宽度依地图内容、用途、幅面和区域大小而定。色带有绘于行政区划界线外侧、内侧和骑线三种形式，如图6-87所示。色带的用色常见有紫色或紫红色、红色等。水域范围内色带需配合境界线符号绘出。

国　界	行政区界	其他界
▬·▬·▬·▬·▬	◄·◄·◄·◄·◄·	+++++++++
▭·▭·▭·▭·▭	◄◎▬◎▬◎▬◎	×××××××××××
▭·▭·▭·▭·▭	▬·▬·▬·▬·▬	⊥▬⊥▬⊥▬⊥
◄▬◄▬◄▬◄	▬·▬·▬·▬·▬	−∧−∧−∧−∧−
◎▬◎▬◎▬◎	▬·▬·▬·▬·▬	−×−×−×−×−
▬·▬·▬·▬·	▬·▬·▬·▬·▬	▬⊥▬⊥▬⊥▬
▬·▬·▬·▬	▬·▬·▬·▬·▬	▬·▬·▬·▬·▬
+++++++	▬·▬·▬·▬·▬	················
−+−+−+−	▬·▬·▬·▬·▬	●·●·●·●·●·
+·+·+·+·+·	················	●·●·●·●·●·●

图 6-86　境界线符号

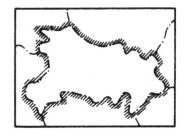 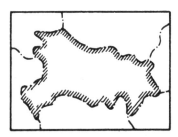 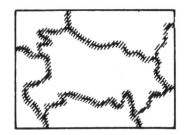

图 6-87　色带的表示法

6.4.4　独立地物和垣栅及其表示

6.4.4.1　独立地物要素的表示

独立地物是指在形体结构上自成一体，且在地面上长期独立存在又具方位作用的地物，是大比例尺普通地图的必备内容之一。在我国现行大比例尺地形图图式中，独立地物符号有30多种，加上其他要素中的独立符号共50种，虽然它们均是实地较小的物体，但一般都有突出、目标明显的共同特点，如水塔、古塔、工厂烟囱、突出树、塔形建筑物等均是重要的方位物。独立地物在地理调查、军事行动中都有很大的意义，如根据其符号的定位点可以判定方位、指示目标、确定位置、交会目标，是炮兵联测、战斗指挥的良好目标和重要依据，同时还可以作为修测地图和进行简易测绘时的控制点。因此，地形图上总是予以详尽的表示。

如图6-88所示是主要独立地物的示例。

图 6-88　主要独立地物

三角点　埋石点　水准点　独立天文台　革命烈士纪念碑　牌坊门　烟囱　石油井　油库　发电厂　无线电杆　水塔　塔形建筑物　独立石　圆粮仓　旧碉堡　矿井　露天井　油　窑　气象台、站　风车　碑及其类似物体　庙宇　亭子　鼓楼城楼　塔　突出树　独立大坟　坟地　饲养场

地图上表示独立地物的符号绝大部分为不依比例符号，其图形特征多为侧形，也有一部分是象征性符号。为确保独立地物符号的精确位置，地形图上必须严格按照定位法则定位。独立地物符号的方向，只有土堆、土坑、露天矿及饲养场等少数依比例表示的人工物体是按真方向描绘的，其余均为直立描绘。为使独立地物符号清晰易读，邻近的其他地物符号一般要与它保持 0.2mm 间隔，有些还加质量注记予以说明，如在油井符号右方注"油"或"盐""气"等，以区分石油井、食盐井和天然气井；在塔形建筑物右方注"散热"或"伞""蒸馏""瞭""北"等，以表明它是散热塔或跳伞塔、蒸馏塔、瞭望塔和北回归线标志塔等。每个独立地物符号的实际含义，可参见《地形图图式》中有关独立地物的简要说明。

6.4.4.2 垣栅要素的表示

垣栅是居民地、工矿建筑物或地物范围的附属设施，主要指城墙、围墙、栅栏、铁丝网、篱笆、堤等。它们对军事行动有障碍作用，城墙与堤又是防御的天然屏障，其中有些古代的垣栅已成为重要的人类文化遗产，成为人类文明的标志，如万里长城和南京城郭，是重要的旅游资源，具有重要的社会经济价值。垣栅亦是普通地图的必备内容之一，即使在小比例尺地图上也需择要表示。

垣栅在图上用半依比例符号按定位法则定位表示。对砖石城墙、长城的城门、城楼顶部应朝城外方向描绘，但不得倒置，在适当处注出城墙的比高，并注其专有名称，用相应符号表示高于 1.5m 的土城墙、土围、围墙、垒石围、栏栅、铁丝网、篱笆和沿江河湖沟旁土质或石质的堤，如图 6-89 所示，并注其比高；当各种围墙和栏栅与街道线重合时，以只绘其街道线表示；对有方位作用而高度不足 1.5m 的砖石或土围墙、垒石围，也用同样的围墙符号表示。

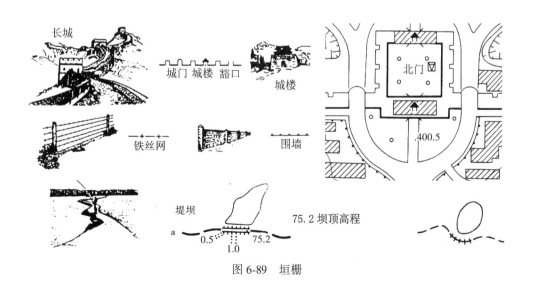

图 6-89 垣栅

6.5 普通地图的编绘

地图本身就是以缩小的形式表达地面事物的空间结构。为了在有限的图面空间上表示出制图区域的基本特征和制图对象的主要特点，就需要对客观事物进行适当的取舍和概括。地图编制是一种不需要实地测量的制图方法，由大比例尺地图缩编成中小比例尺地图，依据规定的编绘符号和色彩，按地图概括原则方法与指标，对新编地图内容进行取舍的过程。地图编绘包括普通地图编绘和专题地图编绘，其中普通地图可作为同比例尺和较小比例尺专题地图的基础底图。本章侧重学习普通地图的编绘，普通地图编绘包括地形图编绘和普通地理图编绘。

6.5.1 普通地图编绘的基本要求

编绘成图与测绘成图最大的区别就是不涉及实地测量，需要依据若干的编绘规范、地图图式、编绘方案设计等相关文件，通过完整的地图工艺流程才能够完成。

6.5.1.1 普通地图编绘的一般原则

1. 能够客观地表示制图区域内的内容

普通地图编绘要确保制图区域内内容的客观性和现势性。通过基础资料、补充资料和更新资料综合编绘地图，确保地图内容的完备性、特征要素的精准性和地图要素更新的及时性，突出制图对象的主次关系。

2. 保持事物的分布特点

在制图综合的基础上，地图要素的分布要保持特点，比如图 6-90，自然行政村要素在编绘地势图、行政图、经济图时，都要保留且保持原有地理位置，分布在线状道路的两侧。

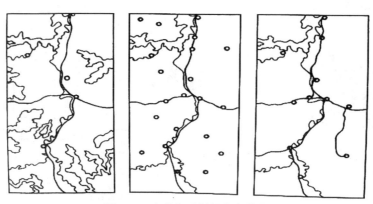

图 6-90   自然行政村的分布特点

3. 反映事物的密度对比

地图事物的密度对比编绘前后要一致。比如众所周知，中国有一条神奇的"胡焕庸线"，在此线之东南，全国 36% 的土地，养活全国 96% 的人口；反之，在此线之西北，在全国 64% 的土地上，只有全国 4% 的人口。东南部和西北部的平均人口密度成 42.6∶1。以此为基础编绘而成的大多地图多是保持东南密集、西北稀疏的密度对比关系。

4. 既尊重选取指标，又灵活掌握

地图上表示内容丰富，一般按照从整体到局部、从主要到次要、从高级到低级、从大到小的原则选取。可以以一定数量或质量指标作为选取的标准，也可按单位面积内选取的事物数量作为选取指标，如图6-91所示，林地的61个图斑，经过指标取舍后保留22个。但地球上的地理要素是复杂多变的，对于一些复杂的特殊情况，还需要灵活掌握取舍标准。

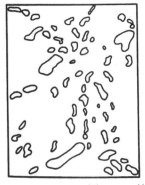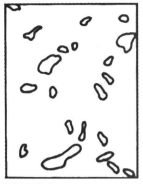

图6-91 林地图斑的取舍

6.5.1.2 编图资料的分析评价

资料的分析与评价，是对照资料的政治性、科学性、完备性、现势性等要求评定各种资料的使用价值和可使用程度。

（1）政治性。集中体现于地理底图的编制，主要有涉及国家主权、立场方面。

（2）科学性。指资料可靠及精确的程度。

（3）完备性。根据专题地图所要表示的内容来评价资料的完备程度。这里仅指专题要素的详细性及完备性，如资料各个项目是否齐全，各要素所表达的数量能否满足要求，资料概括程度能否满足新编图的详细程度，各要素之间内容是否相互协调一致。

（4）现势性。注意资料的汇编或编制时间，是否符合统一截止日期的要求，是否反映本专题近期的成就及状况，是否符合科学的现实概念。资料现势性评价，与专题地图所采用的表示方法有关。定性表示法比定量表示法容易保持现势性；同样是比率符号，分级的比连续性的、相对的比绝对的更容易保持现势性。

6.5.1.3 各要素编绘指标拟定的基本原则

（1）编绘指标应能够反映物体的不同类型及其在不同地区的数量分布规律。

（2）编绘指标应能反映地图上所表示的制图物体的数量随地图比例尺的缩小而变化的规律。

（3）编绘指标的选取界限和极限容量应符合地图载负量的要求，并能反映密度的相对对比。

（4）编绘指标的拟定应具有理论依据，并通过实践的检验，方便使用。

6.5.1.4 常用的编绘指标形式

普通地图编绘中常用的编绘指标主要有定额指标、等级指标、分界尺度。

1. 定额指标

定额指标是指图上单位面积内选取地物的数量，比如单位面积内保留居民地的数量。

虽然此种指标表示方法可以确保图面内容分布密度的合理性，使图面一览性增强，但却不能保证选取地物一定是主要的、等级高的，也不能保证舍弃地物一定是次要的、等级低的。

为了更好地量化定额选取指标，德国地图学家特普费尔提出了一种开方根定律法的指标计算方法，即新编地图所应选取的地物数量与原始地图地物数量之比等于原始地图与新编地图的比例尺分母之比的平方根，即

$$n_F = n_A \sqrt{\frac{M_A}{M_F}}$$ (6-1)

式中，n_F 是新编地图上的地物数量；n_A 是原始地图上的地物数量；M_A 是原始地图的比例尺分母；M_F 是新编地图的比例尺分母。

公式(6-1)仅顾及了比例尺，事实上地物的选取还受其他诸多因素的影响，公式可扩展为

$$n_F = n_A \cdot C \cdot K \sqrt{\frac{M_A}{M_F}}$$ (6-2)

式中，n_F 是新编地图上的地物数量；n_A 是原始地图上的地物数量；M_A 是原始地图的比例尺分母；M_F 是新编地图的比例尺分母；C 是符号尺寸的改正系数；K 是地物重要性的改正系数。

2. 等级指标

等级指标是指将制图物体按照某些标志分成等级，按等级高低进行选取。采用此种指标标准明确、简单易行；但由于标准固定，按照同一个资格进行选取无法预计选取后的地图容量，不易控制各地区间的对比关系。

3. 分界尺度

分界尺度也称选取的最小尺寸，即决定制图物体取与舍的标准。图 6-92 中，河流弯曲程度概括指标如图(a)所示，可以将单线河流曲线中的微小弯曲进行取舍优化，如图(b)所示。

图 6-92 河流弯曲程度的概括指标

6.5.2 普通地图编绘的工艺流程

合理的制图工艺是成图质量、优化地图制作的技术的保证。地图类型、编图资料、要素分层、地图内容的复杂程度、符号与色彩设置、制图人员的作业水平以及制图设备条件等各方面的不同，都会影响到地图制图工艺的制定。以 CorelDraw 为制图环境设计的普通地图制图工艺流程，如图 6-93 所示，包括地图编绘设计、数据录入、分层数字化、图形编辑、要素关系处理、组版、图面整饰、印前处理与输出等主要工艺流程。

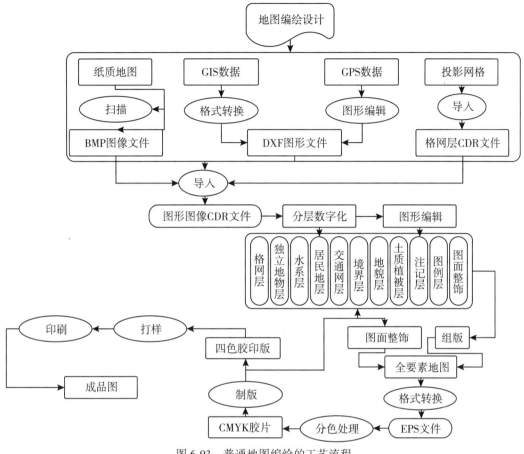

图 6-93　普通地图编绘的工艺流程

6.5.2.1　普通地图编绘的总体设计

在进行具体的地图设计之前，应先了解与确定编图的目的、任务及用图对象，这对选取恰当的底图及补充资料、表示方法及色彩设计、图面布局配置方案等都有着至关重要的意义。普通地图编绘的总体设计方案应包括以下几点：

（1）编图的目的、范围、用途和使用对象；

（2）分析研究制图区域的地理概况，收集、整理、分析和评价制图资料；

（3）确定数学基础，选择地图投影；

（4）确定地图的主题和内容，图面配置设计、地图名称和图幅大小；

（5）确定地图的表示方法与资料的分配；

（6）设计图例系统与符号；

（7）制定作业方法；

（8）制印工艺流程法方案；

（9）图面布局、版式及装帧方案设计。

6.5.2.2　数据来源与数据前期准备

地图编绘数据资料的来源非常广泛。目前，纸质地图仍是基于彩色地图桌面出版系统生产地图的主要数据来源。大比例尺地形图纸质原图在普通扫描仪下扫描后，生成图像栅格文件。同时，GIS 数据库中的图形数据、影像数据和统计数据也是良好的数据补充。BDS 接收机接收的卫星数据中，其点位坐标数据经处理后可直接用于制图，通常利用 BDS 数据生成修饰简单的图形数据，再导入出版系统中进行图形编辑和地图整饰。

由于编图资料是从各处搜集而得的，虽经分析、评价可以使用，但它们的量度单位、统计口径、统计与量测的时间等不可能完全一致。又由于有些数据需要经过适当运算或格式变换，才能更适宜于制作地图，因此，必须对编图数据及资料进行加工处理，这是普通地图编绘中必不可少的前期准备。

6.5.2.3　要素图层的划分原则

要素分层是地图编绘中最为关键的设计过程。地物要素分层是否合理，直接影响到要素分类、符号表示、色彩配置、编辑效率及效果等制图流程的质量。通常地图图形在出版系统中是被分层存储的，将具有某些共同特征的地物图形放置在同一个图层中。图层的划分原则主要考虑以下几点：

1. 依据地图要素类划分

在地图上，同类要素的表示方法、符号、用色都相同或类似，不同类的要素分别放在不同的图层中，即不同形态、颜色的符号分图层存储，这与集成化处理和出版要求相一致。同时，按要素类别分层体现了地图上要素的层次结构，分层从下到上依次为面积色层、线状符号层、点状符号层、注记层等。

2. 依据地图要素级别划分

在地图上往往需要表示同一类要素的不同级别，而不同级别的要素使用不同的符号或颜色，因此，需要把同类不同级别的要素分别放置于不同的图层，以方便管理和修改。如河流用蓝色表示，河流又分为单线河和双线河，为了方便管理，单线河和双线河应放在不同的图层中。

3. 依据要素之间的逻辑关系划分

在地图上，需要正确处理要素之间的关系。要素之间的逻辑关系常常是通过图形之间的压盖关系来体现的。如桥梁与河流的关系应保持桥梁在上、河流在下的层次关系；又如不同等级的道路在同一平面相交时，应按照高等级道路压盖低等级道路的原则进行道路符号的层次安排。

4. 依据要素之间的依存性划分

当两类要素图形相互依存时，一方的变化会引起另一方的改变，放在同一图层可保持两者间的协调和相对关系正确，避免跨图层操作。

5. 依据图形单元的整体性划分

一幅地图可由若干个图形单元、图表、段落文本、图例等组成。当进行图面组版时，要求操作对象具有整体性，同一单元的整体操作尽量避免跨图层。

6. 依据操作响应时间划分

在进行地图编辑时，高分辨率的扫描图像或大数据量的图形应单独存放在不同的图层中。大数据量操作、读图、CPU 处理及屏幕显示都需要较长时间，将编辑量较少、数据量大的图形放在一个图层中，在编辑其他图层时，将该图层设置为不显示、不可编辑状态，以便于提高计算机对操作的响应速度，从而提高工作效率。

7. 依据地图再版更新特点划分

在分层设计时，应充分考虑地图的更新再版，把变化较快、较大的要素与相对稳定的要素分别放在不同的图层中，以便于修改时只操作个别图层而不改变其他图层，同时也便于同类要素符号的批处理，减少差错率。

以上的数据分层原则中，有些原则是相一致的，有些则是相矛盾的，在实践中，应根据具体情况灵活掌握。总之，分层应尽量详细，以便于操作，减少运算时间。

6.5.2.4 印前处理与输出

数字制图的印前处理主要包括数据格式转换、符号压印的透明化处理、拼板、成品线与出血线的添加等工作。自然资源部官网上推荐并支持下载 EPS 格式的标准地图成果，因此，通常情况下，CorelDraw 下的 CDR 文件在出片前要转换为 EPS 文件。通常的输出形式有彩色喷墨打印输出、彩色激光打印输出、数码打样输出、分色胶片输出、分色版输出和数字印刷等。

6.5.3 普通地理图的编绘

普通地理图是普通地图中除地形图以外的地图，亦称一览图或参考图。

6.5.3.1 普通地理图的特点

与地形图和专题地图相比，普通地理图具有以下特点：

(1)普通地理图表示内容高度概括。一般用于了解一个地区的地理概括，内容表示相对比较概略，精度和细节表示都不如地形图。

(2)内容的综合性较强。普通地理图兼顾反映自然和人文要素的宏观内容，主要向公众提供制图区域全面的地理概况。

(3)因制图区域的不同，比例尺、地图投影等灵活多变。

(4)普通地理图的品种多、数量大，除了有不同比例尺、不同范围的各种普通地理图以外，还有单张图、多张拼合而成的图，以及大挂图、桌图和合订成册的普通地理图集，在用途上还有科学参考图、教学用图和普及用图等。

6.5.3.2 普通地理图的编绘方法

普通地理图的编绘包括三个阶段：前期准备阶段、编绘方案设计阶段、编制实施阶段。

1. 前期准备阶段

编绘地图前的准备工作充分与否，直接决定着后续进度和质量，包括研究编绘地图的内容、研究了解用户编制地图的需求、研究同类型地图产品现状、收集并研究既有资料、研究制图区域的地理特征，如图 6-94 所示。

(1)深入了解地图用途和用户需求。地理图的用途和用户需求决定了地图的内容构成及详细程度，也是制定内容表达方法、地图比例等一系列重要技术方案的依据。地理图的用途和用户需求，通常在接受任务时基本明确，但往往还不够具体，难以进行详细技术方案的设计。因此，在设计地图前，要充分了解用户的需求。

(2)分析研究同类的地图产品。观察、分析现有同地区或国内外其他地区的同类地图，分析其优缺点，以便从中吸收一些好的做法，获取创新灵感，少走弯路，提高设计效率。

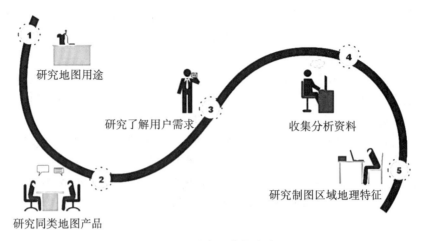

图 6-94　准备工作的内容

（3）收集和分析资料，是地图编制的基本保障，资料的数量、质量关系到新编地图的质量。编制地图之前，首先要列出资料清单，收集地图编制资料。对获取的资料，要根据编图要求加以整理和分析，明确利用价值和利用方法。

（4）研究制图区域地理特征。区域地理特征研究是做好地图设计、更好地表现区域特征的关键。比如区域地形的起伏特征对等高线的合理选取有重要的意义；研究水系结构特征、研究区域交通网特征，有利于更好地利用视觉符号设计来强调这种特征。

2. 编绘方案设计阶段

设计阶段需要提出地图编制技术方法与要求，并制定地图的技术设计方案和艺术设计方案，完成设计书编写，设计书编写内容可参考图 6-95。设计书是编制地图的指导性文件，不但要有宏观设计，还要有具体的符号、工艺等细节描述。

（1）总体方案设计。地图编辑方案的总体设计就是初步确定地图编制的总体思路、目标定位，包括明确地图任务、质量要求、制图区域范围、主题内容、比例、数据来源等。

（2）数学基础设计。根据区域的大小、区域的形状来设计或选择恰当的地图投影，提出坐标网绘制的要求。如果选择适当比例尺的地形图为底图，底图的地图投影就可以成为新编地图的投影。通常底图的比例最好要大于或等于成图的比例。

（3）内容设计。确定内容选择的原则和指标，确定图上要表示的内容类型及每一种内容的详细程度。

（4）内容表达设计。为保证地图内容信息得到有效传达，符号系统及整个图面效果具有艺术性，应当明确每一种内容的表示方法、符号体系，包括图形、色彩、文字及其构成设计。要科学应用视觉变量规律来准确、形象地表现地理图的内容层次结构。其间，还可能需要对某些方案进行试验观察，验证设计方案的应用效果。计算机制图技术背景下，即使某些技术方案不够理想，也不影响制图质量，因为修改很容易。地理图符号大多应参考地形图符号系统来设计，因为这些符号已经成型，并已经被大家所熟悉。

（5）图面设计。对地图图面要素（如图名、图例、土图、副图、图表等），按照艺术性要求进行布局设计，以保证图面效果的艺术性，并将设计方案以图解形式表达出来。

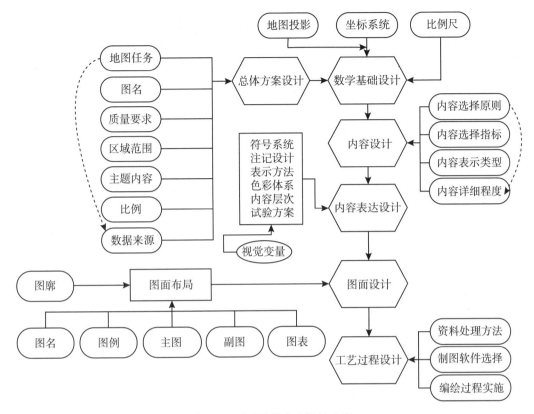

图 6-95　地理编绘方案设计内容

（6）工艺过程设计。地图工艺流程设计是根据成图效果要求、现有技术条件、资料状况，为地图制作过程制定一个可行的、合理的方案。必要时还得做比较试验、论证，这样才能有效保证编制工作的效率，少走弯路。目前，主要是运用 GIS 软件、CorelDraw、Photoshop、Illustrator 等图形图像处理软件进行编制，用单个软件或者多种软件结合来编制，尤其是 GIS 软件的专题地图，其自动生成功能可提高编制工作效率。制图软件各有优缺点，应当围绕理想的表达效果来选择软件，最好是多种软件结合，取长补短。

3. 编制实施阶段

地理图的制作是按照设计书的规定、要求和步骤进行地图绘制工作。目前，制图工作都采用了计算机辅助制图技术。计算机时代的制图完全采取了连编带绘的方式进行，可以不需要单独编绘原图。具体的普通地图编绘实施流程如图 6-96 所示。

（1）资料前期处理。地图数据种类繁多，数据格式、比例尺、多种空间参考系和多种投影类型可能不一致。编图前，必须对相应的资料数据进行处理。不同资料的处理方法也不同。如果地理底图数据于各种专题信息、投影、坐标系、数据格式等不适用，就必须对它们进行投影、坐标系、数据格式的转换。数据格式转换可利用多种图形图像处理软件进行数据格式的转换，也可编程直接转换。地图投影转换可利用地理信息系统软件中的投影转换功能，将其转换为新编地图所需投影。对不同大地坐标系资料，可利用制图软件进行投影坐标的转换、坐标平移、图幅拼接等方法来处理。

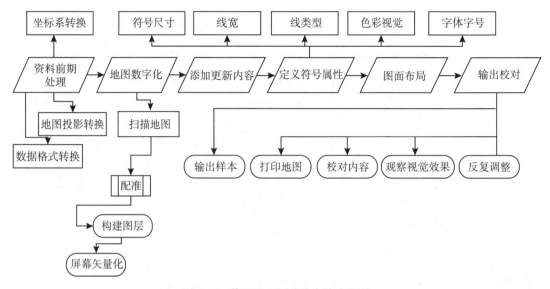

图 6-96　普通地理图编绘实施流程图

（2）地图数字化。包括扫描底图、配准、建图层、屏幕矢量化相关内容。如果遇到不方便在屏幕上概括的要素，可以先在纸质底图上进行手工处理、标描，然后扫描，再进行矢量化。

（3）添加最新内容。地形图的资料往往更新较慢，因此需要在地形图资料基础上添加最新资料。可以根据原有地物位置直接勾绘添加新地物，也可以将其他地图资料转绘到所编地图上。

（4）定义符号属性。矢量化完成后，需要按照设计书要求来设置各种符号的视觉属性。如符号尺寸、线条粗细、线条类型、色彩属性、字体字号。

（5）图面布局。地图内部符号绘制完成后，就要对图面进行布局。

（6）输出校对，观察效果。按照设计书要求完成地图作品后，输出栅格地图并打印，校对内容，同时观察地图视觉效果。对发现的问题进行修改，对视觉效果不满意之处进行调整。如此反复多次，直至满意为止。

6.5.4　地形图的编绘

地形图编绘是利用大于成图比例尺地形图数据和更新资料通过拼接与坐标转换、内容取舍与更新、制图综合与编辑等编绘技术获取符合成图比例尺要求的地形图的过程，也称为地形图缩编。由于地形图属于普通地图的范畴，其编绘原则应遵循普通地图编绘的一般原则，同时还应该遵循地形图相应比例尺地图的载负量原则。

6.5.4.1　地形图的特点

地形图是着重表示地形的普通地图。它的特点是：

（1）具有统一的数学基础。各国的地形图除了选用一种椭球体数据，作为推算地形图数学基础的依据外，还有统一的地图投影，统一的大地坐标系统和高程系统，有完整的比例尺系统、统一的分幅和编号系统。

（2）按照国家统一的测量和编绘规范完成，即精度、制图综合原则、等高距、图式符号和整饰规格等都有统一的要求。

（3）几何精度高，内容详细。地形图有国家基本地形图和专业生产部门测制的大比例尺地形图。前者是由国家统一组织测制的，并提供各地区、各部门使用；后者都有相应规范，内容一般都按专业部门需要而有所增减。

6.5.4.2 地形图编绘的比例尺规定

现行中国国家基本比例尺系列包括1∶100万、1∶50万、1∶25万、1∶10万、1∶5万、1∶2.5万、1∶1万、1∶5000、1∶2000、1∶1000、1∶500。

按比例尺大小常被分成大比例尺地图、中比例尺地图、小比例尺地图，各行业划分标准不尽相同。在进行地图编绘时，规定1∶1万、1∶5000、1∶2000、1∶1000、1∶500都属于大比例尺地图；1∶50万、1∶25万、1∶10万、1∶5万、1∶2.5万都属于中比例尺地图；1∶100万属于小比例尺地图。大比例尺地形图多是实测的，它们有统一的大地控制基础、统一的地图投影和统一的分幅编号，作业严格按照测图规范、编图规范和符号系统进行，内容详细，精度很高。而中、小国家基本比例尺地形图成图就没有必要通过测量来获取编图数据。只要有大比例尺地形图，就可以通过缩编来获得较小比例尺的地形图，省去了测量过程。中、小比例尺地形图都有相应的编绘规范，只需执行相关规定即可。如由1∶1万地形图可以编绘1∶2.5万地形图，由1∶2.5万地形图可以编绘1∶5万地形图等。

对于中、小国家基本比例尺地形图的编制，制图的标准、规范和要求如下：

（1）《国家基本比例尺地形图分幅和编号规范》（GB/T 13989—2012）；

（2）《1∶5000、1∶10000、1∶25000、1∶50000、1∶100000地形图要素分类与代码规范》（GB/T 15660—1995）；

（3）《国家基本比例尺地图图式》第3部分"1∶25000、1∶50000、1∶100000地形图图式标准"（GB/T 20257.3—2017）；

（4）《国家基本比例尺地图图式》第4部分"1∶250000、1∶500000、1∶1000000地形图图式标准"（GB/T 20257.4—2017）；

（5）《国家基本比例尺地图编绘规范》第1部分"1∶25000、1∶50000、1∶100000地形图编绘规范"（GB/T 12343.1—2008）；

（6）《国家基本比例尺地图编绘规范》第2部分"1∶250000地形图编绘规范"（GB/T 12343.2—2008）；

（7）《国家基本比例尺地图编绘规范》第3部分"1∶500000、1∶1000000地形图编绘规范"（GB/T 12343.3—2009）；

（8）《数字测绘产品质量要求》第1部分"数字线划地形图、数字高程模型质量要求"（GB/T 17941—2008）。

6.5.4.3 地形图编绘的数学基础

地形图编绘的数学基础包括坐标系统、高程基准和地图投影的约定。

（1）地形图编绘采用CGCS2000国家大地坐标系；

（2）地形图编绘采用1985国家高程基准；

（3）1∶50万、1∶25万、1∶10万、1∶5万、1∶2.5万地形图编绘时，投影采用高斯-克吕格投影，按照经差6°分带。

6.5.4.4 地形图要素编绘的要求

（1）地物地貌各要素的综合取舍和地形概括应符合制图区域的地理特征，各要素之间的关系协调、层次分明，重要道路、居民地、大的河流、地貌等内容应明显表示，注记正确，位置指向明确。

（2）地形图的各内容要素、要素属性、要素关系应正确、无遗漏。

（3）应正确、充分地使用各种补充、参考资料对各要素（特别是水系、道路、境界、居民地及地名等要素）进行增补、更新，符合制图时的实际情况，体现地形图现势性的特点。

6.5.4.5 地形图要素编绘的编辑处理

（1）基础数据预处理。按照成图比例尺图幅范围进行坐标转换、数据拼接、3°分带转6°分带，扫描矢量化等。

（2）制作综合参考图。根据图幅的难易程度，确定是否制作综合参考图，即按照成图比例尺打印出图，根据各要素的技术要求及综合指标标绘有关要素，并将需要补充、修改的要素标绘在图上。

（3）要素的取舍与综合。按设计书的要求进行要素选取和图形概括，根据补充、参考资料进行要素的修改和补充。

（4）地形数据接边。包括跨投影带的相邻图幅的接边。接边内容包括要素的几何图形、属性和名称注记等，原则上本图幅负责西、北图廓边与相邻图廓边的接边工作。相邻图幅之间的接边要素图上位置相差 0.6mm 以内的，应将图幅两边要素平均移位进行接边；相差超过 0.6mm 的，应检查和分析原因，处理结果需记录在元数据及图例簿中。

6.5.4.6 地形图图层划分

国家基本比例尺地形图中包括测量控制点、水系、居民地及其附属设施、交通、地貌、管线、境界、植被和土质等要素。为了提高编辑的效率和编制质量，划分图层是地图数字化和地图图形编辑过程中非常重要过程，一般要素划分图层见表6-4。

表6-4 　　　　　　　　　　　一般地形图划分图层

序号	图层名称	图层类型
1	图廓	点状要素
2	图廓	线状要素
3	测量控制点	点状要素
4	居民地及其附属	点状要素
5	居民地及其附属	线状要素
6	居民地及其附属	面状要素
7	水系及其附属	点状要素
8	水系及其附属	线状要素
9	水系及其附属	面状要素

序号	图层名称	图层类型
10	道路及其附属	点状要素
11	道路及其附属	线状要素
12	道路及其附属	面状要素
13	土质植被	点状要素
14	土质植被	线状要素
15	土质植被	面状要素
16	名称注记	文本要素
17	独立地物	点状要素
18	等高线	线状要素
19	高程点	点状要素
20	……	……

下面以居民地、水系和交通为例，学习各要素编绘的要求。

6.5.5 居民地要素编绘

6.5.5.1 居民地要素编绘的要求

1：2.5万~1：25万国家基本比例尺地形图应能够正确表示居民地及其附属设施的地理位置、基本形状、分布特征、可通行的情况、行政意义以及与其他要素的关系，能够保持不同区域间居民地的密度对比关系。

1：50万~1：100万国家基本比例尺地形图应能够正确表示居民地的地理位置、基本形状、分布特征、可通行的情况、行政意义以及与其他要素的关系，保持不同区域间居民地的密度对比关系。

6.5.5.2 居民地编绘的选取

1：2.5万、1：5万的国家基本比例尺地形图上，居民地基本应全部选取，但在密度较大的地区，可以适当舍弃次要居民地。对于标志性路口、河流汇口、隘口、渡口、制高点、境界线、文物古迹、重要矿产资源地附近的居民地均需要详细表示。

1：10万的国际基本比例尺地形图上，乡、镇以上各级行政中心及集、街、圩、场、坝和主要村庄应全部表示，其他以普通房屋为主体的居民地按照由主到次、逐渐加密的选取原则，优先选取标志性路口、河流汇口、隘口、渡口、制高点、境界线、文物古迹、重要矿产资源地等具有政治、文化、历史、经济意义的居民地。选取时，应保持疏密对比程度正确，一般选取60%~70%。密集区可多舍、稀疏区可少舍，人烟稀少区可全取。

1：25万国家基本比例尺地形图上，乡、镇级以上居民地全部表示。按照由主到次、逐渐加密的选取原则，沿主要道路分布的居民地应详细表示，优先选取路口、河流汇口、隘口、渡口、制高点、境界线、文物古迹、重要矿产资源地等具有政治、文化、历史、经济意义的居民地。人烟稀少地区的居民地一般全选。

1:50 万和 1:100 万国家基本比例尺地形图上，县级以上居民地应全部选取。但乡、镇级居民地在 1:50 万国家基本比例尺地形图上一般应全部选取，在 1:100 万国家基本比例尺地形图上尽量选取。其他居民地按照由主到次、逐渐加密的原则进行选取。优先选取路口、河流汇口、隘口、渡口、制高点、境界线、文物古迹、重要矿产资源地、农场、林场、牧场、渔场等具有政治、文化、历史、经济意义的居民地。人烟稀少地区，有名称的居民地宜选取，没有名称选择性选取。普通房屋、蒙古包、放牧点一般不表示。

6.5.5.3 居民地编绘的表示

1. 1:2.5 万、1:5 万、1:10 万居民地编绘的表示

1:2.5 万、1:5 万、1:10 万国家基本比例尺地形图的居民地包括有街区式居民地、散列式居民地、分散式居民地、窑洞式居民地、蒙古包及棚房等类型。

街区式居民地的最小图斑一般不小于图上 1.5mm² 或长度不小于图上 1.2mm，宽度不小于图上 1.0mm。小于上述尺寸的街区单元可以改用普通房屋符号或舍弃。应能够清晰地反映居民地的轮廓图形形状，街区轮廓边小于 0.5mm 的需要制图综合。对于密集街区，应采用合并为主、删除为辅的原则综合概括。1:2.5 万国家基本比例尺地形图上，城镇式房屋密集区的面积综合指标 16~50mm²；城市外围房屋稀疏区、街区式农村居民地的面积综合指标 4~16mm²。1:5 万和 1:10 万国家基本比例尺地形图上城镇式房屋密集区的面积综合指标 8~25mm²；城市外围房屋稀疏区、街区式农村居民地的面积综合指标 2~8mm²。

散列式居民地由普通房屋分布组成，比如有较集中中心且村界明显的村庄。应注意保持居民地分布的范围、形状及疏密对比程度。对于道路、河流等带状分布的居民地，应先选两端房屋，中间部分依据密度适当选取。

分散式居民地由无分布规律的普通房屋分布组成。应注意保持居民地分布的范围、形状及疏密对比程度。

窑洞式居民地注意反映散列分布窑洞的分布范围和中心位置。蒙古包、牧区帐篷和依比例尺表示的棚房一般应选择表示。

2. 1:25 万居民地编绘的表示

1:25 万国家基本比例尺地形图中的居民地可用街区式图形符号和单圈式图形符号两种表示。

居民地街区面积大于 2mm² 的，用街区式图形符号表示。街区单元面积在城镇房屋密集区的最大面积不超过 12mm²，城市外围房屋稀疏区及乡村居民地街区单元的面积一般不超过 4mm²。最小图斑一般不小于图上 1mm²，小于上述尺寸的，改用普通房屋符号表示或舍去。街区轮廓边小于 0.5~1.0mm 的，可制图综合。

居民地街区面积小于 2mm² 的，用单圈式图形符号表示，其符号中心设置在居民地的结构中心。

3. 1:50 万、1:100 万居民地编绘的表示

1:50 万国家基本比例尺地形图上，居民地可用街区式、轮廓式、单圈式图形符号表示；1:100 万国家基本比例尺地形图上，居民地可用街区式、轮廓式、双圈式、单圈式图形符号表示。居民地街区图上面积大于 30mm² 的，规定用街区式图形符号表示，能够清晰地反映居民地外围轮廓；大于 4mm²、小于 30mm² 的，规定用轮廓式图形符号表示，

图廓外围零散的普通房屋不表示；小于4mm²的，规定用圈式图形符号表示。县级及以上居民地用双圈式图形符号表示，县级以下居民地用单圈式图形符号表示。

居民地编绘具体细节表示请参照国家标准细化设计。

6.5.6 水系要素编绘

6.5.6.1 水系要素编绘的要求

国家基本比例尺地形图水系要素的编绘要能够正确地表示水系的类型、形状特征、主支流关系、岸线弯曲程度、分布特点、疏密度对比、海岸类型等，能够正确反映水系各要素之间的内在联系以及其他要素的关系。

6.5.6.2 水系编绘的选取

水系要素的取舍也需要依据相应的规范标准。以河流、运河、沟渠的选取为例，应着重显示其结构特征，按由主要到次要、由小到大的顺序排序。1∶2.5万、1∶5万地形图上的河流、运河、沟渠一般均应表示，河网密集区地区，图上长度不足1~1.5cm的可适当舍弃；1∶10万地形图上长度大于1cm的一般都应表示。1∶25万地形图上，长度5mm以上的一般都应该表示。1∶50万、1∶100万一般图上，长度5~8mm以上的水系都应该表示。其他水系要素的选取可查阅相关标准资料。

6.5.6.3 水系编绘的表示

水系要素的种类很丰富，包括海岸线、河岸线、湖岸线、高水界、岸滩、河流、运河、沟渠、地下河段、消失河段、干河床、时令河、坎儿井、输水渡槽、渠首、输水隧道、倒虹吸、涵洞、干沟、湖泊、水库、池塘、井、泉、瀑布、岛屿、海底底质、水系注记和水系附属设施等。下面介绍部分常见的水系要素的表示。

(1)1∶2.5万、1∶5万、1∶10万、1∶25万地形图上，宽0.4mm以上的河流用双线依比例尺表示，不足0.4mm的用单线表示。以单线表示的河流应视其图上长度，由源头起，用0.1~0.4mm逐渐变化的线粗表示。同一条河流单线和双线变化频繁时，应视其整体，用单线或双线表示。注意应处理好支流和干流的关系，不应出现倒流现象。

(2)河流、运河、河渠的名称一般均应标出，较长河流、沟渠等采用间隔注记，一般是15~20cm间隔重复注记。当河流分布稠密时，建议舍弃次级较小的河流名称注记。

(3)图上面积大于1mm²的湖泊、水库应表示，小于1mm²面积的较小且重要湖泊应夸大到1mm²表示。密集成群的湖泊应适当选取小于1mm²的图斑。

(4)坎儿井一般均应表示。

(5)无明显河床的漫流干河用相应的土质符号表示。

(6)缺水地区的井、泉、贮水池均应表示，著名的井也应表示。井需要标注比高。

6.5.7 交通要素编绘

6.5.7.1 交通要素编绘的要求

按道路的等级，由高级到低级进行选取，重要道路优先选取，道路的选取表示要与居民地的选取表示相适应，保持道路网平面图形的特征和不同地区道路网的密度对比关系。

6.5.7.2 交通要素编绘的表示

交通要素编绘包括铁路及其附属设施、城际公路、乡村公路、长途汽车站、加油站、桥梁、收费站、隧道、路堤、水运设施等的编绘。

（1）铁路表示一般不予以化简。单线、复线铁路和建筑中的铁路均应表示。窄轨铁路和建筑中的窄轨铁路应表示。由于铁路一般都比较长，一般 15~20cm 间隔重复注记。

（2）1∶2.5 万~1∶10 万地形图上，高速、国、省、县、乡等城际之间的各种等级的公路均应选取。1∶25 万~1∶100 万地形图上，高速、国、省、县等各级公路均应选取。公路应注出技术等级代码，采用 15~20cm 的间隔重复注记。长度不足 5cm 的道路可以不注。

（3）1∶2.5 万地形图上的小路，1∶5 万地形图上的乡村路、小路，1∶10 万~1∶100万地形图上的机耕路、乡村路、小路等，可以适当取舍。

（4）在 1∶50 万地形图上，以双线表示的河流、湖泊及沿海港中长度大于 1mm 的码头均应表示。

（5）公路上有方位作用的路标应该表示，公路上的里程碑应该表示，并需要标出公里数。

思　考　题

1. 普通地图的内容包含哪几部分？
2. 叙述表示国界线时应掌握的原则。
3. 什么叫海岸？如何在地图上表示海岸？
4. 海洋中深度点的表示同陆地高程点的表示有什么不同？
5. 如何表示陆地上的河流？
6. 为什么要使用地貌符号？地貌符号如何分类？
7. 当地图上既要表示居民地的行政意义，又要表示其人口数量时，通常采用怎样的表示方法？
8. 等高线法具有哪些优点？为什么说等高线是表示地形的一种比较好的方法？
9. 什么是分层设色法？其制图效果的优劣主要取决于哪些因素？
10. 叙述晕渲法表示地貌的基本原理以及制作技术。
11. 简述普通地图编绘的一般原则。
12. 普通地图编绘中常用的编绘指标有哪些？
13. 简述地形图编绘的特点和普通地理图编绘的特点。
14. 简述居民地编绘的内容和方法。
15. 简述城镇式居民地选取的原则以及农村式居民地选取的原则。
16. 如何运用 GIS 软件进行地图输出？

课程思政园地

国土空间治理现代化与测绘业务特点

"山水林田湖草是生命共同体"，表明了对自然资源的管理是一种综合性的管理。综合性主要体现在三个方面：对各类自然资源要素进行管理；对各类自然资源要素之间的关系进行管理；对作用于自然资源要素及其相互关系上的人类各种开发、利用、保护活动及其后果进行管理。从地理学理论来说，自然要素、自然要素之间的相互作用关系以及相关的人类开发利用活动结果构成国土空间。因此，现代意义上的自然资源管理实际上是国土空间管理(或国土空间治理)。

国土空间治理体系的现代化，主要是指贯穿治理过程技术的现代化，即应用现代信息技术，整合不同业务模块，在此基础上共同向智能化方向迈进。在实现国土空间治理现代化的过程中，包括测绘在内的不同业务板块，具有不同的定位、承担不同的职责。

《中华人民共和国测绘法》中明确，测绘是指对自然地理要素或者地表人工设施的形状、大小、空间位置及其属性等进行测定、采集、表述，以及对获取的数据、信息、成果进行处理和提供的活动。测绘工作是对国土空间的"空间"属性进行基本定义和度量，并最终为国土空间中的任意事物或者现象确立唯一空间位置及定义相互之间空间关系的一项工作。

在长期的测绘生产实践中，测绘逐步形成了不同于其他相关行业的业务素质。主要有：

(1)具有较强的数据意识。拥有数据处理，特别是地理信息数据获取、处理及分发的技术优势。这对于在大数据时代推进自然资源管理的现代化十分宝贵。

(2)具有较强的技术创新意识。在我国推进国民经济和社会信息化进程中，测绘地理信息行业是最早成功将卫星遥感、卫星定位、地理信息系统技术业务化应用于实践，并实现测绘地理信息数字化、信息化的行业。测绘行业的实践也为此后自然资源相关其他行业大规模、制度化应用现代数字技术、信息技术来改进工作，并推进信息化在这些领域的发展提供了借鉴。

(3)具有极强的标准化和质量意识。为了不致出现差之毫厘、谬之千里的情况，测绘行业在标准化、质量、精度等方面的意识和要求极高。

在推进高质量发展的背景下，发扬测绘行业这些优良传统，借鉴已有做法，改善自然资源管理相关数据获取处理及应用质量，无疑是十分重要的。

测绘在自然资源综合管理中发挥作用，主要应当包括如下几个方面：

(1)制定并维护处理空间关系的基本规则，并对空间位置的定位、空间关系的表达是否符合国家要求进行把关。主要包括：在自然资源调查监测、国土空间规划、国土空间用途管制、自然资源确权登记等业务中，保证国家测绘基准和坐标系统地正确运用，保证投影等数学基础的正确应用，为相关管理工作的科学性提供保障；研究制定自然资源各类业务用图编制的技术标准并督促正确使用，保证自然资源管理中基本地图、地质调查图、空间规划底图及成果图等图件遵从统一标准，形成体系，从而为正确地传达自然资源政策信息提供保障；参与施行与位置有关的技术标准管理，严格管理地籍测绘、房产测绘等不动产测绘技术标准，参与制定并管理自然资源确权登记相关测绘技术标准；指导生态红线、城镇开发边界等规划线、各类空间规划区及相关管制政策的落地工作。

(2)参与或者牵头制定自然资源相关数据政策。应当充分发挥测绘业务数据意识强、数据能力高、数据工作经验丰富的优势，将测绘业务责任部门建设成为自然资源相关数据管理部门。由其负责研究建立规范自然资源数据获取、处理、存储管理工作程序，制定并严格管理数据获取、处理、存储管理、数据库建设的技术规范和标准化工艺流程，明确基本技术要求，建立质量控制体系，并形成标准；加快推进不同业务板块数据融合，推进数据标准统一，实现地质、矿产、土地、水、森林、草场、测绘、海洋等业务数据资源整合，在此基础上，研究建立自然资源领域的大数据中心，深挖数据应用。

（3）引领自然资源领域对卫星遥感、卫星定位及地理信息技术等的业务化应用。实践已经证明，卫星遥感、卫星定位等技术在自然资源管理中具有核心技术支撑地位。伴随着自然资源管理继续向精细化、精准化推进，这些技术必然会扮演越来越重要的角色。深化这些技术的应用，深度参与国家相关卫星遥感、定位等技术系统建设和发展规划计划决策，掌握更多的话语权和主动权，是自然资源部门推进自然资源管理精准化的内在要求。测绘部门一直将遥感技术作为一门测绘技术，在航空时代建立了航空摄影系统（也即航空遥感）；在航天时代，积极参与航天遥感和卫星定位系统的研究规划，拥有丰富的航空航天遥感及卫星定位应用经验，并形成了强大遥感卫星数据的处理应用能力和相关制度。在自然资源统一管理的大背景下，测绘业务板块应当更加充分地发挥自身优势，在航空航天遥感数据统筹、建立并维护航空遥感制度、参与国家卫星遥感、卫星定位等规划计划、推进遥感自然资源应用等方面发挥积极作用。

（4）发挥质量控制、技术标准优势。按照推动质量变革、建设质量强国的战略要求，适应自然资源保护和开发利用的需要，借鉴测绘工作质量意识、标准意识强，质量管理体系、标准规范体系完整的优势，围绕自然资源调查、监测、评价、勘测、修复等系列工程、产品和服务，建立组织实施单位覆盖全过程、全要素、分级分类的过程质量控制和质量检查制度，建立具有授权资质的质检机构，对成果质量检验检测与认证的制度，建立过程质量监督抽查和最终成果复核制度，着力形成服务自然资源管理工作的六大质量管控体系——测绘地理信息质量管控体系、自然资源调查监测质量管控体系、自然资源确权登记质检保障体系、国土空间规划测绘质量支撑体系、生态修复测绘质量服务体系和测绘质检技术装备体系。

自然资源管理是测绘发挥其基础性先行性作用的传统领域，测绘成果一直是地质调查、土地、森林等资源调查工作和空间规划工作的基础性支撑资料。

在新的体制下，满足对自然资源施行统一管理的要求以及国土空间治理现代化要求，测绘工作面临着新的任务。从目前来看，主要是体现在测绘工作基础性先行性作用的两个方面。

（1）测绘先行，统筹陆地海洋国土空间。分部门管理体制下，我国长期以来对陆地国土和海洋国土施行分治政策，形成了两套截然不同的治理逻辑、工作理念、具体政策以及技术手段等。

自然资源部组建后，按照"两统一"的要求做好国土空间治理，需要统筹陆海国土空间的规划、开发和管理，对陆海国土空间施行一个理念、一套政策。其基础性工作就是要统筹陆海测绘工作，建立陆海一体化测绘基准和坐标系统，形成陆海统筹基础地理信息数据库。作为陆海过渡地带、海岸带地区的规划、开发和管理工作，集中承载了我国陆海分治所带来的政策矛盾和治理混乱。统筹陆海国土空间治理，先要统筹海岸带治理，逐步消除治理理念和治理政策之间的分歧。而其中的首要工作就是要尽快实施海岸带的测绘工作。

（2）测绘先行，统筹地上地下国土空间。伴随着新型城镇化的发展，地下空间的开发和利用在经济社会发展中占据着越来越重要的地位。由此，统筹地下国土空间和地上国土空间就成为国土空间治理工作中越来越重要的内容。必须发挥测绘工作的基础性先行性作用，加快构建地上、地下一体化测绘坐标系统和相应的基础地理信息数据库，加快施行地上、地下测绘技术标准的一体化进程，为地上、地下空间治理政策的统筹打下基础。

（资料来源：陈常松. 国土空间治理现代化与测绘业务特点［N］. 中国自然资源报，2020-09-17.）

第7章 专题地图

7.1 专题地图的特征

与普通地图相比，专题地图着重描述的是专题内容的实质，包括空间分布特征、时间特征、数量特征和质量特征。由于地图是物体或现象空间分布的最佳表达载体，因此它们的空间分布特征是其表示方法的切入点，而其他的三个特征——时间特征、数量特征和质量特征的表达则是对于表示方法本身功能的强化，为此，我们分析专题内容的特征应先从空间分布特征入手。

7.1.1 各种现象的空间分布

各种现象的空间分布一般可归纳为三大类：

(1)呈点状分布的(按地图比例尺仅能定位于点)或实地上分布面积较小，如居民点、工矿企业中心。

(2)呈线状或带状分布的，如道路、河流、海岸、地质构造线等。

(3)呈离散的或连续的面状分布，按比例可以显示其分布区范围轮廓，呈面状，如行政区域、湖泊、海洋、林区等。可分为：

① 间断而成片分布的，如湖泊、沼泽、森林、煤矿、风景名胜分布区等；

② 分散分布的，如农作物、动物、人口分布、某种农作物播种等，此种分布状况具有一定的相对性，分散分布的集群可以视为成片分布；

③ 连续而布满整个制图区域的，如气温、地层、土壤类型、土地利用类型等。

前两种离散分布有一定的相对意义，如散布的集群可视为成片分布，而在大面积上大量的成片小块则可视为散列，应相应采用不同的表示方法。

7.1.2 各种现象的时间特征

分为以下四种情况：

(1)反映现象的特定时刻，如截至某一日期的行政区划状况或工业产值、人口数量等，可有历史、现状和未来三种状况。

(2)反映某现象的变迁过程，如人口迁移、战线移动、货运、地理探险、货物运输等。

(3)反映某一段时间某现象的变化情况，如两个时段的经济指标对比、旅游经济指标的对比。

(4)反映现象的周期变化，如气候、水文、地震、火山、潮汐等现象。

7.1.3 各种现象的数量特征和质量特征

不论哪一种专题内容，都可以有一个或几个质量和数量特征。对这些特征的反映可以归结为两种空间分布，即实在的测量空间和抽象的概念空间。测量空间，如居民点的定位分布、工业点的中心定位、河流的延伸分布、政区或某种植被的范围等，它们表示为 1~3 个变量的函数。概念空间，如符号面积反映人口数，符号大小和结构反映工业点的数量及质量指标、政区内的人口密度，河流线状符号的粗细或颜色反映水流的流向、流量和清洁程度等，它们表现为有一个或几个变量的函数。

专题地图依据其内容要素(或现象)的分布特征，采用不同的表示方法。其中，某些表示方法在普通地图上已广泛采用，如用符号法表示各种独立地物和居民点，线状符号表示河流和道路，箭状符号表示水流的流向，等高线表示地貌，在点绘的轮廓范围内加底色表示森林等。这些方法在专题地图上不仅也被广泛采用，而且根据专题内容的特点，有了发展和变化。例如，符号法和运动线法就是在普通地图相应表示方法的基础上有了较大的发展和变换。另外一些方法，如点数法、定位图表法和统计图法等，则是针对专题内容而采用的完全是专题地图中的表示方法。

需要指出的是，由于科学技术的发展实现上述表示方法的整饰手段有了相当的进展，如色彩的配合、图表的多样化等，表面看上去似乎是一种新的表示方法，但其实，这些图表仍是一种整饰手段。

7.2 点状分布专题要素的表示方法

点状分布专题要素的表示方法采用定点符号法。

7.2.1 定点符号法的基本概念

定点符号法表示呈点状分布的物体，如工业企业、文化设施、气象台站等。它是采用不同形状、大小和颜色的符号，表示物体的位置、质量和数量特征。由于符号定位于物体的实际分布位置上，故称为定点符号法。

需要特别指出的是，定点符号法所代表的事物或现象是不依地图比例尺的。符号在图上具有独立性，能定位在实地位置上，定位准确。尤其是定点符号法的定位意义特别强，必须是定位于点的，否则就不能称为定点符号法，如矿产资源图也常常用到符号，但这不是定点符号法，原因是矿产资源是呈面状分布。

7.2.2 定点符号法的功能

7.2.2.1 表示定位于点的现象的数量特征

符号大小反映数量差异，可以反映相对指标和绝对指标。

图 7-1 说明采用定点符号的大小反映数量指标具有直观性强的特点。

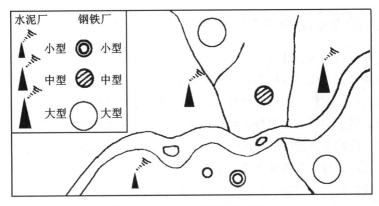

图 7-1 定点符号的数量指标特征

7.2.2.2 表示定位于点的现象质量特征

定点符号法中用符号的形状(图 7-2)和颜色表示物体的质量特征(类别)。由于地图上的符号较小,人眼对颜色的识别更优于形状,因此常常用颜色表示主要的差别,而用形状表示次要的差别。例如,用绿色表示农业企业,再用不同形状的绿色符号分别表示种植业企业、养殖业企业等。

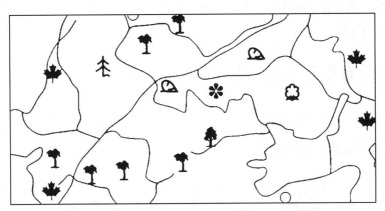

图 7-2 用符号的形状和颜色表示物体的质量特征

7.2.2.3 表达时间状态

(1)表示特定时刻。在社会经济现象中,往往需要反映某一时刻的状况,如某年在某些工业点的经济结构、效益等特征,定点符号法可以对此加以表达。又如,在自然灾害性的地震分布图上,可用同一符号不同颜色反映地震发生年代等。

(2)表示发展状态。对于定位于点的各种社会经济现象,有时不仅要了解它的现在,而且还要了解其过去及未来,这是作为有关经济计划和决策部门所必需的素材,在图上对它的表示具有重要意义和作用。通常,在图上对这种数量的变化是采用扩张符号予以正确显示。如图 7-3 中外轮廓表示规划。

这里应该注意的是,随着比例尺的变化,"点"有时扩大成"面"表示;同样,"面"有时缩小成"点"表示。由此可见,图上符号的面积并不真正代表物体的面积,一般是超过

232

实地面积(如居民点的圈形符号),故称为超比例符号。所以,我们绝不能根据比例符号在图上所占面积的大小来判断现象分布范围的大小。例如,在小比例尺图上,上海的纺织工业符号(以产值计)特别大。人口圈形符号也如此。符号面积远比上海的实地面积大得多,甚至符号伸入到海区很远的距离,但不能就此而断定上海的纺织业(或人口)伸到东海很远的地方,只能理解成上海的纺织工业特别发达,人口也特别集中等。

定点符号法在社会经济地图中用的十分广泛。符号定位比较精确,而且符号类型也较多。

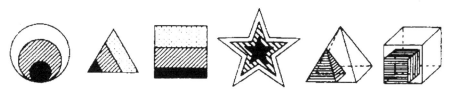

图7-3 扩张符号表示发展动态

7.2.3 符号的类别

符号的分类在第3章中已有讨论,这里只对有关问题予以讨论。

7.2.3.1 按符号的形状分类

定点符号按其形状可分为几何符号、文字符号和艺术符号,如图7-4所示。

几何符号		■	▲	◢	◖
文字符号		煤	Fe	企	H
艺术符号	象形符号	 ✈	 ⚓	 ✿	 ♨
	透视符号	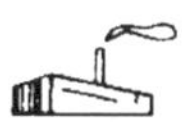 🚬	 🏯	 ⛵	 ⚒

图7-4 符号的种类

几何符号多为简单的几何图形,如圆形、方形、三角形、菱形等。这些图形形状简单,区别明显,便于定位。

文字符号用物体名称的缩写或汉语拼音的第一个字母表达,便于识别和阅读,如图7-5所示。读者可望文生义,不需反复参考图例,即可知道其含义,我国汉字笔画多,占图上面积大,并不常用,国际上对英文字母或拉丁字母用得较多,常用于显示矿产、化工等分布等,如 Au(Aurum),Ca(Calcium),Hg(Mercury),K(Kalium),Mg(Magnesium),Zr(Zirconium)……有关专业人员一看即懂,是一很大优点。但缺点是:

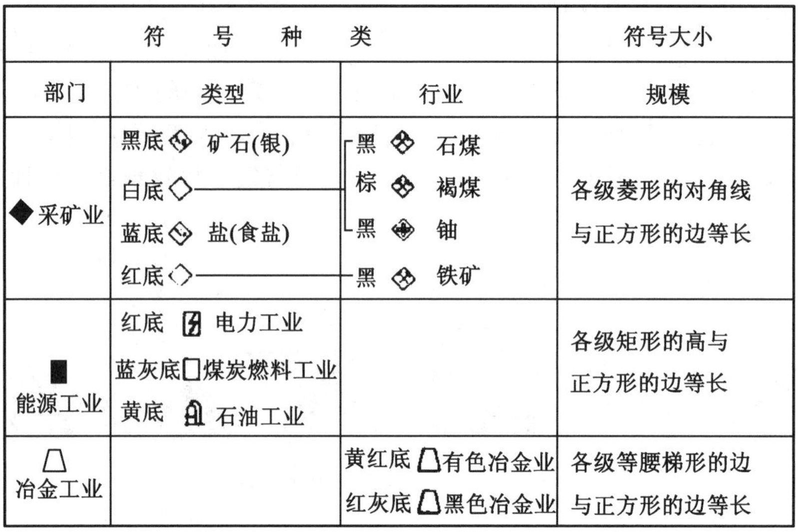

符 号 种 类			符号大小
部门	类型	行业	规模
◆ 采矿业	黑底 ◈ 矿石(银) 白底 ◇—— 蓝底 ◈ 盐(食盐) 红底 ◇——	黑 ❖ 石煤 棕 ❖ 褐煤 黑 ◈ 铀 黑 ❖ 铁矿	各级菱形的对角线 与正方形的边等长
■ 能源工业	红底 ⚡ 电力工业 蓝灰底 □ 煤炭燃料工业 黄底 🛢 石油工业		各级矩形的高与 正方形的边等长
⬯ 冶金工业		黄红底 ⬯ 有色冶金业 红灰底 ⬯ 黑色冶金业	各级等腰梯形的边 与正方形的边等长

图 7-5 系列组合符号

(1)非专业人员,可能感觉难认。

(2)这种方法数量概念较差,定位也不精确,难以反映经济实体的实力大小。为此,通常采用圆形或方形配合,随着文化水平的提高,在社会经济地图上将逐步多起来。

艺术符号又可分为象形符号和透视符号。象形符号是用简洁而特征化的图形表示物体或现象,符号形象、简明、生动、直观、表达力强,易于辨认和记忆。定位也较精确,但占图上面积较大,有些专题现象难以表达。

透视符号是按物体的透视关系绘成的,它更能反映物体的外形外貌,比象形符号更细致、通俗易读、生动形象、富有吸引力。在大众传播地图中常可看见此类符号。但透视符号占图上面积大,不能准确定位,无数量概念。对于要求精确定位的物体则很少使用。在工业分布及旅游等图上有时采用。

7.2.3.2 按符号结构繁简程度分类

通常,按符号结构的繁简程度可将符号分为简单符号、结构符号及扩张符号三大类。

简单符号主要指几何符号、字母符号等,从图形外观看,简单易懂,绘制也很容易。这种符号主要用于反映单个的物体,如原子能发电站、导弹基地、厂矿等的分布。

结构符号主要用于反映某大系统的内部结构及其联系,如把一个符号分成几个部分,分别代表该现象中的若干子类,并表示出它们各自所占的比例。如一个圆饼的大小表示某工业中心的工业产值,图中各部分的角度代表某类工业的产值在总的工业产值中的比例,从图上可得到该类工业的产值。如图 7-6 所示。

扩张符号主要用于反映社会经济现象的发展动态(图 7-3),如城市人口的变化、工业产值的增长等。常用不同大小符号的组合方式表示现象在不同时期的发展,造成一种视觉上的动感。

7.2.3.3 按符号的大小分类

根据符号的形态,可将符号分为正形与非正形符号。这里着重按正形符号的大小

图 7-6　结构符号

分类。

正形符号通常是指其外形比较正规的几何符号，如球(图 7-7)、圆、正方形及正三角形，这类符号又可分为比率符号和非比率符号。

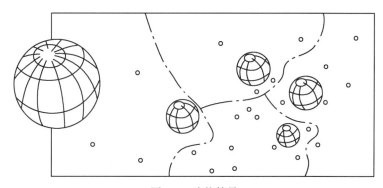

图 7-7　球状符号

1. 比率符号

在专题地图上，一般以符号的大小来表示物体的数量指标。如果符号的大小与所表示的专题要素的数量指标有一定的比率关系，则这种符号称为比率符号。例如，在人口分布图上，表示城镇的图形符号的大小与其人口数有一定的比率关系。比率符号的大小同它所代表的数量有关，图 7-8 所示是表示这种关系的各种尺度。

2. 非比率符号

如果符号的大小与专题要素之间无任何比率关系，则这种符号称为非比率符号。在政区图上，居民点主要是通过符号的不同结构特征表示行政意义(图 7-9)，这是非比率符号最通俗的例子。但必须注意，如前所述，符号大小是一种概念空间，不能根据比率符号在地图上所占面积来判断专题要素的分布范围。关于非比率符号，在普通地图编制中已有详细介绍，下面着重介绍比率符号。

比率符号可按绝对、条件以及连续和分级的关系分为四类：绝对连续比率、条件连续比率、绝对分级比率、条件分级比率。

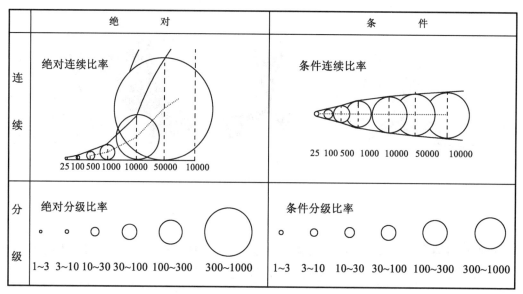

图 7-8　符号的各种比率

○　　　○　　　⊙　　　◎
村庄　　集镇　　县城　　地级市

图 7-9　非比率符号

（1）绝对连续比率符号。符号的面积比等于其代表的数量之比，且只要有一个数量指标，就必然有一个一定大小的符号来代表。为了确定各个符号的大小，先确定最小符号的大小，为了计算方便，将最小的符号大小定为 1.0mm（单位长度）。最小符号代表的数值称为比率基数。决定符号大小的线称为基准线，如圆的直径、正方形的边长、正三角形的高（但换算为边更方便）。

设甲、乙两圆的面积分别为 S_1 和 S_2，直径分别为 d_1 和 d_2，则有

$$\frac{S_2}{S_1} = \frac{\dfrac{\pi d_2^2}{4}}{\dfrac{\pi d_1^2}{4}} = \frac{d_2^2}{d_1^2}$$

同理，设 h_1，h_2，S_1，S_2 分别代表两个正三角形的高及面积，则有

$$\frac{S_2}{S_1} = \frac{h_2^2}{h_1^2}$$

推而广之，符号面积与符号准线长度的平方成正比。又根据绝对比率符号的定义，所以专题要素的数量指标必然与准线长度的平方成正比。

$$\frac{S_2}{S_1} = \frac{h_2^2}{h_1^2} = \frac{L_2}{L_1}$$

$$h_2 = h_1 \cdot \sqrt{\frac{L_2}{L_1}} \qquad\qquad (7\text{-}1)$$

式中：h_2——待求符号的基准线长度；

h_1——最小符号的基准线长度，一般定为 1.0mm；

$\sqrt{\dfrac{L_2}{L_1}}$——待求符号代表的数量同比率基数（即基准线长为 h_1）代表的数量值间的倍数。

根据式(7-1)可计算各符号的基准线长度。

通常情况下，首先是确定最大数量指标或最小数量指标符号的尺寸，只要确定了其中之一个，则其余尺寸即已定。例如，最小符号代表的数量是 125，基准线长度为 1.0mm（确定最小数量指标符号的尺寸），求代表 1000 的符号直径，根据题意有，$h_1 = 1.0$mm。则

$$\sqrt{\frac{L_2}{L_1}} = \sqrt{\frac{1000}{125}} = \sqrt{8}$$

$$h_2 = 1.0 \times \sqrt{8} = 2.828(\text{mm})$$

同理，代表10000的符号直径应为 $h_2 = 1.0 \times \sqrt{80} = 8.944(\text{mm})$。

绝对比率符号的最大优点是由于符号的大小与信息的数量指标成正比，容易区分事物的大小，特别是当一组数据差别十分明显的时候，用这种方法较为适宜，如城市人口、工业点产值等。

绝对比率特号也具有以下缺点：

① 极端数量指标（最大或最小）差别过于悬殊时，符号的比率基级不易选择，欲使最小符号容易看得清楚，最大符号必然很大，虽然区分明显，但影响其他要素；相反，欲使最大符号处于适中尺寸，小符号必然很小，甚至在图上难以寻找。

② 计算量大。采用绝对比率符号法编图时，需计算出每个数量指标的符号大小，这就必须规定符号的准线和比率基数。用绝对比率符号表示城市人口见表7-1。

表 7-1   **用比率符号表示城市人口**

城市	人口数(万人)	绝对比率符号 r（准线）mm	条件比率符号 $\sqrt{r}$
A	1	1	1
B	7	2.6	1.6
C	11	3.3	1.8
D	25	5.0	2.2
E	50	7.1	2.7
F	100	10.0	3.2
G	200	14.1	3.8
H	500	22.4	4.7

为了克服这些缺点，可采用另一比率符号，即条件比率符号。

（2）条件连续比率符号。保持符号面积与数量指标成一定比率(不是绝对比)关系的前提下，对计算的基准线长度附加上一个函数的条件，例如对其开平方、开立方、多次方或其他函数关系，使大数值的符号面积缩减的速度更快；同样也可对其乘方，使一组相差不大的数列代表的符号扩大其差异，使之符号符合设计要求(图 7-10)。这种对其准线长度附以函数条件，以改变其大小，且数值与符号也一一对应的符号称为条件连续比率符号。

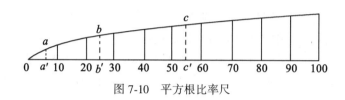

图 7-10 平方根比率尺

条件比率符号的地图必须绘制图例，图例制作时，不能先设计图例曲线，即不能由图例来绘制条件比例符号，而应由计算出各数量指标来绘制图例，否则将影响精度。图 7-11所示是分段连续比率的示例。这种分段连续比率的设计比较复杂，需计算物体数量指标成整数的几个符号直径，然后按这些符号的直径大小做成比率图表。对于分段条件比率的衔接处，在计算中已出现错动现象，应将其+(或-)某尺寸，即上下平移一段，而各段内的距离应等分。此法能够较好地利用符号直径的大小，较精确地反映物体的数量指标之间的差异。

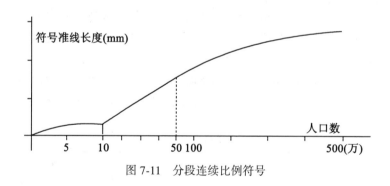

图 7-11 分段连续比例符号

影响比率基数的因素：

① 编图目的。宣传鼓动用的社会经济图，则符号要大，即比率基数要大，突出主题即可；参考用的社会经济图，则符号要小，即比率基数要小，使之地图内容丰富。

② 主题。突出主题内容的符号尺寸，而缩小其他内容的尺寸。

③ 两极端数量指标的差异情况。要清晰易读，如图 7-12(a)比图 7-12(b)要清晰。

④ 比例尺。比例尺愈小，图面内容就愈多，符号就愈小，自然比例基数就要小些；反之亦然。

⑤ 完备程度。对于参考用的社会经济图内容要详细、精确，符号应小。

⑥ 社会经济现象的分布情况。对于现象比较稀少者，则符号可稍大。

238

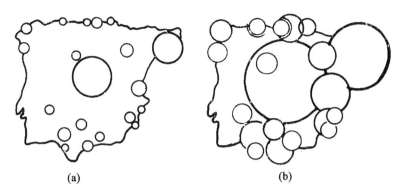

(a)　　　　　　　　　　(b)

图 7-12　极端数量指标的差异

（3）绝对分级比率符号。连续比率符号的大小随物体数量指标的变化而连续变化，即有一个数量就有一个符号，也就是说绝对连续比率中，每一个数量指标必须计算出符号的准线长度，这是连续比例符号法的最大缺点，为了克服这一缺点，可采用分级比率符号。

绝对分级比率符号是将数量指标分级，符号的大小仍按比率符号表示出分级数量指标中的中值或最大值。使符号在数量指标的某一区间内保持不变。如 0~20，20~40，…，每一个等级设计一个符号，处于这个等级中的各个物体，尽管其真实数量是不相等的，但由于它们处于同一个等级中，仍用代表这个等级的同等大小的符号来表现它们。用分组的组中值根据式（7-1）确定符号基准线长度的称为绝对分级比率。

（4）条件分级比率符号。绝对分级比率符号也具有极端数量指标差别较大时，符号的比率基级不易确定的缺点，为了克服这个缺点，也要附加计算条件。

表达的是分级数据，符号大小是根据分组的组中值附加一定的函数条件计算出来的，这种比率关系称为条件分级比率。

运用分级比率符号可大大减少符号的计算工作量，也便于绘制，并在分级区值内不因某些数值的变化而改变符号的大小，能较好地保持地图的现势性，因此常被采用。

分级比率符号的优点：

① 减轻工作量，特别是可以减少大量的计算工作；

② 便于使用；

③ 现势性强，这主要是针对连续比率而言。

当然，分级比率符号也存在着缺点，主要表现在：

同一级内数量差异无法显示。有时差别很大的数量指标在同一级内采用同一大小的符号，而差别很小的相邻两数又在相邻两级内采用大小不同的符号。如表示城市人口的符号，如图 7-13 所示。

≤5 万人　　　　5 万~10 万人　　　　10 万~50 万人　　　　>50 万人
○　　　　　　　　○　　　　　　　　◉　　　　　　　　◎

图 7-13　分级比率符号的缺陷

图中，50000 与 50001 人分别在第一、二级，而 10 万~50 万人同在第三级。

分级比率符号虽有不足，但优点仍是主要的。正因为如此，所以在专题要素地图中常被采用。

分级比率符号的核心是分级，下面以比例圆的视觉尺度对分级的方法予以介绍。

点状符号可以选用圆形、三角形、正方形或其他多边形表示，但比例圆是点状符号在数量对比上最常采用的几何符号。理由如下：

① 在视觉感受上圆形最稳定；

② 圆面积由 r_2 组成，和正方形 d_2 一样，只有一个变量；

③ 在相同面积的各种形状中，圆形所占图上的视觉空间最小；

④ 圆形常用于心理测验。

在此，我们来分析一组数据（表 7-2），并用按与面积比例的大小圆构成这组数据的比例圆图形（图 7-14）。

表 7-2　　　　环山县各乡的玉米产量的量度（每亩的面积定为 0.1mm²）

乡名	亩数	比例圆半径 r（mm）	乡名	亩数	比例圆半径 r（mm）
王丘	176	2.4	得利	1410	6.7
陈李庄	1276	6.4	张家坨	2114	8.2
陈王庄	276	2.9	上村	471	3.9
屯门	713	4.8	玉门	817	5.1
开发	407	3.6	巨封	1869	7.7
平坝	985	5.6	大泉	925	5.4

如果将图 7-14 的比例圆重叠在一起，会发现各乡的产量有自然归纳为几组的趋向（图 7-15）。

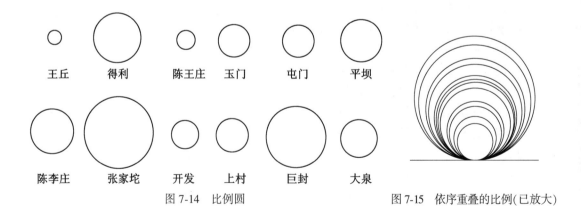

图 7-14　比例圆　　　　　　　　　　　　图 7-15　依序重叠的比例（已放大）

若数据量很大时（如有几十个乡或百余个数据），更需将数据整理成若干组，按比例设计圆面积符号。因而在定量制图中便提出了分级数目及其比率处理。

240

确定数据的分级数目：分级的目的在于帮助阅读和分析。从人的认知的心理测验中了解到，当数据组分为 7 个以上时，人们的短时记忆受到影响，若分级数太少时，数据的层次又过分简化。制图时，将数据组分为 5~9 级是可以的，分为 4~7 是较为恰当的。

确定比例圆的尺寸或比率：以表 7-2 中的数据为例，假如以等间隔将它分为 5 级，每388 亩（极端数据差值的 1/5）为一个间隔，将比例圆半径从 2.4mm 增至 8.2mm 分为 5 级，经过整理，环山县各乡玉米种植的亩数被归纳到 5 种比例圆中，其数据见表 7-3。

表 7-3 　　　　　　　　　　　　　**环山县各乡玉米产量的分级**

数据范围（亩）	圆半径 r（mm）	乡名及亩数
<564	3.3	王丘 176 陈王庄 276 开发 407 上村 471
564~952	4.3	屯门 713 玉门 817 大泉 925
952~1340	5.3	平坝 985 陈李庄 1276
1340~1728	6.3	得利 1410
>1728	7.3	巨封 1869 张家坨 2114

从比例圆设计的过程我们可以发现，确定数据的分组范围和确定比例圆分级的过程，已经排除了数据绝对值的出现，比例圆仅是视觉效果的参照物，即视觉效应比绝对比例更为重要。近年来，一种称为值域分级圆的方法，产生的心理效应更好。

值域分级圆的分级方法是将数据分成若干组，每组用一个比例圆表示，使每个比例圆之间有很好的视觉比较，而不拘泥于数据的绝对值，分级间隔则是用迭代法确定的级间差异。图 7-16 是 H. J. Meihoefer 设计的 10 个值域的比例圆，它可以应用于任何数据组，表示数据之间独立的和连续的关系。

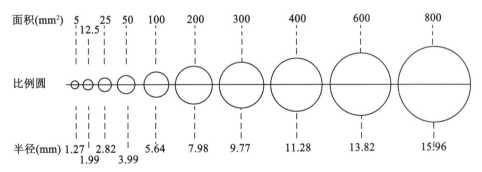

图 7-16　Meihoefer 设计的值域分级圆

图 7-17 选自值域分级圆的 5 个相邻的圆，数据组内的所有数值都归纳到 5 种比例圆中。

比例圆只有象征意义，通常还应将数据注在比例圆旁，可以不再另画图例。

表示比例圆的数据尺度可以有：

① 连续尺度数：数据相连接，并且是起始值倍数的尺度，例如表 7-3 中的连续尺度是：<564，564~952，952~1340，1340~1728，>1728。

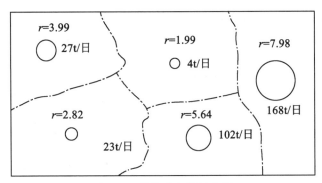

图 7-17　值域分级圆的应用

② 非连续尺度：数据独立，也可以是起始值的倍数或其他值的尺度，例如分析表 7-2 中的数据，可以将 5 个尺度列为：<500，700~850，900~1000，1200~1500，>1800。

③ 任意尺度：数据独立且互不关联的尺度。例如某油区 5 个油井各有不同的产量。

分级恰当与否，直接影响成图质量，通常应注意以下几点：

① 分级不宜太多，否则将影响读图效果，分级也不宜太少，否则会影响精度；

② 避免某级空白，而某级又过多，通常应呈正态或准正态分布；

③ 级别间的变化与数量指标的差异相适应；

④ 极大值应突出表示。

7.2.4　符号的定位

由于定点符号法的符号配置有严格的定位意义，当反映的目标比较集中时，可能出现符号的重叠，这是经常遇到的。

(1)在重叠度不大时，可采用小压大的方法；大与小重叠部，大断开，保持小的完整性。

(2)对多种现象定位于一点者，可采用组合(结构)符号(图 7-18)，可把不同现象固定在某一象限内。若重叠度较大，则隐去被压盖部分后影响对符号整体的阅读，可以采用冷暖色和透明度方法进行处理；必要时还可另用扩大图表示。

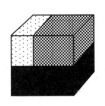

图 7-18　用组合符号反映多种现象

7.2.5 定点符号法的应用特点

7.2.5.1 对底图和对定位资料的要求

定点符号法的关键在于定位于点，因此对于底图及定位资料要求较高。

为了较好地反映出呈点状分布的专题要素，要求底图内容比较详细，特别是对于居民点、水系及交通等要素更是如此。对定位资料要求高，要有定位于点的资料，即各种统计资料，必须要有具体的点，在图上要能反映出来。定位原则必须一致，特别是对于同一类型的符号更要求严格遵循这一点。

7.2.5.2 定点符号法的优缺点

优点：定位精确，尤其是各种规则几何符号，几何中心就是物体的实际位置，可简明、准确地显示现象的地理分布。

缺点：符号面积大，对地图载负量有一定影响；简单的几何符号种类有限；符号多则定位难。

处理的办法是：

(1)符号重叠。如描述城市人口时，随着比例尺的缩小，城市和城市之间的距离在图上越来越小，按照实际情况可能会出现重叠，此时应保持小圆的完整性，而大圆接到小圆的边线上。

(2)采用组合符号，即将现象归类、汇总，最后求出各自的比重。

(3)移位。定点符号法通常必须按真实位置绘出，一般不得移位，而且对于需要严格定位的符号应优先保证，个别或部分符号需移位时也应考虑保持相应关系。

7.3 线状分布专题要素的表示方法

表示空间呈线状或带状物体的方法称为线状符号法。

在专题要素中，有许多物体现象呈线状分布，通常所使用的方法就是线状符号法。如在普通地图中常见的道路、河流及境界都是采用线状符号。这里应指出的是，河流在实地是带状分布的物体，道路可视为线状物体，而境界则不是线状物体，而是一种线状符号，属于一种特殊情况。线状或带状是从实地宽度出发相对而言的。

常见的线状符号见图7-19。

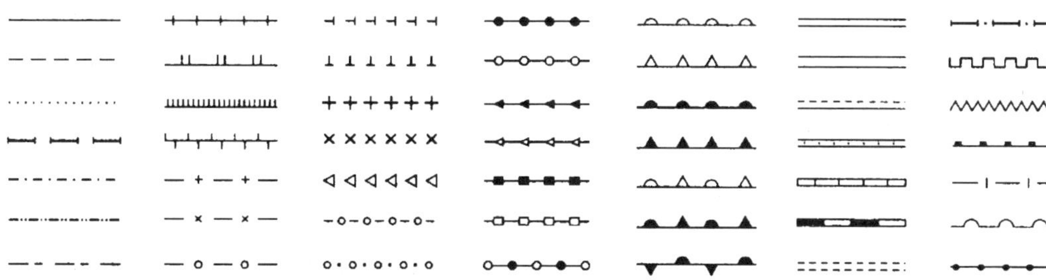

图7-19　线状符号

7.3.1 线状符号法的应用

（1）表示空间呈线状分布的专题要素。空间呈线状分布的现象，除了普通图中所介绍的河流（图7-20）、境界（图7-21）外，还有气候锋（呈带状）、地质构造线（图7-22）、山脉走向及社会经济现象间的联系（交通线）等。线状符号法可以反映线状物体的分布差异。

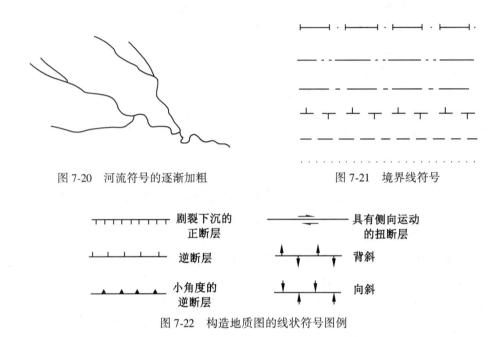

图 7-20　河流符号的逐渐加粗　　　　　　图 7-21　境界线符号

图 7-22　构造地质图的线状符号图例

（2）表示线状物体的数量和质量。如潮汐大小，是通过线状符号法来反映的，可附加一个带状图表反映数量的差异。

当然，就这种表示方法而言，最初主要是用于反映质量的一种方法。不相同的线状符号在彩色地图上可用不同的颜色处理，这在社会经济地图中较为常见。随着制图学科的发展，线状符号法也被广泛用于反映数量特征。

（3）既可用于反映特定时刻的发展状态，也可反映不同时间的发展动态。

7.3.2 线状符号的整饰手段

通常是用线状符号的颜色（或虚线、实线）与形状反映质量，用符号宽度表示数量，可以与数量指标成绝对正比，也可用条件比率表示。

7.3.3 线状符号的定位

线状符号法要求符号定位一致，在专题线状要素中，凡要求与实地中心一致的，则应定位于中线，如普通地形图中是严格定位于中线；而专题要素地图有时定位于中线，有时也可定位于一侧（如潮汐性质）。但在同一幅图上，同一要素的处理必须一致。

7.4　连续而布满整个制图区域的面状要素的表示方法

7.4.1　质底法

质底法，又称为质别底色法，也有人将称其为底色法，但这种说法并不十分科学，因为底色仅仅是一种整饰手段，在单色图上就无法解释了。

常见的质底法地图有区划图(如行政区划图、农业区划图、气候区划图、植被区划图、综合自然区划图)、类型图(如土壤类型图、植被类型图及地质类型图)等。

质底法就是把整个制图区按某一种指标(如民族)或几种相关指标的组合(如地貌)划分成不同的区域或类型，以特定的手段强调表示连续布满全区现象质的差异。

在质底法中，从图面上看，区划图为最简单，但设计十分困难。如农业区划图，必须考虑农业地貌、水文、气候、土质、植被、地势及地质等诸方面的情况。

有的质底法地图并不复杂，将其用不同颜色或不同图案表示即可(图7-23)，对于比较复杂的类型图，如地质、地貌、土地利用等图，制作这类图的关键在于分类指标的确定及图例的设计。

图 7-23　质底法

7.4.1.1　质底法的应用

(1)反映布满全制图区域现象的分布特征。

(2)反映质量差异，这是质底法的主要应用方面。如土镶、地貌、植被等类型图与区划图。

(3)通过数量的形式反映现象本质的差异。例如，地势高度可以用海拔高度表示，如用海拔高50m、200m、200~500m、500~1000m分别表示平原、丘陵、低山及中山等。这里高程是一个数量指标，此时高程带又反映质量。

(4)反映特定时刻。采用质底法可以反映某一时刻某现象布满全区质的差异，也可反映其发展状态，后者通常采用两张地图来表示。

7.4.1.2 质底法地图的制作步骤

1. 确定分类分区

方法一：可以仅仅依据某一种专题要素来划分区域。例如，按土地经营的属性可区分为国有农场、专业户及乡使用土地，从而可编绘成农业土地经营者图。也可以把制图区域分成耕地、草场(牧场)、林地、荒地等制成土地利用图。在民族分布图上，有时也可根据民族居住情况，将民族作为一种指标，把制图区域分成汉族分布区、满族分布区、蒙族分布区……制成民族分布图。

上面均是以某种指标对制图区域进行分区，在实际工作中，也可根据若干种指标组成组合性的图例来划分区域，从而可编绘成自然区划图和综合经济区划图等。

方法二：确定并勾绘区划界线。编绘质底法地图最大的困难就是各种区划界线不易确定。例如经济区划，涉及经济地理及其他自然环境等问题，是最难解决的问题之一，我国通过土壤普查，已对全国农业区划作了初步划分。

2. 拟定图例

对于质底法地图的编制，分类或分区及界线一般都是由有关专业人员提供，当各类区划或类型界线一旦确定后，如何拟定图例就成为一个较为重要的问题了，图例必须反映出分类分区的统一标准及区分的次序。如民族图是质底法图中较为简单的一种，它是以"民族"标志作为在图上划分范围的基础，在同一地区内分布范围较大的民族通常用较淡的色调，少数民族通常在小比例尺地图使用较突出的颜色或符号表示，民族图的图例也较为简单，通常由面积较大的到面积较小的，或由人口多的到人口较少的顺序排列。而对于有些类型图或区划图的图例则较为复杂，如地质图图例。

对于专题要素制图，测绘主管部门已拟定了统一的图式符号及色标，制作有关地图时应以其为标准。

3. 着色或绘晕线或注代码

质底法在多色图中要求区分明显，一般不宜采用过渡不明显的颜色。除了着色外，还可加绘晕线或加注代码(图7-24)。图中颜色、晕线或代码代表不同质量的现象。

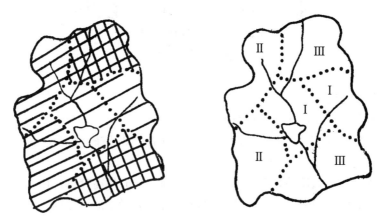

图 7-24 质底法的表示方法

质底法按成图方法的精度而言，可以分为精确和概略的质底法，前者多指由大比例尺编制而成，后者则是由于资料本身精度所限，无法准确地按实地轮廓来表示，网络法成图就是常见的概略质底法的形式之一(图7-25)。

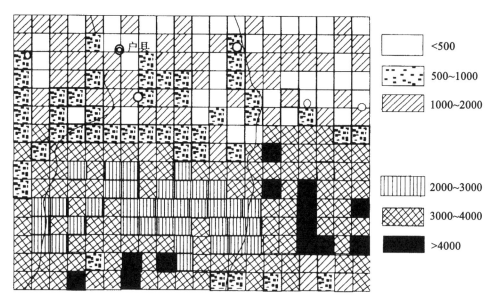

图 7-25   网格式质底法(地面切割密度图，m/km²)

质底法可以与质底法配合，但必须是彩色图。配合的方法是一种质底用颜色，另一种则用晕线。

7.4.1.3   质底法的优缺点

优点：显明、清晰，一目了然。

缺点：(1)图例较为复杂，尤其是在类型图上当分类较多时更是如此；

(2)不同现象间难以显示其渐变性和渗透性。例如，在一幅植被图上，难以显示不同植被类型互相交叉的情况，而在自然界中，各种植被并非截然分开，虽然地带性是主要的，但仍然存在着渐变和互相渗透的情况。

7.4.2   等值线法

等值线法也称为等量线法，是将制图现象数值相等的各点连接成光滑的曲线。

这种方法常用于连续渐变满布全制图区的现象，常见的普通地形图中的等高线法(图7-26)就是等值线中最典型的一种。这种方法也常在气候(图7-27)、地磁等图中用到，它是反映布满全制图区域的有一定渐变性的现象，在编制社会经济图时用得较少，但并非绝对不能用，例如在小比例尺地图上，可以用伪等值线反映人口分布；又例如当统计资料区划较小时，也可把相同经济指标的各个点(通常以较小行政单元的中心)连成曲线，以表示制图区内生产发展水平的情况或占有的生产资料的多少，但这种表示法，严格地说，不是等值线。

在编绘经济地图时，很少采用等值线法，这是因为：

(1)等值线主要适用于表示同时期、同性质连续布满全区且具有一定渐变性的现象，地形、气温、降水等都具有这一特点。因此，这方法用于反映这类自然现象是完全可行的。而在经济现象中，经济指标的变化是极为复杂的，不是渐变的。所以，在经济地图中很少采用这种方法。

图 7-26　等值线表示窖的三维模型

图 7-27　等值线法(年平均气候)

以编制棉田单位面积(亩)产量图为例，首先，棉田并非布满全球或全国、全省，再拿农作物播种面积最多的稻田和小麦为例，它们也并非布满全县或全省乃至全国；其次，经济现象不具备渐变性，由于生产技术水平、土质及其他条件各异，可能相邻的两块田的经济效益有较大悬殊。因此，即使是利用极小区划单元得到单位面积产值或产量，也不能精确地反映其差异，只能大致地、近似地反映其趋势。

(2)资料难以满足。在编制社会经济地图时，并非绝对不能采用等值线法。但应看到，即使能采用等值线法，统计资料也难以找到，因为统计资料的单位必须很小，而我国目前则难以办到，例如在 1∶400 万图上用等值线反映某省之人均产值，必须要采用乡或村为单位的统计资料才能基本满足要求，如果将乡面积扩大(缩小乡数目)，则更难保证精确性。

等值线法的特点是：

(1)用来表示连续分布于整个制图区域的各种变化渐移的现象。

(2)在采用这种方法时，每个点所具有的数据指标都必须完全是同一性质的。如根据各地同一时间的记录，以代表当时区域内的气候情况(某年某月某日的气温)；又如，等高线必须根据同精度测量和化为同高程起算基准的成果，才能正确反映客观实际情况。

(3)单独一条等值线只表示数值相等各点之间的连线，不能表示某种现象的变化情况，只有组成一个系统后，才能表示现象的分布特征。

地图上描绘的等值线，通常是根据观测点的数值内插而求得的。但对观测资料不足的地区，则是在已知等值线外，根据具体情况，向外推断而得，此法称为外推法，这种等值线的精度不甚可靠。

(4)等值线的间隔最好保持为一定的常数，这样有利于根据等值线的疏密程度判断现象的变化程度。但这也不是绝对的，例如，在小比例尺地图上，用等高线表示地貌时，由于所包括区域范围大，地貌形态复杂，多数是采用随高度和坡度而变化的等高距。

在选择等高线的间隔时，现象本身的特点（如变动范围的大小）、观测点的多少、地图的比例尺、用途等都影响等值线的选择。一般来说，观测点多，等值线间隔就可以小，反之就大；比例尺小，间隔就大；科研和设计用图，等值线间隔宜小；一般参考图，则可大一些。但是，反映现象分布特征的典型等值线应予以表示。

（5）等值线和分层设色相配合时，各层的颜色随现象数值的变化改变其饱和度、冷暖和亮度等，以表示现象的质和量的变化特征及其明显性。例如在气温图上，用暖、冷两类不同的颜色反映正、负气温的变化。

（6）等值线直接加数量注记可以显示数量指标，无需另作图例。这是等值线法优于其他表示法之处。

（7）各种地图上等值线法不但反映了现象的强度（即数量指标），而且还可反映：

① 随着时间而变化的现象，如用多组等磁线反映磁差年变化；

② 现象的移动，如用多组等值线反映气团季节性变化、海底的升降等；

③ 反映现象的重复及或然率，如一年中哪些时间的气温是相同的，一年中各月份的大风和暴雨的次数。如果用两三种等值线系统，则可以显示几种现象的相互联系，如同时表示 7 月的等值线和等降水线，如图 7-28 所示。但这种图的易读性会相应降低，因此常用分层设色辅助表示其中一种等值线系统。

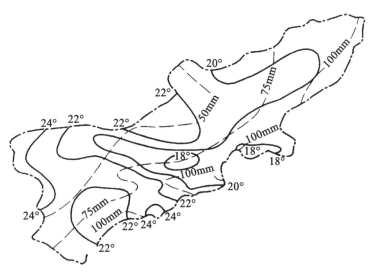

图 7-28　7 月气温和降水

由上可知，在社会经济地图中，等值线仅用于编绘要求精度不十分高的较小比例尺地图，用以表示某种社会经济现象的地理分布趋势，如编制教学地图（含教科书插图）有时可采用等值线法。但此时的"等值线"已与等值线的原意不符，为了区分起见，称这种"等值线"为伪等值线（图 7-29）。

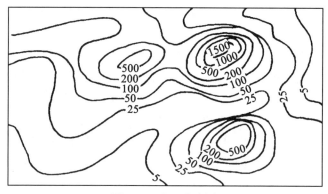

图 7-29 人口密度图

在编制社会经济地图中采用的伪等值线法，通常要求利用内插。其方法是：首先，把制图区分成若干小的区划单元，并在其中心（或者最小行政单元的所在地）标上点号；然后，按小单元计算出相对值或绝对值，并将其标注在相应单元的中心点（或最小行政单元所在地）的旁边；最后，将相同数量指标的各点连接成光滑曲线而成。显然，区划单元越小越精确，比例尺越小越精确。例如，编制一幅 1:400 万全国耕地面积密度图，用各乡的统计资料编制而成的等值线图，远比以区或县为单元的统计资料编制的等值线图要精确得多，当比例尺缩小时更是如此。

为了能反映经济发展水平，则必须用一组等值线才能说明问题；否则，不能反映渐变趋势。必须采用等间距的成组曲线，当伪等值线疏密明显，这就意味着区间经济水平的高低，伪等值线密集而数字注记大者表示经济水平相对高一些，否则相对水平要低些。伪等值线间距的大小取决于现象分布的特点、地图比例尺、原始资料区划单元的大小和详细程度。用等值线表示的地形图、地势图等高距有时是可变化的，如小比例尺地势图，等高距随高度变化而变化。

在伪等值线地图中，常常可能会出现一个高水平区与一个低水平区紧密相邻，这是经济现象中常见的，不必在两条紧相邻的伪等值线中进行内插。

为了更好地反映各地的经济水平，在伪等值线地图上配以分层设色的整饰手段，其效果比仅用伪等值线更好，当采用分层设色时，伪等值线的线划可细一点，因为在两设色交界处，我们可以意识到伪等值线的存在。

等值线和伪等值线具有一个共同优点，即由于这些线上标有数量指标注记，因此可以不用图例也能看懂。

等值线和伪等值线都主要表示数量，也可用不同颜色的线（虚线、实线）和注记表示其质量的差别。

等值线和伪等值线除了反映数、质量特征外，还可反映特定时刻及发展动态。

7.4.3 定位图表法

定位图表法是用于表示布满整个制图区域现象的数量特征的一种方法。基本原理是：利用某些典型的点，来说明整片分布的现象的总特征或总趋势，这些典型的点不仅反映该点的数量特征，更重要的是还可以反映周围的基本态势。例如风的表示，假定风的玫瑰图形符号放在武汉，它不仅说明了武汉有关风的指标(如风力、方向等)，而且代表了武汉周围的基本情况。也可通过平均配置的一些相同类型的图表，反映制图区域四季或周期性的变化。

用于表示定位图表的符号很多，常见的如图 7-30 所示。原则上讲，所有用等值线表示的制图现象均可采用定位图表法，但它主要用于自然图中的气候图。应该指出的是，地形图中的高程点及其注记也是一种定位图表。

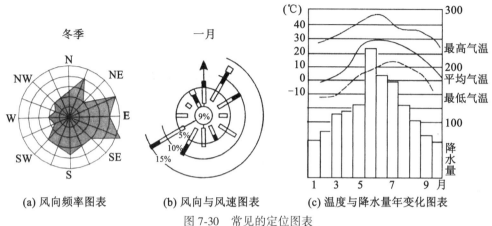

(a) 风向频率图表   (b) 风向与风速图表   (c) 温度与降水量年变化图表

图 7-30 常见的定位图表

7.4.3.1 定位图表法的主要用途

(1)反映满布全制图区域自然现象的周期性变化。如风(图 7-31)、气温、气压、降水量等的年变率；潮汐的半月周期性变化。

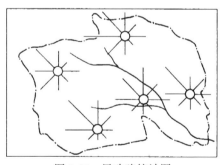

图 7-31 风玫瑰统计图

(2)反映数量，主要是指频率与速度。值得注意的是，各点的数量指标是由长期观测采取平均值得来的，所以必须选择主要特征点、站，如南阳盆地为寒潮进入湖北的重要方向之一，应该选取。

除了反映数量特征外，也可反映质量特征。

(3)可反映年、月、四季周期性的变化。季一般是以 4、7、10、1 四个月份分别代表春、夏、秋、冬四季。

7.4.3.2 图表的配置方法

配置图表的方法各异，可将符号配置在这些典型的点上，也有配置在该点的附近加引线指示位置，还有配置在图外或背页，而在这个符号下方或上方注出点(站)名，如图7-32所示。

图 7-32　定位图表法表示气候

7.4.3.3　整饰手段

定位图表的符号设计很重要，通常采用符号(图表)与颜色相配合，如风玫瑰图，箭身的长短表示频率的强度，颜色表示季节，而箭头表示方向。

在阅读有关地图集时，可以发现类似于风玫瑰的地图，这种表示不是定位图表。

7.4.3.4　定位图表的优缺点

定位图表在全面反映趋势方面不如等值线。等值线具有一定的连续性，定位图表则更为概略。

7.5　间断而成片分布的面状要素的表示方法

7.5.1　范围法

范围法主要用于反映具有一定面积的呈间断、片状分布的现象，在专题要素中常见的有湖泊、沼泽、森林、草原、矿区等的分布。由于反映的这些现象具有一定面积，而不是个别点，因此又称为面积法或区域法，主要用于表示森林、煤田、湖泊、沼泽、油田、动物、经济作物、灾害性天气等的分布，这些现象仅在一定范围内存在，并非布满整个空间。

依据现象的分布情况，范围法可以分为绝对范围法和相对范围法两种。绝对范围法是指所示的现象仅局限在该区域范围之内，如在轮廓线之内是煤田，轮廓线之外就不是煤田；相对范围法是指图上所标示的范围只是现象的集中分布区，而在范围以外的同类现象，只因面积过小且又不集中，则不予表示罢了。

范围法还可以分为精确范围法和概略范围法。精确范围法是指现象的分布范围界线是明确的或精确的，其轮廓用实在的线状符号表示，如图 7-33(a)(b)所示，可以在界线内着色或填绘晕线或文字注记表示。概略范围法表示的现象没有明确的分布范围界线，或界限不明，或界限变化不定，其界线采用虚线、点线表示，如图 7-33(c)(d)所示，或完全不绘其界线，只以文字或单个符号表示这一带有某种现象分布，如图 7-33(e)(f)(g)(h)所示。

制图时采用精确范围法，还是采用概略范围法，取决于地图的用途、比例尺、资料的精确程度和现象的分布特征。一般科学参考图、工程设计图用精确范围法，教学用图或宣传用图则用概略范围法；旅游风景区本身有明确的范围界线，多用精确范围法，但对资料中未精确绘出的，如煤田里不同煤质的品位、各种动物的分布等，其范围界线难以精确划定，遇到这类情况，多采用概略范围法。

范围法一般只表示其轮廓范围内现象的质量特征，而不显示其数量特征。若要反映数量特征，可借助于符号的大小与多少、注记字的大小、晕线的疏密或粗细、颜色的深浅，或直接标注其数字等方法。另外，以现象不同时期范围的重叠和变化，还可以显示现象的发展动态。

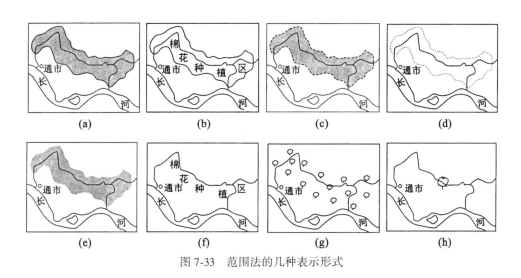

图 7-33　范围法的几种表示形式

范围法的作用主要有：

(1)反映间断呈片状分布的专题要素；

(2)主要反映质量，也可反映数量差异特征；

(3)反映时刻，也可反映发展动态，以现象不同时期范围的重叠和变化，显示现象的发展动态，如采用两张图对比表示，或在一张图上是采用重叠(不同颜色)；

(4)反映重叠、渗透的现象，如图 7-34 所示。

范围法的整饰手段可以有不同形式，用一定图形的实线或虚线表示区域的范围，用不同色普染，绘以不同晕线；在区域范围内加注说明或填绘相应符号。应该指出的是，这里所采用的符号与定点符号法具有本质的区别，定点符号法中的符号有严格的定位，它是定位于点；而范围法中的符号只能说明某范围分布什么现象，它不定位于点，不代表具体的位置。一般也无数量概念，符号法的符号大小反映数量。

范围法对底图的要求：要有精确的境界线，或对标定有关范围线有价值的居民点、河流等应准确无误。

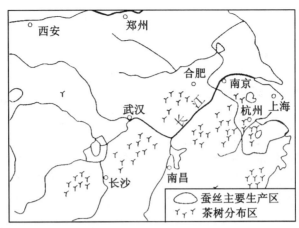

图 7-34　范围法的重叠表示

范围法的主要优点：简单明确，可反映渗透现象，通常仅反映现象的区域范围。但反映数量特征有时较为困难。所谓渗透，在图上主要表现为重叠，用不同颜色、不同形状、不同方向的晕线同时表示。

7.5.2　量底法

量底法是数量底色法的简称。量底法具有较大范围连续分布现象的数量特征，用不同浓淡的色调或疏密的网线表示整个制图区域对象的数量分级。这种表示方法主要用于编制地面坡度图、地表切割密度图、切割深度图和水网密度图等。数量分级一般以 5~7 级为宜，而界线则根据分级和制图对象的分布特征进行勾绘。色调浓淡和网线疏密应与制图对象的数量分级相对应。该方法反映在同一种制图区域内，同一种制图对象（内容）在数量上的差别。

7.5.3　格网法

格网法以格网作为制图单元，表示制图对象的质量特征和数量差异。格网大小视资料详细程度而定，如 2mm×2mm、5mm×5mm 或 10mm×10mm。当表示质量特征时，每一格网表示一个类型，以不同色调或晕线区分；当表示数量差异时，按一定分级，以色度或晕线密度区分。

地图格网法随着计算机制图的发展而被广泛应用，最初由宽行打印机以不同字符区分制图对象的质量或数量特征，每一字符相当于一个格网，可采用计算机处理打印编制地面坡度图、人口密度图、土地利用图、环境质量评价图等，称为格网地图。当然，采用手工方法编制格网地图也较简便，因此地图格网方法的应用越来越广泛。

7.6　分散分布的面状要素的表示方法

7.6.1　点值法

点值法亦称点数法、点法或点描法。点值法是用大小相同、代表数量相等的点子，用点的数目反映出成群但又不均匀分布的现象。点值法是用于制作表示数量指标地图中较为简单的一种方法，广泛应用于表示人口、农作物、动物及疾病等的分布。在同一幅图上，可以用几种不同颜色(单色图则可用不同形状或不同大小)的点表示不同的现象。

7.6.1.1　点值法的应用

(1)反映分散的或呈面状分布的现象，如农作物的分布、耕地面积、人口等；

(2)反映数量特征，通过点的数目的多少来实现；

(3)反映质量特征，用不同颜色或不同形状的点来表示；

(4)可以用不同颜色表示现象的发展。

7.6.1.2　布点方法

(1)均匀布点，如图 7-35(a)所示，要求统计资料的区划单元越小越好，否则误差较大，统计资料的区划单元最好是乡或更小。

(2)定位布点，如图 7-35(b)所示，通常需要有大比例尺的地形图作基础，以便说明现象与地形的关系。

7.6.1.3　点值法的特点

优点：

(1)能直观地反映同一现象(或不同现象)在不同地区的空间分布。

(2)当实地分布差异明显时，可反映出不同地区的数量差异。

(3)当点值、点子都较大时，能较快看出其总数。但是，当点子小且点数又较多时，则难以做到的。

(4)容易制作，这是点值法地图的长处，除需计算点子的数目外，几乎不需要进行其他项目的计算。

缺点：当制图区域内两极端值很悬殊时，点值难以确定。此时，当采用大点值时，难以反映出数量较小的实际分布情况，造成图上一个点也没有，但在实地上不是没有这种现象分布。

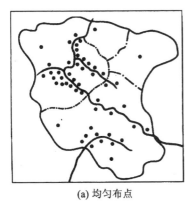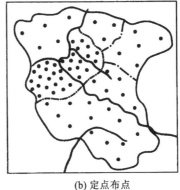

(a) 均匀布点　　　　　　　　　(b) 定点布点

图 7-35　两种布点的方法

7.6.1.4　影响点值法图面效果的因素

影响因素主要有：点子的大小、点值及点子的位置。点子的大小及点值是表示总体概念的关键因子。如图 7-36 所示点值是由同一资料作出的，这些图仅仅是由于点的大小或数目上的差别，就造成了读图效果的差别。

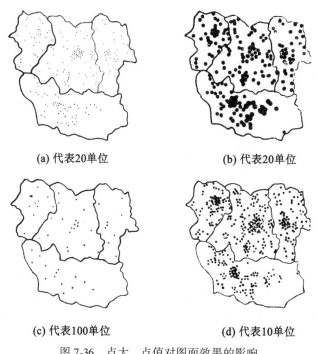

(a) 代表20单位　　　　　　　　(b) 代表20单位

(c) 代表100单位　　　　　　　　(d) 代表10单位

图 7-36　点大、点值对图面效果的影响

图 7-36(a)(b)中二者点的单位值都是 20，其差异仅是点的尺寸大小，图 7-36(a)中的点较合适，图 7-36(b)中的点则太大，其缺点是很快会合并成一个大的黑斑。

图 7-36(c)(d)中点的尺寸相同，但点的单位值不同，点的单位值分别为 100 和 10，给人一种完全不同的印象。图 7-43(c)中单位值明显太大，缺乏直观的密度差异。

点子的大小既不能大得影响精度，又不能小到使图形不清。

点子的点值和大小的合理选择，是能否反映客观实际的关键问题，也是评定成图质量的重要依据。

关于点值法作图存在两种不同观点：

一种观点认为，应使读者能计数点子，从而获得具体可靠的数量信息，从而主张点子不宜过小，且不能过分稠密。

另一种观点认为，点值法的目的在于能直观地反映数量分布的特点和区域差异，不能要求通过数出图上的点子数目而获取准确的定量信息，认为点值法地图不能用来代替数据统计表。

上述两种观点都有一定的道理，主要应从用途要求及比例尺大小来考虑，如果说是小比例尺地图，往往是供参考用，不需要十分精确，只需了解其梗概即可，也就无需计数点子的数目。如果说读者要求了解真实数量概念，作为制图工作者则应尽量满足，点值和点的大小可适当大一点。

7.6.1.5 确定点值原则

确定点值是点值法的关键。布点以前，先定点子大小及每点代表的数值。

点值的确定与比例尺及点的大小有关。若点子大小已定，比例尺越大，点值越小；点值越大，点子越少。如每点代表耕牛 500 头，点值太大，很可能一个点就包含了若干个区乡耕牛的总和，这样，就不能反映分布特征，不能充分反映数量差异(如现象稀少的地区)。点值过小也不好，因为在点子密集地区可能会发生重叠现象。

通常，点值的确定原则是：在最稠密的地方，点子可紧靠(不重叠)；在最稀的地方也可看到现象的存在，其他地方也可看到疏密对比情况。

点值法可以认为是范围法的进一步发展，范围法可过渡到点值法，其条件是要知道区域范围现象的精确的数量指标。

单独的范围法只反映专题现象的分布区域范围及其质量特征，而难以反映其数量差异。如果我们在范围内均匀地分布点子，借助于点子的分布，可表示区域的范围；当这种点子具有点值时，用点子的数目可表示现象的数量特征。如果点子分布与实际情况一致，这样就由范围法过渡到了点数法，如图 7-37 所示。

图 7-37　由范围法过渡到点数法

在一般情况下，范围法只反映现象分布范围和质量特征，难以显示其数量指标。一旦知道范围的现象的数量指标，就可在其范围内进行均匀布点。

例如，编制棉田分布时，可以在棉区均匀布点，借点子的分布范围，显示棉区的范围，用点子的多少表示棉花的播种面积。在实地上，棉田的分布是断断续续的，集中程度各异，其中夹有粮田、荒地等。因此，如果按棉田实际分布情况(面积与范围)分布疏密不同的点子，这样就由范围法过渡到了点值法。

人口分布或作物分布是一种离散的地理现象。虽然采用以区域单元的方法反映数据，但它和等值区域法不同，因为在一个区域单元内不采用均匀分布的网纹符号，所以是一种区域频数制图。当编图完成后，区域单元界线在清绘成图时即删去，而呈现出一种离散点的分布。

7.6.1.6 点值法制图的步骤

(1)确定区域单元。点值法是以区域单元内的地理统计数据制图的，和等值区域法一样，它必须获得区域单元的行政界线图和相应的统计值，例如以乡为统计单位时，应有乡界线的底图和统计数据。

(2)确定区域单元内数据的分布位置。因为在一个区域单元内，并不是所有土地都适宜于表示某一种地理信息，例如，人口不可能分布在军事禁区、沼泽地、盐碱地、自然保护区和山岭上；水稻不可能分布在远离水网和坡度很大的坡地上。所以在制作点值图时，首先要对区域单元的限制因素进行过滤(图7-38)，勾绘出不可能表示主题信息的区域，剩余的地区才能布设点状符号。

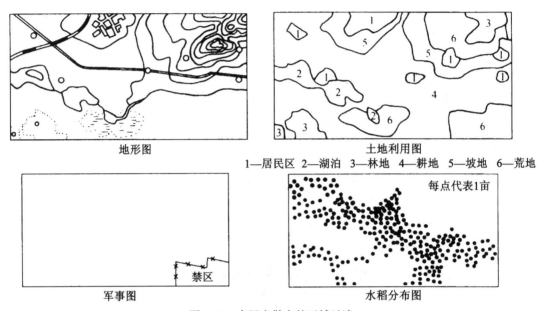

土地利用图
1—居民区 2—湖泊 3—林地 4—耕地 5—坡地 6—荒地

图7-38 布置离散点的区域过滤

(3)计算点值和点的尺寸。从多年来点值制图的经验分析，点状符号最合理的直径为0.5~1.0mm的圆点，也不排斥直径大于或小于0.5~1.0mm的圆点、方形、等边三角形的点状符号。

点值的大小也可根据假定点子的大小和图上密度最大区域面积确定点数，由点数和人口数算出点值。点值的大小应该以制图范围内区域单元最小而数量最多的地区，平铺出全部圆点而没有重叠为最高限。例如，某稠密地区的图上面积为$17cm^2$，而人口数为33900人，圆点直径为0.5mm，则每一个圆点代表人口数为

$$33900 人/1700 \times 4 点 = 4.985 人/点$$

凑整为每个圆点代表5人。

在通常的情况下，编制一张点值图往往要对点的尺寸和点值进行多次的试验，稀疏的区域单元不止2~3个点，稠密区域单元所布的点应当恰好相接，而不至于重叠。

(4)作图。经过计算，确定了每一区域单元的点数后，便可以布置出全部圆点的位置。布点时，还要注意不要有意无意让开区域单元界线(图7-39)，这样会出现删去界线后不合理的现象。

当各制图区间差距过大时，用一种点值难以解决问题，点值太大，造成有些地区不足

258

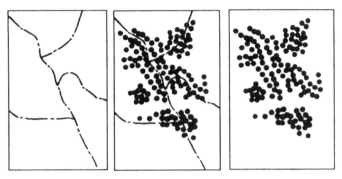

图 7-39　因为让开行政界线造成的布点结果

一点；点值太小，可能有些地区容纳不下。此时，在一幅图上可用两种大小不同的点子代表不同的点值(点可用不同颜色或形状处理，图 7-40)，采用此法时，要力求使点的面积之比与相应点值之比相一致，并注明不同点径所代表的具体数值或它们所代表的数值之间的倍数关系；另外，也可以设计一种符号表示更大的数值，如图 7-41 所示。

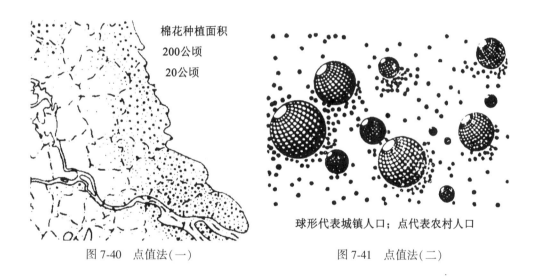

图 7-40　点值法(一)　　　　　　　　图 7-41　点值法(二)

点值法应用于多项数据制图时，各项数据可采用不同色相的圆点来表示，圆点的直径也可以有变化。

点值法虽然是定量制图，但由于它没有区域单元界线，所以不适于准确的定位，但由于圆点按频数分布，图形比较直观，故能达到制图区域内数量对比的效果。

7.6.2　分级统计图法

分级统计图法常用的整饰手段是进行色级处理，故又称为色级统计图法、分级比值法，属统计制图之列。

分级统计图法是将制图区域分成若干区(通常按行政区划为单元)，然后按各区现象的集中程度(密度或强度)或发展水平进行划分级别，最后按级别的高低涂以深浅不同的颜色(或晕线)，颜色的深浅或线划的疏密与级别一致。

这种方法主要用于反映分散分布的现象，也可反映成面状分布的现象，即点、线面状的现象均可采用此法。

就指标而言，分级统计图法一般只适于反映相对指标，表示专题要素中某种现象水平高低的空间分布特征(如××斤/亩，××元/人，××人/km，××亩/人，××作物耕地/总耕地……)，而不大适宜用绝对指标，其原因是绝对指标有时会造成某种不合理或歪曲事实，例如在经济图上，因为在制图区域内，各区划单元的面积并不一样大，面积小的区划单元内虽然经济发展较快，水平较高，但拥有的绝对值毕竟还是小；相反，对于面积大的区划单元，虽然经济发展水平没有前者高，但总产值可能更大。如湖北省粮食总产量比江苏省大，并不等于湖北省粮食作物的生产技术水平比江苏省高，又如人口按绝对值而论，广东省排第一，但由于广东省面积大，其密度反而比江苏要小。所以，在制作分级统计图时，最好采用相对指标。

分级统计图法适于反映任何时间状态，但是表示不同时期的发展通常需要两幅图。

分级主要包括分级数、分级界限的确定，它们又与用途、比例尺及数量指标分布的特征有关。从统计角度考虑，分的级别越多，误差越小，但分级数受读图对象视觉的限制，而且级别越多，越不能很好地反映出分布规律的整体性。因此，只能在保证清晰易读的前提下，又不破坏其整体性，尽可能将级别分得详细些，数据集中性强，分级数可适当减少。分级界限主要受数据分布特征及统计精度的影响。

除上述以行政区划单位为制图单元外，分级比值法还可以有三种作图法：

(1)以现象自然分布的各种多边形空间范围作为制图单元。如城市人口生活和生产活动的各种场所，按这些空间分别进行统计，求其密度、分级，称为多边形分级比值法；用此法制图，几乎无内部差异的概括，所反映的现象最近于实际。

(2)以现象分布的密度或强度相等的地区作制图单元。按现象自然分布的空间范围统计资料，求其分布密度或强度、分级，然后用曲线将相邻的同等级的地区连成片，称为范围密度法。适用于编制人口密度图、地面坡度图、噪声污染分布图等，如图7-42所示。

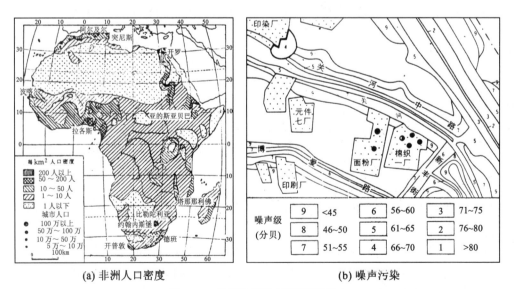

(a) 非洲人口密度　　　　　　(b) 噪声污染

图7-42　分级比值法(范围密度法)

（3）以网格为制图单元。以在各网格内所占面积大于或等于50%的那一比值的级别为该网格的比值级别，称为网格分级比值法，如相对地势图。此法的制图精度较低，误差可大到50%。

7.6.2.1 分级统计图的制作步骤

（1）计算出相对指标。如亩/人，耕地面积/单位面积，机耕面积/单位耕地面积，人口数/单位面积，切割密度/单位面积。在计算相对指标时，必须注意上述分子、分母所在的单元是位于同一单元内。

（2）将相对指标按大小排序。

（3）划分级别。其级数一般应控制在6~8级为宜，级别太多，会影响印刷和阅读效果；级别太少，则其精度太低。

划分级别的方法，通常有：① 等差分级：0~10，11~20，21~30，31~40。

这种分级方法简单、好记、便于阅读，所以用得最多，如人力资源、经济资源及自然资源中的某些图种（如切割密度图）。

② 等比分级：当相当数量的区划单元的相对指标很接近，仅少数几个单位的相对值突出时，如果仍采用等差分级，可能会出现某一级的空间分布很大，而有的级别可能会出现很少，甚至空白，此时可采用等比分级（5~10，10~20，20~40，40~80）的方法。

但是等比分级的最大缺陷是难记，甚至分级不为整数。

等差+等比分级：即任意分级。当大部分区划单元的相对指标接近于平均水平时采用。通常是把中间各级的间隔缩小，使之反映细小差别。例如1~9（差8）、10~13（差3）、14~16（差2）、17~19 差2）、20~23（差3）、24~32（差8）。如果是图集或系列图组，则应考虑相关图幅分级的划分要便于比较分析。

（4）按级别填色或绘晕线。分级统计图法精度的高低取决于分级数的多少，分级科学性及区划单元的大小，同时级别划分标准不同，绘成的分级比值图也不相同，如图7-43所示。

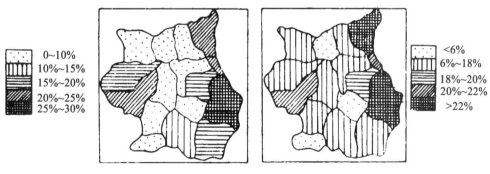

图7-43　分级不同绘成不同的分级比值图

7.6.2.2 分级统计图法优缺点

优点：能反映分散分布现象的分布特征及地理规律，清晰易读。

缺点：与分级符号相同。

261

7.6.3 分区统计图表法

分区统计图表法又称为图形统计图表法，它是将制图区按行政区划单元或其他单元分区，在各区划单元内配置相应的图表，借助于图形符号的个数或图形的大小，反映某现象数量之总和，图形的面积与单元内现象数量之总和成正比，其图形可用分级比率也可以用连续比率。图形可用多种形式，如图 7-44 所示。

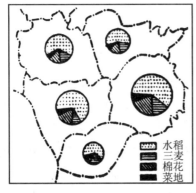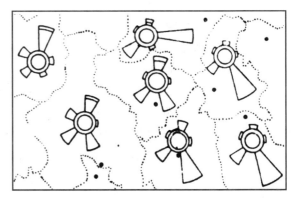

图 7-44　分区统计图表法

分区统计图表法中的图形符号与定点符号法虽然都是用符号表示，但二者有着本质的区别。首先，定点符号法是必须定位于点，即符号必须置于实地的中心位置，它反映点上的现象，而分区统计图表法的符号则是定位于面，即符号是置于区划单元的适当位置。其次，定点符号法所反映的是某点上物体的数、质量特征，而分区统计图表则反映单元内分散分布的点状或线状的或面状现象数、质量之总和。

就指标而言，分区统计图表法最适宜采用绝对指标，也可采用相对指标。

分区统计图表可以反映任一时期或时刻的现象之数、质量特征，也可反映现象的发展趋势，如图 7-45 所示。

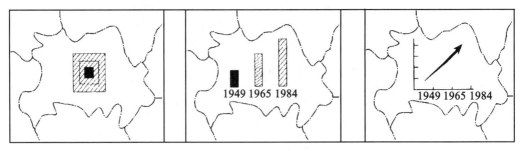

图 7-45　分区图表法(表示发展动态)

此法对底图最主要的要求是必须有正确的区划界线，其他要素则可以简略。

分区统计图表法最大的优点是能明显地表示出专题要素在各地区的差异，在宏观上给人一种很直观的感觉。它有一定的地理概念，但较差，区划单元越大，越显得概略。另外，当各区划单元统计的值相近时，则难以区分。

编制分区统计图表法地图的方法很简单，其步骤是：

(1)将每一区划单元的同种现象的数量分别累加。

(2)设计比率基数(方法同定点符号法)。

(3)设计符号图形，如圆、球体、立方体、柱状或方形。当选用柱状图表时，要注意其高不宜过大，以免超出本区划单元范围造成错觉。通常利用圆形或方形较好，既明显，也难以超出区划单元。

另外，设计图形时，还可以考虑采用在各区绘制同样大小但数量不等的符号，借助图形数目的多少反映物体数量特征，如图7-46所示。

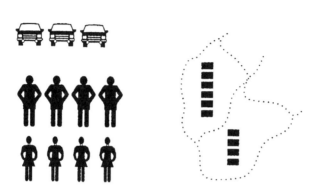

图 7-46　定值累加图表

7.7　专题地图的设计

7.7.1　专题地图设计的一般过程

专题地图的设计过程与普通地理图相似，包括编辑准备、原图编绘和出版前准备三个阶段。

7.7.1.1　编辑准备

专题地图的种类繁多、形式各异，与普通地图相比，它的用途和使用对象有更强的针对性，要求更具体。因此，对编辑准备工作来说，首先应研究与所编地图有关的文件，明确编图目的、地图主题和读者对象。

在明确编制专题地图的任务后，首先拟定一个大体设计方案，并绘制图面配置略图，经审批同意后，即可正式着手工作。

在广泛收集编图所需要的各种资料的基础上，进行深入分析、评价和处理。通过详细研究制图资料和地图内容特点，进行必要的试验，并对开始的设计方案进行补充、修改，制定出详细的编图大纲，用以指导具体的地图编绘工作。

编图设计大纲的主要内容包括：

(1)编图的目的、范围、用途和使用对象；

（2）地图名称、图幅大小及图面配置；

（3）地理底图和成图的比例尺、地图投影和经纬网格大小；

（4）制图资料及使用说明；

（5）制图区域的地理特点及要素的分布特征；

（6）地图内容的表示方法、图例符号设计和地图概括原则；

（7）地图编绘程序、作业方法和制印工艺。

7.7.1.2　原图编绘

在编绘专题内容之前，必须准备有地理基础内容的底图，然后将专题内容编绘于地理底图上。由于专题图内容的专业性很强，一般情况下，专题地图还需要专业人员提供原图。这是与普通地图编制不同的地方。制图编辑人员将专题内容编绘于地理基础底图上，或者将作者原图上内容按照制图要求转绘到基础底图上，这项工作就是专题地图的原图编绘。

7.7.1.3　出版准备

常规专题地图编制工作中的出版准备与普通地理图的方法基本相同，主要是将编绘原图经清绘或刻绘工序，制成符合印刷要求的出版原图。同时，还应提交供制版印刷用的分色参考样图。

7.7.2　专题地图的资料类型及处理方法

7.7.2.1　专题地图的资料类型

专题地图的内容十分广泛，所以编绘专题地图的资料也很繁多，但概括起来，主要有地图资料、遥感图像资料、统计与实测数据、文字资料等。

1. 地图资料

普通地图、专题地图都可以作为新编专题地图的资料。普通地图常作为编绘专题地图的地理底图，普通地图上的某些要素也可以作为编制相关专题地图的基础资料。地图资料的比例尺一般应稍大于或等于新编专题地图的比例尺，且新编图的地图投影和地理底图的地图投影尽可能一致或相似。

对于内容相同的专题地图，同类较大比例尺的专题地图可作为较小比例尺新编地图的基本资料。如中小比例尺地貌图、土壤图、植被图等，可作为编制内容相同的较小比例尺相应地图的基本资料，或综合性较强的区划图的基本资料。

2. 遥感图像资料

各种单色、彩色、多波段、多时相、高分辨率的航片、卫片都是编制专题地图的重要资料。随着现代科技的发展，卫星遥感影像的分辨率越来越高（目前民用卫片的地面精度可达到1m），其现势性也是其他资料所无法比拟的。因此，遥感资料是一种很有发展前途的信息源。

3. 统计与实测数据

各种经济统计资料，如产量、产值、人口统计数据等；各种调查和外业测绘资料；各种长期的观测资料，如气象台站、水文站、地震观测台站等，都是专题制图不可缺少的数据源。

4. 文字资料

文字资料包括科研论文、研究报告、调查报告、相关论著、历史文献、政策法规等，都是编制专题地图的重要参考文献。

7.7.2.2 专题地图资料的加工处理

资料的分析和评价：对收集到的资料进行认真分析和评价，确定出资料的使用价值和程度，并从资料的现势性、完备性、精确性、可靠性、是否便于使用和定位等方面进行全面系统的分析评价，使编辑人员对资料的使用做到心中有数。

资料的加工处理：编制专题地图的资料来源十分广泛，其分级分类指标、度量单位、统计口径等都有很大的差异性，需要把这些数据进行转换，变成新编地图所需要的数据格式。

1. 专题地图的地理基础

地理基础即专题地图的地理底图，它是专题地图的骨架，用来表示专题内容分布的地理位置及其与周围自然和社会经济现象之间的关系，也是转绘专题内容的控制和依据。

地理底图上各种地理要素的选取和表示程度，主要取决于专题地图的主题、用途、比例尺和制图区域的特点。如气候与道路网无关，因此天气预报图上就不需要把道路网表示出来；平原地区的土地利用现状图，无需把地势表示出来。随着地图比例尺的缩小，地理底图内容也会相应地概括减少。

普通地图上的海岸线、主要的河流和湖泊、重要的居民点等，几乎是所有专题地图上都要保留的地理基础要素。

专题地图的底图一般分为两种，即工作底图和出版底图。工作底图的内容应当精确详细，能够满足专题内容的转绘和定位，相应比例尺的地形图或地理图都可以作为工作底图；出版底图是在工作底图的基础上编绘而成的，出版底图上的内容比较简略，主要保留与专题内容关系密切，以便于确定其地理位置的一些要素。

地理底图内容主要起控制和陪衬作用，并反映专题要素和底图要素的关系。通常底图要素用浅淡颜色或单色表示，并置于地图的"底层"平面上。

和地理底图相关的因素还有数据的详细程度，地图的比例尺和用途，以及制图区域的特点等，但其中最主要的因素是专题内容的形态和空间分布规律。

2. 图例符号设计

在地图上，各种地理事物的信息特征都是用符号表达的，它是对客观世界综合简化了的抽象信息模型。地图符号中所包含的各种信息，只有通过图例才能解译出来，从而被人们所理解。通过地图来了解客观世界，就必须先掌握地图图例的内涵。所以，地图图例是人们在地图上探索客观世界的一把钥匙。

图例是编图的依据和用图的参考，所以在设计图例符号时，应满足以下要求：

(1)图例必须完备，要包括地图上采用的全部符号系统，且符号先后顺序要有逻辑连贯性。

(2)图例中符号的形状、尺寸、颜色应与其所代表的相应地图内容一致。其中，普染色面状符号在图例中常用小矩形色斑表示。

(3)图例符号的设计要体现出艺术性、系统性、易读性，并且容易制作。

3. 作者原图设计

由于专题地图内容非常广泛，所以其编制离不开专业人员的参与。当制图人员完成地图设计大纲后，专业人员依据地图设计大纲的要求，将专题内容编绘到工作底图上，这种编稿图称为作者原图。专业人员编绘的作者原图一般绘制质量不高，还需要制图人员进行加工处理，将作者原图的内容转绘到编绘原图上，最后完成编绘原图工作。

对作者原图的主要要求有：

(1)作者原图使用的地理底图、内容、比例尺、投影、区域范围等应与编绘原图相适应；

(2)编绘专题内容的制图资料应详实；

(3)作者原图上的符号图形和规格应与编绘原图相一致，但符号可简化；

(4)作者原图的色彩整饰尽可能与编绘原图一致；

(5)符号定位要尽量精确。

4. 图面配置设计

一幅地图的平面构成包括主图、附图、附表、图名、图例及各种文字说明等。在有限的图面内，合理恰当地安排地图平面构成的内容位置和大小，称为地图图面配置设计。

国家基本比例尺地形图的图面配置与整饰都有统一的规范要求，而专题地图的图面配置与整饰则没有固定模式，因图而异，往往由编制者自行设计。

图面配置合理，就能充分地利用地图幅面，丰富地图的内容可增强地图的信息量和表现力；反之，就会影响地图的主要功能，降低地图的清晰性和易读性。因此，编辑人员应当高度重视地图图面的设计。

图面配置设计应考虑以下几个方面的问题：

主图与四邻的关系：一幅地图除了突出显示制图区域，还应当反映出该区域与四邻之间的联系。如河北省地图，除了利用突出色彩表示主题内容，还以浅淡的颜色显示了北京、天津、辽宁、内蒙古、山西、河南、山东和渤海等部分区域。这对于了解河北省的空间位置，进一步理解地图内容是很有帮助的。

主图的方向：地图主图的方向一般是上北下南，但如果遇到制图区域的形状斜向延伸过长，考虑到地图幅面的限制，主图的方向可作适当偏离，但必须在图中绘制明确的指北方向线。

移图和破图廓：为了节约纸张，扩大主图的比例尺和充分利用地图版面，对一些形状特殊的制图区域，可将主图的边缘局部区域移至图幅空白处，或使局部轮廓破图框。移图部分的比例尺、地图投影等应与原图一致，且二者之间的位置关系要十分明晰。注意，破图廓的地方也不易过多。

5. 地图的色彩与网纹设计

色彩对提高地图的表现力、清晰度和层次结构具有明显的作用，在地图上利用色彩很容易区别出事物的质量和数量特征，也有利于事物的分类分级，并能增强地图的美感和艺术性。网纹在地图中也得到了广泛的应用，特别是在黑白地图中，网纹的功能更大，它能代替颜色的许多基本功能。网纹与色彩相结合，可以大大提高彩色地图的表现能力，所以色彩和网纹的设计也是专题地图的重要内容之一。

地图的设色与绘画不同，它与专题内容的表示方法有关。如呈面状分布的现象，在每一个面域内颜色都被视为是一致的、均匀布满的。因此，在此范围内所设计的颜色都应是均匀一致的。

专题地图上要素的类别是通过色相来区分的。每一类别设一主导色，如土地利用现状图中的耕地用黄色表示，林地用绿色表示，果园用粉红色表示，等等；而耕地中的水地用黄色表示，旱地用浅黄色表示等。

表示专题要素的数量变化时，对于连续渐变的数量分布，可用同一色相亮度的变化来表示，如利用分层设色表示地势的变化；对相对不连续或是突变的数量分布，可用色相的变化来表示，如农作物亩产分布图、人口密度分布图等。

色彩的感觉和象征性是人们长期生活习惯的产物。利用色彩的感觉和象征性对专题内容进行设色，会收到很好的设计效果。

总之，为使专题地图设色达到协调、美观、经济适用的目的，编辑设计人员对色彩运用应有深入理解、敏锐的感觉和丰富的想象力；能针对不同的专题内容和用图对象，选择合适的色彩，以提高地图的表现力。

7.8　典型专题地图

专题地图是根据某方面的需要，以一项或几项要素为主题，作为主题的要素表示得很详细，其他要素则视反映主题的需要，作为地理基础选绘。它是突出而深入地表示一种或几种要素或现象，集中地表示一个主题的内容。

专题地图的主题内容可以是普通地图上所固有的一种或几种基本要素，也可以是专业部门特殊需要的内容。

专题地图的分类较复杂，各专业部门的划分标准不统一。一般基于地学的原则，按制图对象内容的领域划分为自然现象(自然地图)地图和社会现象(社会经济地图)地图，以及反映人类与自然环境关系的地图(环境地图)。曾有人把工程技术用图从社会经济地图中独立出来，但现在已趋向于归入称为其他专题地图的类中。上述类型以外的专题地图，统称为其他专题地图，这类图除工程技术图外，还有各类航空图等。

专题地图过去称为专门地图。20世纪60年代后期，国际上统一改为专题地图，使其含义更为明确。

自然地图：反映自然各要素或现象的地图。包括地质、地貌、地球物理、气候、水文、海洋、土壤、植被、动物等各类专题地图。

社会经济地图：反映人类社会的经济及其他领域的事物或现象的地图。包括人口、政区、工业、农业、第三产业、交通运输、邮电通信、财经贸易、科研教育、文化历史等各类专题地图。

环境地图：包括生态环境、环境污染、自然灾害、自然保护与更新、疾病与医疗地理、全球变化等各类专题地图。

下面对几种典型专题地图及其常用表示方法做一简单介绍。

(1)地势图，即显示地形起伏特征的地图。多采用等值线分层设色法，以显示地貌和水系为主题内容。图上不仅明显地显示地面各部分的高程对比，正确地反映地貌的类型和特征，而且还着重表示出海岸地带的性质和特征，水系的类型、分布及其与地貌的有机联系。居民地、交通线在图上只起定向、定位作用，所以仅表示其主要的；土质、植被、境界线等也给予适当表示。

恰当拟订高度表和高程带（图7-47），是编制分层设色地势图的一项关键性工作。这要考虑到地图比例尺、地图的用途和编图地区的地貌、水文特征。图上除等高线分层设色外，经常用地貌符号补充，并配合以晕渲法，以增强其立体效果。

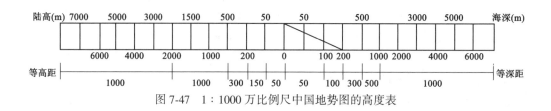

图7-47　1∶1000万比例尺中国地势图的高度表

（2）地质图，即显示地壳表层的岩石分布、地层年代、地质构造、岩浆活动等地质现象的地图，主要表示地壳表层的地质构造、成因、地层年代、岩石分布、火山现象、矿藏储量等地质现象。常见的普通地质图，表示地面上或松散堆积物覆盖层之下的各个不同时代的地层分布和构造关系。各个不同时代的地层按照地质图统一规定的色谱和各种代表地层年代的符号绘制。

地质图一般用质底法、范围法、定点符号法、线状符号法表示专题内容。地理基础中的水系，除舍去图上短于1cm的河流外，一般不简化；居民地及其他要素仅表示主要的或与地质有关的内容。

（3）地貌图，主要显示地表形态及其数量指标、地貌成因、年龄及其发展过程。一般用质底法表示按成因、年龄、现代发育强度而划分的地貌类型，用符号表示微地貌和一些中型的地貌形态。在地貌图上要详细地表示岸线和水系，居民地只表示主要的，其他要素可简略表示或不表示。

（4）气候图，即反映气象、气候要素在空间、时间变化的地图。气候图反映大气层中各种气象要素和物理现象的分布、结构、发展及其相互关系，内容十分丰富，可以编成多种地图，如气温、气压、降水量、蒸发量、台风路径、气候区划等图。

气候图的表示方法以等值线法用得最多，用来表示各种气象要素的大小、延续性、时间的开始和终止、出现的频率和变化等。

气流线、风向、风力、冰雹路径等的表示方法常用动线法。风向频率和风力也可采用玫瑰图表定位表示。气候区划图用质底法表示。

气候图上要注意到地势的影响，如能在底层平面上衬以地势的地理基础，将十分适宜。

（5）水文图，即显示海洋和陆地水文现象的地图。分为陆地水文图和海洋水文图。

陆地水文图主要表示陆地地表水的分配、动态、成分和性质的数量指标。径流量是最重要的水文要素，通常用径流深度表示，也可以用径流模数表示。可以编成的水文图有水系图、径流图、水力资源图、水文区划图和地下水图等。

陆地水文图的编绘方法与气候图有许多共同之处，也是以各测站多年观测数字资料为基础的，目的在于反映水文现象的年动态。

海洋水文图主要表示海水温度、盐分等水文要素和海流、波浪等动力因素的分布和变化，在国防和生产上都有着重要意义。编绘此图时，必须以海洋调查的系统资料为基础，以便正确显示海洋水文的基本特征，供国防和水产建设部门进行有关航海、渔捞、开发海洋资源和军事工程设施时参考。

（6）土壤图，主要表示各种土壤类型及其分布。大比例尺的土壤图是在野外工作的基础上编绘的；把野外实地调查的结果填绘到地形图上，绘成野外草图，经整理并参考其他有关资料，编绘成正式的土壤图。土壤图上的土类、亚类、土种一般用质底法表示；土壤的机械组成和成土母质的成分（黏土、壤土、沙土、砾质土）用晕纹符号表示；土壤组合和小面积土壤可以用非比例符号表示。

（7）植被图，即反映各种植被或植物群落的类型及其分布的地图。通常用质底法或范围法表示各种植被的分布。不同比例尺的植被图表示不同等级的植被分类单位及其分布，从而可以计算出某类植被在一定区域内所占的面积。由于植被与地理环境是统一体，所以各种植被分类单位在地图上能综合地反映出自然地理条件的特征及分布情况。

植被图的编制是植被分类及其分布规律研究的总结。它建立在大量的植被调查的基础上。现代植被图既反映现代植被，也反映复原植被。复原植被的表示，不论野外或室内，都是建立在间接资料的基础上，它和地形图、地势图、气候图、土壤图和其他地图有着密切的联系。

（8）政区图，即显示不同地域政治区划或一国之内的行政区划的地图。首先，通常用质底法表示政治行政单位分布的范围，以圈形符号表示政治行政中心，以线状符号表示政治行政境界；其次是主要的居民地、水系和交通线；其他地理要素，如地势、土质、植被等，则简略表示或不表示。常见的政区图有世界政区图、大洲政区图和国家的行政区划图等。

在世界政区图上，可以看到世界上各个国家的位置及其毗邻关系，有世界各大洲、各大洋的分布，对学习时事政治，理解当前的国际形势很有帮助。

中华人民共和国行政区划图上，表示国内各行政区划单位的位置关系，有各行政中心驻地和我国的边界、海域，以及与我国相邻或隔海相望的国家。

（9）人口图，即反映人口的分布、数量、组成、动态变化的地图，包括人口分布、人口密度、民族分布、人口迁移和人口增减图等。通常用点值法表示人口的分布，每点代表一定数量的人口，点的疏密反映人口分布的疏密。用分级比值法或范围密度法表示人口密度的差异。在用点值法或分级比值法、范围密度法表示制图区域内分散居住的农村人口图上，同时在各大居民地所在的位置上可以采用圆形或球形的比例符号表示城镇人口。

（10）农业图，包括农业总图和各种农业经济地图，如土地利用、耕地面积、作物分布、作物产量、牲畜分布、农田水利、土壤改良、林业、牧业、渔业等图。往往同一题材，可以根据地图用途、比例尺、资料的完备程度以及农业分布的特点，用不同方法表示。例如，农业总图反映农业方面总的情况，除表示作为地理基础的水系、主要居民地、主要交通线、境界线、土质植被（森林、沼泽、沙地等）、地势外，一般用质底法表示土地利用或农业区划，用符号法、点值法、范围法、动线法、分区图表法等表示农场、农业企业机构、水利设施、各种作物、牲畜分布、区划单位内的作物构成、产量以及货物运输等。又如土地利用图，一般用质底法以线划表示范围界线，在此范围内，以不同的颜色或晕线表示不同的土地利用类型,如耕地、草地、林地、果园、荒地等。大比例尺土地利用图还应进行详细分类,如耕地内再分菜地、水田、旱地等。农田水利图上表示全部水文要素,用底色表示灌溉区(电灌区、机灌区、自流灌区),用明显突出的几何符号表示各种水利设施,如排灌站、水闸、水坝、圩堤等。作物分布图和牲畜分布图一般用点值法或符号形式的概略范围法表示。

(11)综合经济图,是一种常见的重要的专题地图,它表示一个地区或国家的国民经济全貌,包括工业、农业、交通运输和旅游业四个基本生产部门及其他的重要内容。综合经济图不是工业、农业、交通运输和旅游业简单的相加,而是把它们综合成一个有机的完整的经济整体。它充分反映制图区域工业、农业、交通运输和旅游业间的联系,充分体现制图区域的经济特征。

编制综合经济图时,要特别注重地理基础,在其地理底图上尽可能详尽地描绘出水系网,同时还必须表示出山脉和其他重要的地表形态,以便于各项要素的定位。

在综合经济图上,应表示各级政区界线、矿藏、森林和风景名胜资源的分布范围及其储量的大小和主要树种与树龄、居民地的人口数、居民地的政治行政级别。

综合经济图常以质底法表示农业的土地利用或农用地分区、农业区划;以符号形式的概略范围法表示各种农作物、牲畜的分布范围;用定点符号法表示农机修造厂、拖拉机站、国有农场分布地点、矿藏分布、工业布局和重要景点;用集合符号表示工业集中的大居民地拥有的工业企业;以系列组合符号表示工业各方面质和量的特征;以动线法表示货物运输的交通路线,并尽量表示各条主要运输线上的货流量及其货物品种的构成、各重要车站、港埠的货运量。

在大比例尺综合经济图上,要表示出重要的邮电机构、文教机构和保健机构;但应置于次层平面。

综合经济图上,常常配置一些附图用以说明主图中未能说明的一些问题,例如说明制图区域在全国的位置及其对外联系的情况,扩大表示主图内某些经济现象特别密集的地区,补充说明制图区域经济发展的历史和远景,详细介绍制图区域内主导的或具有代表性的生产部门的配置情况以及主图中未表示的经济要素。

(12)历史地图,主要是显示历史事件及当时的地理环境的地图。突出表示历史事件发生的地点、发展动态,而对地理要素仅表示其与历史事件有关的河流、地貌、森林、沼泽、交通线等。历史地图包括民族历史地图、政治历史地图、经济历史地图、政治斗争和政治运动历史地图、军事历史地图等。军事历史地图,专门表示历史上的战争经过,常用两种不同颜色的箭形符号表示敌我两军的进退形势。

(13)海图,是以表示海洋要素为其主要内容的地图,详细地表示海岸地形、海底地形(水深、海底底质)、航行障碍物、助航设备、磁差变化、洋流、潮汐,以及海洋的其他各种地理要素,如海洋气候、海洋水文、海洋生物等。海图的主要目的之一在于保证舰船在沿海及海洋中的安全航行,因此特别注重于正确表示海底地形和突出表示航行标志。海图一般采用墨卡托投影,因为此投影能保证航行方向不变。

根据用途和内容的不同,海图一般可以分为:

① 港湾图,对港湾、水道、码头等表示较详,其比例尺大于1∶10万,供舰船进出港口、抛锚和停泊时使用。

② 航海图，主要显示海岸情况、灯塔、重要的浮标，着重显示舰船定位所利用的一切明显目标、水深注记等，比例尺在1：10万～1：100万之间，供舰船航行时使用。

③ 海洋总图，仅表示海岸线、江河、港湾、较大的岛屿和重要的灯塔等，其比例尺小于1：100万，供对广大海区作一般形势的了解和舰船远洋航行时参考之用。

(14)教学地图，按照学校地理课程内容编制的，如教学挂图，如图7-48所示。它的特点是比例尺小，内容简明扼要，重点突出，密切配合教学大纲和相应的教材，清楚地表示学生知识范围以内的地理事物，同时也包括一定的补充材料，以便正确反映区域地理特征和说明现象的相互关系。教学地图上符号和注记较大，色彩鲜明，整饰颇具艺术性。教学地图具有高度的直观性和表现力，以引起学生对地图和地理课的兴趣和爱好。

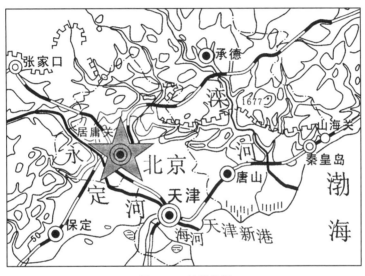

图7-48　教学地图

教学地图应特别强调地图的政治思想性，地图上任何一点政治思想性的错误，将对受教育者造成严重影响。

(15)环境地图，主要反映人类活动对自然环境的影响、环境对人类的危害和治理措施等内容，显示环境的现状、各环境要素的相互制约与环境污染物的迁移、转化和积累程度与规律，以及发展趋势。环境地图内容十分丰富，可以编成的环境地图也很多，主要有反映在人类活动前或受人类活动较少干扰下的自然环境状况的"环境背景图（本底图）"；反映人类活动对自然环境破坏和污染及其质量评价的，如空气、水、噪声、农药、化肥等的污染及水土流失、土壤侵蚀、植被破坏等的"环境污染图"；反映评价噪声、地表水、地下水、大气、土壤等自然环境质量，评价居住、绿化、工业与居住混杂、交通状况等社会环境质量和评价生态与环境之间相互关系的"环境质量评价图"；以分区形式反映地下水硬度分区、水源保护区划和环境区划等的"环境区划图"；反映自然资源综合评价及其合理开发利用的"自然资源评价图"；反映人类改造自然工程对环境影响的预测和保护更新的"环境保护更新图"；反映疾病的发生、传播、预防、治疗与环境及其变化关系的"环境医学地图"等。

环境地图上使用的表示方法有多种，常见的有定点符号法、线状符号法、范围法、等值线法、定位图表法、分区图表法、分级比值法和动线法等。用定点符号法表示各种环境要素采样点位置、排污口位置，各种污染源分布和各种治理工程设施的配置；线状符号法用于表示呈线状水体河流的污染分布及其程度等，一般以蓝色表示清洁，由绿—黄—红表明污染程度逐渐严重，用范围法表示各种污染物的分布范围；等值线法主要用于表示大气污染和地面沉降等现象；用定位图表法表示采样点上各种污染物的浓度或污染指数值，以及各种气象要素；分级比值法用于表示大气、水、噪声、土壤等环境要素的质量、区域综合质量和各种地方病发病率等；分区图表法用于表示各分区内各种污染物构成或地方病构成等；动线法用于表示污染物运动的路线、方向、速度、污染变化趋势及污染物自净的速度等。

编环境地图要注重地理底图内容的选取和表示。应从污染发生系统、净化系统两方面精选有关地理要素作为底图内容，以便于读者从图上提取更多的潜在信息，分析污染产生的原因及改善环境的有利条件，提高制图与用图效果。

(16)城市地图，一般以建成区和近郊为制图区域，主要反映城市轮廓形状和内部结构，城市环境地理特征及其对城市的形成和发展的影响，城市与近郊城乡之间联系等情况；供城市行政管理和研究城市环境、城市建设、城市发展规划等使用。单幅城市图比例尺一般大于 1：5000。

城市地图上要表示的内容很多，有街区与街巷，地貌、水系、水工设施、近郊居民地、对外交通线等地理要素，住宅、工业、商业、对外交通、文教科研、行政机关、绿化、农业等城市用地，医院、广播电台、自来水厂、电厂等公共设施，重要目标和主要建筑物，名胜古迹和宾馆、饭店、交通、游览、娱乐场所等旅游要素，城墙等城市历史发展资料，以及街巷名称索引、主要旅社、饭店、机场、车站的地址及电话号码，市内各种公交路线的起讫点，主要游览、参观、娱乐场所的地址，城市人口、经济概况、名胜古迹相片及简要介绍等文字资料、统计资料和风景相片等。除可以编制城市平面图、城市交通游览图外，还可以编制城市人口、城市功能、城市经济、城市旅游、城市环境保护、城市历史、城市发展规划、城市土地利用等地图。

鉴于城市是个综合体，用于制图的内容种类繁多，形态各异，因而专题内容的各种表示方法都可得到具体运用。

(17)地籍图，是以表示土地权属、面积、利用状况等地籍要素为主题内容的地图，是地籍管理的基础资料。比例尺较大，通常为 1：500、1：1000、1：2000、1：5000、1：1万五种。地籍图品种较多，有地籍管理图、地籍规划图、公用事业地籍图、房产地籍图和一览地籍图等。地籍图的表示方法类似于普通地图，但文字符号用得较多。

(18)旅游地图，主要反映与旅游有关的山水名胜、文化古迹、地方特产、交通通信以及各项服务设施等内容。分供旅游者和供旅游管理部门使用的两种地图。供旅游管理部门作管理使用的旅游图，主要表示各地区旅游资源的分布和食宿、交通、娱乐等旅游设施，并反映其数量与构成。供旅游者使用的旅游图则表示旅游地区的地理环境，显示纪念地、历史文物单位、园林风景名胜和公园、交通运输、邮电通信、服务行业、商业、文化体育、医疗卫生、学校、新闻出版、政府机关及有关部门等的具体位置与通达的道路。旅游地图不仅是一种地图作品，而且还是一种具有欣赏和纪念收藏价值的艺术品，因此图形要直观易读、形式活泼、色彩精致美观、内容丰富，表示方法十分讲究。编绘旅游地图，一般以符号法和范围法用得最多，以表示各景区、景点、景物、各种服务设施的地点；线状符号法主要用来表示境外交通线和景区游览道路；分区或定位图表法用于制作供旅游管理部门使用的地图。在符号法中，以艺术符号和文字符号用得最多，以达到图形形象生动，能"望图生义"，要求符号的造型优美、线条简练、色彩醒目、大小适宜。另外，常用晕渲法或写景法等制作烘托地理环境的底图。

旅游地图除用地图图示外，还附有彩色图片和简要文字说明。以图文并茂的形式，表达旅游地区的地理位置、面积、人口、发展简史、工农业和外贸概况，以及名胜古迹的分布位置、风采、美名的由来与神话传说、历史沿革；内容介绍要精练，富有知识性和趣味性，能引人入胜，富有艺术感染力。另外，还附有气候条件图表，主要旅游路线行程时刻表、价目表、有关旅游的广告，以及常用分类电话号码、货币兑换地点和比价等图表。

思 考 题

1. 什么是定点符号？如何分类？
2. 范围法和质底法有什么异同点？
3. 定位图表和一般的统计图表有什么区别？
4. 用运动线表示时，如何确定运动线的路径和粗细？
5. 定点符号法、定位图表法、分区统计图表法有哪些区别？
6. 线状符号法和动线法有哪些区别？
7. 比率符号分为哪几类？它们各自有什么特点？
8. 什么叫做伪等值线？
9. 用点数法表示时，如何确定每个点的点值？
10. 范围法和点值法有哪些区别？
11. 质底法和分级比值法有哪些区别？
12. 表达专题要素质量特征的主要表示方法有哪些？
13. 表达专题要素数量指标的主要表示方法有哪些？
14. 分级统计图法和分区统计图表法有什么不同？

课程思政园地

突出八要素，编绘新美图

地图是人们认识世界、改造世界、从事社会活动的重要工具，是表达复杂地理世界的伟大创新。华夏地图编制历史源远流长。近年来，地图从载体、内容、编制手法等都在不断更新迭代，尤其是现代电子地图技术，给传统地图编制工作带来了巨大变革。

如何进一步改进传统地图的编制方法，创新并丰富地图产品，是摆在地图编制者面前的新课题。结合编制工作实际，可以突出抓住"准、安、新、清、美、特、高、好"八个要素，着重做好政务地图、行业地图和公众地图服务，让地图焕发出新的活力。

一是"准"，能够提供精准的地理位置服务。

早在宋代刻绘的石板地图《禹迹图》就已经通过"计里画方"的形式使地图具有可量测性，即以统一尺寸的方形网格为单位，一格折百里，为地图使用者提供了精准的位置信息。

现代地图编制如何做到"准"？首先，参照现代地图编制的技术要求，要做到地图要素空间关系的精准。其次，要做到重要地理信息表达的精准。编制者需从资料获取分析、数据处理加工到地理要素的可视化表达等全过程，保证地理要素位置、范围、属性和相关统计数据的精准。

二是"安"，能够提供安全可靠的地图保障。

地图是国家版图的主要表现形式，直观反映国家的主权范围，体现国家的政治主张，具有严肃的政治性，直接关系到国家安全。根据新《测绘法》监管要求新修订的《地图审核管理规定》，明确了我国的地图安全保密和相关审核制度。

制作地图时，需参考国家测绘地理信息行政主管部门提供的标准地图。它依据中国和世界各国国界线画法标准编制而成，可用于新闻宣传用图、书刊插图、广告展示背景图、工艺品设计底图等，能够避免漏绘重要岛屿、错绘国、省界线等行为。

不少专题服务地图涉及国防、民生、经济和能源安全，将军事禁区、警力分布、未经公开的港口、水源地、油库和机场等涉密内容进行了标注。这些地图有其专业用途，一旦流落到不法人员或国外反动势力手中，将对国家和人民生命财产安全造成严重危害。因此，这类专题地图的成果数据、过程数据、源数据都要及时依法依规进行保密管理。

三是"新"，能够提供具有时代感的地图服务。

时代感首先体现于地图数据的现势性。需建立并完善高频率、高精度、实时化的数据更新机制。当前国家基础测绘数据、省级基础测绘数据、全国地理国情普查数据和交通、水利、民政等行业的专题数据的定期更新，都为地图数据的现势性提供了保障。

要紧随信息时代潮流，灵活运用新的技术手段和表达方式，将最新的计算机技术融入地图数据处理和地图设计过程中，研发并集成相关制图工具集，搭建多级多尺度地图数据库，提高地图编制的自动化程度，减少人机交互工作量，试点开展地图数据库动态更新技术，实现支持多源数据更新、多级多尺度地图数据库之间的联动更新。

四是"清"，能够清晰地展示地图主要内容。

首先，要将地图要素展示得清晰、清爽。地图概括展现地理世界，而非简单地复制地理世界，地面物体往往具有复杂的外貌轮廓，地图符号对其进行了抽象概括，使图形大大化简，让各要素展示在有限的图面以内，使地图具备一览性，达到"方寸之间展天地，几案之上呈万象"的效果。

其次，各要素表达要做到条理清晰。地图各类要素之间的层级关系要交代清楚，科学运用制图综合选取和概括的手段，突出各地理事物的规律性和重要目标，对地形信息进行详尽或概略的显示，避免出现不必要的地图分幅、跨页拼接、重叠显示等图面要素信息的混乱。

五是"美"，能够表现有艺术美感的地图设计。

美的规律在地图设计的各个方面都有广泛的应用价值，从微观到宏观，测、编、绘、印四大流程步骤，从符号、文字、色彩到图面，从内容编排到封面装帧，处处体现着美学的设计。

美的地图设计，首先体现于其科学性，从符号表达、文字配置、色彩运用等均需遵循一定的科学性，按一定的规律和原则进行设计和表达，诸如利用黄金分割比率限制栏宽，用颜色学指导配置各地域配色和背景，运用读者视觉心理、阅读习惯进行封面设计等。

地图的美，还表现在其艺术性。要从地图的内容编排特别是政治性、文化性、地域性等多方面因素出发，以"以人本"主义设计理念为核心，充分运用视觉优化手段及前沿艺术工艺的整体性设计，不仅要满足人们的实用要求，还要满足人民的审美要求，让阅读体验达到最佳。

六是"特"，能够体现地方特色和专题特色。

北宋画家张择端的《清明上河图》、清代画家冷枚的《避暑山庄图》等，都是以基本地理信息为基础框架，描绘各种自然、人文、社会活动等特色形态，使之既有政治、经济、交通、旅游等方面的实用价值，又体现鲜明的历史特色和时代特色。

在地图图面要素配置、地图选色等方面均要考虑区域地理、人文特征，不能生搬照抄制图风格。专题地图表达上，更要注重其鲜明的主题特征，紧紧围绕主题进行地图编绘，编制具有地方、行业特色，能体现"特殊时代、特殊背景、特殊事件"的公开版地图，主动为空间格局优化、生态文明建设、经济社会发展等规划决策提供支撑服务。

七是"高"，建设高素质团队打造高水平的地图产品。

一方面，要建立科学的人才培养机制，采取"请进来、走出去"战略，面向社会和高校引进地图编制、数据库建设人才，组织技术骨干赴国家级地图编制技术领先单位学习制图技术，积极组织多种类、跨平台的制图专业软件技术培训和岗位练兵。

另一方面，要不断关注地图编制领域的技术发展。发挥新方法、新技术的应用优势，加快多源多尺度地图数据库建设，逐步建立数据综合和制图应用技术体系，建立基于地理信息数据库的快速制图服务系统，实现任意地点、任意范围、任意尺度的快速成图需要，实现数据动态更新。用更快的速度、更好的质量，提供更高层次、高水平的地图产品。

八是"好"，能够提供社会影响大、反响好的地图。

明代航海图籍《郑和航海图》是以行船者观测有关景物时产生的视觉感受而绘制的，有山画山，遇岛画岛，有时还注记出航道深度、航行注意事项，是我国最早不依附海道专书而能独立指导航海的地图，充分体现了以需求为导向的地图服务理念，为如何编制"好"的地图产品带来了启示。

"好"的地图应以需求为导向。"好"的地图还必须承载一定社会功能，体现地图公益性以及人文关怀。此外，"好"的地图还要注重增强知识性、科普性。如在提供好政务地图的基础上，积极面向群众所关心的医疗、教育、银行、派出所、宾馆、红色景点等要素编制应用性强的便民地图。

在工作实践中，只要坚持做到"准、安、新、清、美、特、高、好"这八个要素，必能编制出精品地图。

（资料来源：施建石. 突出八要素，编绘新美图［N］. 中国自然资源报，2020-07-17.）

第8章 制图综合

8.1 制图综合的基本概念

制图是研究以缩小的图形来显示客观世界。但当图形缩小时，我们想要看到的地理现象的特性和分布规律并没有出现，却可能产生那些并不是我们所需要的结果，符号和注记以及地物的间距、宽度、长度都以同等比例缩小了，相邻的离散物体挤在一起，地物轮廓很混乱、拥挤。

为了使读者能清晰地阅读地图上的图形，使图形能反映出地理现象的特性和分布，就需要对制图现象进行两种基本处理——选取和概括，即制图综合。

选取又称为取舍，是指选择那些对制图目的有用的信息，把它们保留在地图上，不需要的信息则被舍掉。实施选取时，要确定何种信息对所编地图是必要的，何种信息是不必要的，这是一个思维过程。这种取舍可以是整个一类信息全都被舍掉，如全部的道路都不表示。舍掉的也可能是某种级别信息，如水系中的小支流、次要的居民地等。在思维过程中取和舍是共存的，但最后表现在地图上的是被选取的信息，称这个过程为选取。

概括是指对制图物体的形状、数量和质量特征进行化简。也就是说，对于那些选取了的信息，在比例尺缩小的条件下，能够以需要的形式传输给读者。概括分为形状概括、数量特征概括和质量特征概括。

形状概括是去掉复杂轮廓形状中的某些碎部，保留或夸大重要特征，代之以总的形体轮廓。数量特征概括是引起数量标志发生变化的概括，一般表现为数量变小或变得更加概略。质量特征概括则表现为制图表象分类分级的减少。所以，概括在西方统称为简化。

概括和选取虽然都是去掉制图对象的某些信息，但它们是有区别的。选取是整体性地去掉某类或某级信息，概括则是去掉或夸大制图对象的某些碎部，以及进行类别、级别的合并。制图工作者是在完成了选择后，对选取了的信息进行概括处理。

制图综合的目的是突出制图对象的类型特征，抽象出其基本规律，更好地运用地图图形向读者传递信息，并可以延长地图的时效性，避免地图很快地失去作用。制图综合是一个十分复杂的智能化过程。它受到一系列条件，如地图用途、比例尺、景观条件、图解限制和数据质量的制约，并需要使用约定的方法。

在传统的制图综合过程中，常常由于制图者的认识水平和技能差异导致综合存在着一定程度的主观性，表现为在同样的制约条件下，使用同样的资料所作出的地图图形不一致。计算机的应用，使制图综合在速度上和完善程度上都得到很大的提高，每种算法可以重复得到同样的结果，并且可以手工方法无法达到的精度来实现。这时，作者的主观性仅仅反映在对算法的设计和选择上。

8.2 制图综合的方法

在制图实践中，为完成制图综合的过程，逐渐形成了一些约定的方法。

8.2.1 选取

选取分为类别选取和级别选取。

类别选取受地图用途的制约，是地图内容设计的任务，这里主要讨论的是级别选取，即在同类物体中选取那些主要的、等级高的对象，舍去次要的、等级较低的那部分对象。通常用资格法和定额法来实现。

8.2.1.1 资格法

资格法是以一定的数量或质量标志作为选取的标准(资格)而进行选取的方法。例如把 1cm 的长度作为河流的选取标准，地图上长度大于 1cm 的河流即可选取，低于这个标准的，则一般应舍去。

制图物体的数量标志和质量标志都可以作为确定选取资格的标志。数量标志通常包括长度、面积、高程或高差、人口数、产量或产值等，质量标志通常包括等级、品种、性质、功能等，它们都可以作为选取的资格。

资格法标准明确、简单易行，在编图生产中得到了广泛的应用。它的缺点在于：第一，资格法只用一个标志作为衡量选取的条件，不能全面衡量出物体的重要程度。例如，一条同样大小的河流处在不同的地理环境中，其重要程度会差之甚远。第二，按同一个资格进行选取，无法预计选取后的地图容量，很难控制各地区间的对比关系。

为了弥补资格法的不足，常常在不同的区域确定不同的选取标准或对选取标准规定一个活动的范围(临界标准)。例如，甲地区和乙地区具有不同的河网密度和河系类型，对于不同密度的地区规定不同的选取标准，如甲地区为 6~10mm，乙地区为 8~12mm，用来照顾各地区内部的局部特点。至于上述资格法的第二个缺点，是很难克服的，因此需要用定额法作为补充或配合使用。

8.2.1.2 定额法

应用定额法是规定出单位面积内应选取的制图物体的数量。这种方法可以保证地图在不影响易读性的前提下，使地图具有相当丰富的内容。

制图物体的选取定额是由地图载负量决定的。对于不同的制图区域，由于制图对象的重要程度、分布特点等不同，常规定不同的载负量。如它可以是面积指标，把这项指标转换成选取定额，则是通过符号大小和注记规格实现的。

定额法也有明显的缺点，它无法保证在不同地区保留相同的质量资格，例如各地区都应当全部保留乡镇级以上的居民地，制图综合实际工作中这一点往往是非常重要的。

为了弥补这个缺点，使用定额法时，常常给出一个临界指标，即规定一个高指标和一个低指标，例如 100cm² 内选取 120~140 个居民地，在这个活动范围内调整。

为了使确定的选取资格或定额具有足够的准确性，人们还使用各种各样的数学方法，包括数理统计法、方根规律方法、图解计算法、等比数列法、信息论方法、图论方法、模糊数学方法、灰色聚类方法和分形学的方法等。

8.2.2 概括

制图综合中的概括包括形状概括、数量特征概括和质量特征概括。

8.2.2.1 制图物体的形状概括

形状概括可以定义为删除制图对象图形的不重要的碎部。保留或适当夸大其重要特征，使制图对象构成更具有本质特性的明晰的轮廓。

制图物体的形状概括通过删除、合并与分割、夸大来实现。

1. 删除

制图物体图形中的某些碎部，在比例尺缩小后无法清晰表示时应予以删除，如河流、街区和其他轮廓图形上的小弯曲等，如图8-1所示。

手工作业时，删除靠直观感觉，制图员主要根据碎部图形的大小、位置(同周围的关联)和形状特征等条件来判断其是否重要，这种直观感觉只有在积累了丰富的经验后才能较客观地建立起来。

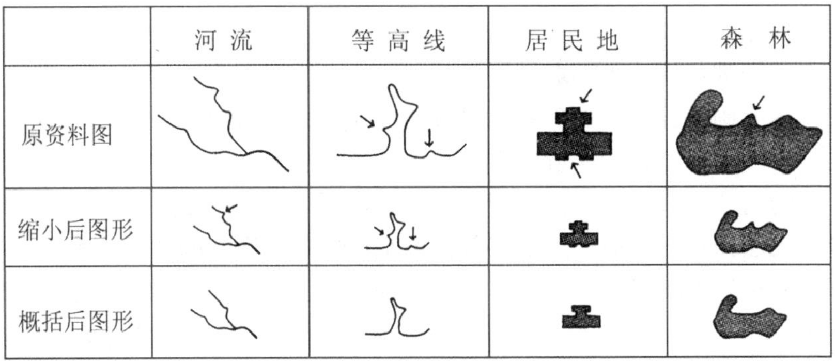

	河 流	等 高 线	居 民 地	森 林
原资料图				
缩小后图形				
概括后图形				

图 8-1 图形碎部的删除

计算机制图时删除表现为对制图数据的删除。计算机制图的主观性表现在选择删除算法和建立计算机文件中，一旦数据变成了机器可阅读的形式，就可以准确无误地进行形状简化的处理。

2. 合并与分割

当地图比例尺缩小后，某些图形及其间隔随之缩小到难以区分时，可对同类要素的细部加以合并，以表示出它的总体特征。例如两块林地图形间隔很小，合并成一片林地；在中小比例尺地图上概括城镇居民地平面图形，可舍去次要街巷，合并街区，以反映该居民地的主要特征，所以删除与合并是互相联系的。合并有时也会歪曲图形的特征，如排列整齐的街区图形，由于删除街道合并街区，而造成对街区的方向、排列方式或大小对比方面的歪曲。因此在合并的同时，又常辅以分割的处理，以保持街区原来的方向及不同方向上街区的数量对比，如图8-2所示。分割方法是针对某种特殊排列图形的一种综合方法，包含了更多的智力因素，使得它在计算机制图时更难实现。

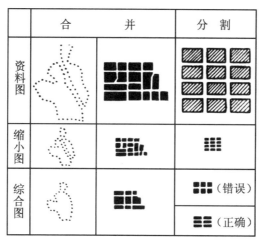

图 8-2　图形的合并地分割

计算机制图时，合并意味着删除标志轮廓间隔的那部分数据。

3. 夸大

为了显示和强调制图物体的形状特征，需要夸大一些本来按比例应当删除的碎部。例如，一条微弯曲的河流，若机械地按指标进行概括，微小弯曲可能全部被舍掉，河流将变成平直的河段，失去原有的特征。这时，就必须在删除大量细小弯曲的同时，适当夸大其中的一部分。图 8-3 所示为需要夸大表示的位于居民地、道路、岸线轮廓和等高线上的一些特殊弯曲。

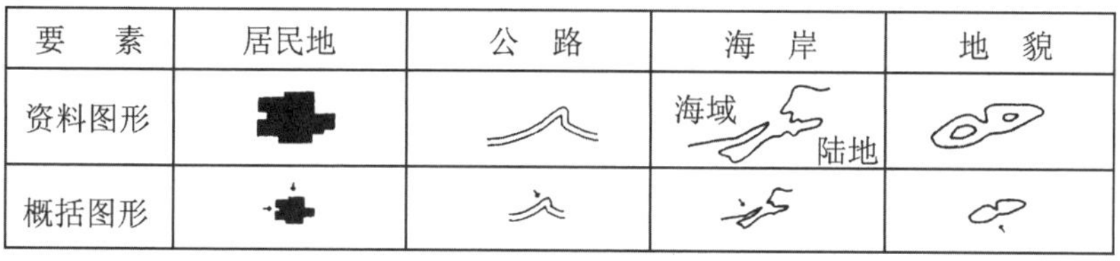

要　素	居民地	公　路	海　岸	地　貌
资料图形			海域　　　陆地	
概括图形				

图 8-3　形状概括时的夸大

计算机制图时，夸大也是通过对制图数据进行修改来实现的。这时，要通过对比拉伸的算法增强相邻点值的差别，达到夸大显示小弯曲的目的。

8.2.2.2　制图物体数量特征的概括

制图物体的数量特征指的是物体的长度、面积、高度、深度、坡度、密度等可以用数量表达的标志的特征。

制图物体选取和形状概括都可能引起数量标志的变化。例如，舍去小的河流或去掉河流上的弯曲都会引起河流总长度的变化，从而引起河网密度的变化。

数量特征概括体现在对标志数量的数值的化简，例如去掉小数点后面的值，使高程或比高注记简化。数量特征概括的结果，使数量标志改变，并且常常是变得比较概略。

8.2.2.3　制图物体质量特征的概括

制图物体质量特征指的是决定物体性质的特征。

用符号表示事物时，不可能对实地具有某种差别的物体都给以不同的符号，而是用同样的符号来表达实地上质量比较接近的一类物体，这就导致地图上表示的物体要进行分类和分级。

分类比分级的概念要广，对于性质上有重要差别的物体，用分类的概念，例如河流和居民地属于不同的类。同一类物体由于其质量或数量标志的某种差别，又可以区分出不同的等级。

分级的标志可能不同，但区分出的每一个级别都代表一定的质量概念。随着地图比例尺的缩小，图面上能够表达出来的制图物体的数量越来越少，这时需要相应地减少它们的类别和等级。

制图物体的质量概括就是用合并或删除的办法来达到减少分类、分级的目的。

质量概括的结果常常表现为制图物体间质量差别的减少。以概括的分类、分级代替详细的分类、分级，以总体概念代替局部概念。

在计算机制图时，数量特征概括和质量特征概括通常是通过分类的操作手段来实现的。分类被定义为数据排序、分级和分群，它通过选择分级间隔和聚类的算法来实施。分类的结果是使数据集"典型化"，在这种典型化的处理中，任何一个原始数据实际上都不被保留在新编地图上，取而代之的是一个由众多原始数据被"典型化"了的数据。

8.2.3 定位的优先级

随着地图比例尺的缩小，地图上的符号会发生占位性矛盾。比例尺越小，这种矛盾就越突出。编图时，通常采用舍弃、移位和压盖的手段来处理。遇到这种情况时，对应舍弃谁，谁该移位，往哪个方向移，移多少，什么时候可以压盖等问题，在长期的制图实践中已形成了一些约定的规则。

8.2.3.1 符号定位的优先级

1. 点状符号

有坐标位置的点：这些点具有平面直角坐标，如地图上的平面控制点、国界上的界碑符号等，它们的位置是不允许移动的。

有固定位置的点：地图上的大多数点状符号属于这一类，它们有自己的固定位置，如居民点、独立地物点等，它们以符号的主点定位于地图上。这些点在编图时一般不得移动，当它们之间发生矛盾时，根据彼此的重要程度确定其位置。

只具有相对位置的点：这些点依附于其他图形而存在，如路标、水位点等，当它的依附目标位置发生变化时，点位也随之变化。

定位于区域范围的点：这些点多数是说明符号，本身没有固定的位置，如森林里的树种符号、冰碛石、分区统计图表等，它们只需定位于一定的区域范围。编图时，人们通常把它们放在区域内的空白位置，避免压盖重要目标，当然，如有可能，应尽量把符号放在区域的中央。

阵列符号：严格说来，它不是点状符号，只是由离散符号组成的图案，表示某种现象分布的空间范围，单个符号没有位置概念，只有排列的要求。

处理点状符号之间的定位关系时，基本上可按上述次序定位，发生矛盾时，移动次级的符号。

2. 线状符号

有坐标位置的线：地图上有些线的位置是由坐标限定的，如国界线上有界标，它们有准确的坐标位置，还有的国界是沿经线或纬线划分的，这样的线在任何情况下都不能移动其位置。

具有固定位置的线：地图上大多数线属于这类，如铁路、公路、河流等这些线有自己的固定位置，它们以符号的中心线在地图上定位。当它们的符号定位发生矛盾时，根据其固定程度确定移位次序，如道路与河流并行时，需要首先保证河流的位置正确，再移动道路的位置。

这类线状符号中有一部分具有标准的几何图形，最常见的是直线，如直线路段、渠道、某些境界、通信线、电力线、经纬线等，也有些具有其他几何形状，如道路立交桥、街心花园、体育场符号等。这些局部线段在地图上并不一定是最重要的，但保留其规则形状都是十分必要的，为此，常常不惜牺牲其他较重要的点、线位置。

表达三维特征的线：各类等值线。对于这些线，除了要注意它们的平面位置和形状特征外，还需要把它们集合起来成组地研究，保持它们的图形特征和彼此的协调关系。从定位的角度看，它们常被作为地理背景存在，地图上其他要素的图形需要同它们协调，所以处于较重要的位置。

具有相对位置的线：这些线依附于其他制图对象存在，大多数的境界线属于这一类，如依附于山脊线、河流的境界线，依附于道路，通信线、水涯线的地类界等，编图时，需要保持原有的协调关系。

面状符号的边界线：主要指那些面积不大的面状物体的边界，如小湖泊的岸线、地类图斑的边线等。这些线独立存在，也常常适应相应的地理环境，具有特定的类型特征，保留这些特征是需要认真考虑的。

线状符号的定位优先级也具有大致的序列关系，但不像点状符号那样严格。

8.2.3.2 处理方式

编图时对符号的争位矛盾大致采用以下三种方式来处理：

1. 舍弃

当符号定位发生矛盾时，特别是当同类符号碰到一起时，一般会舍弃其中等级较低的一个。即便是不同类的符号，如果周围有密集的图形，也需要采用舍弃的方式。

2. 移位

不同类别的符号定位发生矛盾时，如果不采用舍弃的方式，就要采用移位的方式，这种移位又可分为以下两种情况：

(1) 双方移位。当二者同等重要时，采用相对移位的方法，使符号间保持必要的间隔。

(2) 单方移位。当二者重要程度不同时，如表现为次要点位对重要点位，点状符号对有固定位置或相对位置的线等，应单方移位，使符号之间保持正确的拓扑关系。

3. 压盖

符号定位发生矛盾时，有时需要采用压盖的方法进行处理。这主要是指点状符号或线状符号对面状符号，如街区中的有方位意义的独立地物或河流，它们可以采用破坏(压盖)街区的办法完整地绘出点、线符号。

制图综合是一个智能化的思维过程，现在还不可能做到由计算机处理所有的问题。当机器不能自动处理时，可以辅之以人工进行编辑处理。

8.3 制图综合的影响因素

8.3.1 地图用途和主题

编制地图的目的和任务不同，需要在图上反映空间数据的广度和深度也不同，因此地图的用途是地图概括的主导因素。例如，同是比例尺 1∶400 万的华北地区地图，中学用的教学挂图和参考性的行政地图内容繁简有很大差别。前者只要满足教学大纲的要求，区分行政省份、主要山川和城市，以及反映一般自然地理概念即可；但后者除了上述内容外，还需要表示出华北地区所辖各县的行政界线、详细的河流和交通线，如图 8-4 所示。在表示方法上两者也有较大差异。教学地图符号要粗大，色彩对比性较大，以便在课堂学习时全教室里的学生都能看得清楚；行政地图则可用较小的符号，以容纳较多的地理信息。

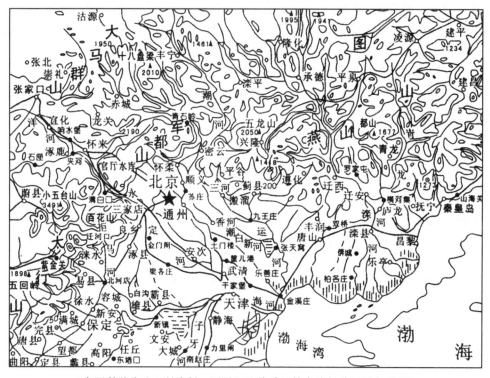

(中国科学院地理所编制，原图上地貌采用等高线加分层设色表示)

图 8-4　1∶400 万《中国地势图》的一部分

地图的主题决定某要素在图上的重要程度，因而也影响地图概括。例如相同比例尺的水资源图和交通图，前者要详细表示水系，应尽量选取一切可能的小支流与湖泊，不放弃人工水体(水库、运河)，面积较小的水上建筑物可以用符号表示，以反映水系的工程差异，而图上选取的居民点较少，也只需表示少数的主干公路；而在交通图上，铁路和公路要根据运营的情况尽量表示，与道路有关的居民点(包括道路交叉点附近的居民点)应适当多选，图上水系只要表示主要的河流和湖泊即可。

同一种地理要素的选取也受地图主题的影响。以居民点为例，在地势图上不必强调表示每一个县级行政中心；在政区图上则尽量表示各级行政中心；在经济地图上只表示与经济数据有联系的居民点，而不管它的行政意义，如图8-5所示。

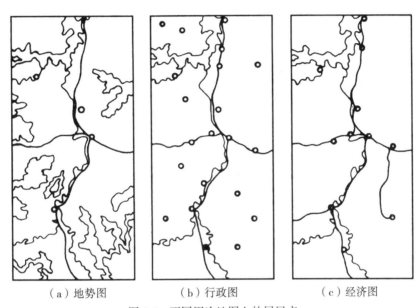

（a）地势图　　　　　　　（b）行政图　　　　　　　（c）经济图

图8-5　不同用途地图上的居民点

8.3.2　地图比例尺

地图比例尺决定着实地面积反映到地图上面积的大小，它对制图综合的制约反映在综合程度、综合方向和表示方法等方面。

8.3.2.1　地图比例尺影响地图的制图综合程度

随着地图比例尺的缩小，制图区域表现在地图上的面积成等比级数倍缩小，能表示在地图上的内容就越少，对所选取的内容进行较大程度的概括。所以，地图比例尺既制约地图内容的选取，也影响地图内容的概括程度。

8.3.2.2　地图比例尺影响地图制图综合的方向

大比例尺地图上制图综合的重点是对物体内部结构的研究和概括。小比例尺地图上转而把注意力放在物体的外部形态的概括和同其他物体的联系上。

例如，某城市居民地在大比例尺地图上用平面图形表示，制图综合时，需要考虑建筑物的类型、街区内建筑物的密度及各部分的密度对比，主次街道的结构和密度；到了小比例尺地图上，逐步改用概略的外部轮廓甚至菌形符号，制图综合时注意力不放在内部，而是强调其外部的总体轮廓或它同周围其他要素的联系。

8.3.2.3　地图比例尺影响制图对象的表示方法

众所周知，大比例尺和小比例尺地图上表示的内容不同，选用的表示方法差别很大。随着地图比例尺的缩小，依比例表示的物体迅速减少，在小比例尺地图上设计简明的符号系统不仅是被表达物体本身的需要，也是读者顺利读图的需要。

8.3.3　制图区域的地理特征

不同区域具有景观各异的地理特征(景观条件)。例如我国江南水网地区，水系和居民点主要由密集的河渠和分散的居民点组成，居民点多沿河岸和渠道排列，如图 8-6 所示，由于河网过密，势必影响其他要素的显示。因此，在制图规范中对这些地区需要限定河网密度，一般不表示水井、涵洞等。

在我国的西北干旱区，蒸发量大大超过降水量，干河床多，常流河少，季节给水的河流和井、泉附近，成为人们生活、生产的主要基地(图 8-7)。制图规范对这些地区规定必须表示全部河流、季节河和泉水出露的地点。

图 8-6　河网地区的图形

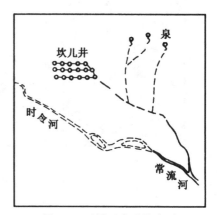

图 8-7　干旱区水系的表示

制图区域的地理特征制约着制图对象的重要程度，这反映在同样的制图对象在不同的景观条件下具有不同的价值。例如，几十米的高差在山区是无关紧要的，在平原地区就成为区域的重要特征；水井在水网地区无关紧要，在沙漠地区就成了重要目标。

制图区域的地理特征有时还决定着使用的制图综合原则，例如，流水地貌、喀斯特地貌、砂岩地貌、风成地貌和冰川地貌地区的等高线形状概括会使用不同的手法，甚至不同的综合原则。

8.3.4　图解限制

地图的内容受符号的形状、尺寸、颜色和结构的直接影响，制约着概括程度和概括方法。例如，在教学地图上表示河岸线，它是由较粗的线段描绘的，河流的细小弯曲便无法表达；而参考用图上的河流则是用细线描绘的，能够把河流的细部表示出来。用细小圆圈符号表示居民点，能在单位面积内表示较多的个数，若改用大的符号，就不能不舍掉较多次要居民点。可见，根据用图的目的，设计合理的符号，能提高地图的容量。

符号最小尺寸的设计受许多因素的影响，如读图时眼睛观察分辨符号的能力，能绘出和印刷出符号的技术可能性，以及地物的意义和地理环境，视觉因素的影响等。

下面列举一些实验及常用数据予以说明。如图8-8所示，当视场角为6′时，可观察到绘有晕线的方块(0.5mm)，视场角为7′时可观察到空心方块(0.6mm)，视场角为4′～5′时，可清楚地看到复杂图形的突出部(0.3～0.4mm)。如采用深色单个符号表示居民点中建筑物，可以采用符号的最小尺寸；但要用颜色普染一个小湖泊，用同样的最小尺寸就显不出湖泊的蓝色了，此时，规定图上表示湖泊的尺寸不得小于1～2mm²；为了表示地类界内的各种土质、植被，图上最小面积需放大到25mm²；海面上的地物较少，小的海岛在淡蓝的背景下显得很突出，即使采用单个的点子也能衬托出小岛的位置。

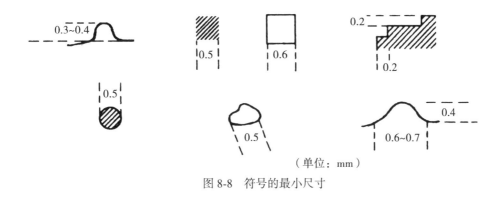

（单位：mm）

图8-8　符号的最小尺寸

8.3.5　数据质量

数据质量指的是制图资料对制图综合的影响。高质量的资料数据本身具有较大的详细程度和较多的细部，给制图综合提供了可靠的基础和综合余地。如果资料数据本身的质量不高，仅仅运用制图技巧使其看起来像是一幅高质量的地图，则会对读者产生误导。另外，还要特别注意的是，在使用地图数据库用计算机编图时，必须辨清楚比例尺信息和资料真实程度的信息，以便正确地掌握综合程度。

8.4　地图各要素的制图综合

地图上各要素的制图综合是制图综合理论在制图实践中的具体应用。下面分要素简要加以论述。

8.4.1　水系的综合

地图上的水系分为海洋要素和陆地水系两大部分。

8.4.1.1　海洋要素的综合

地图上表示的海洋要素包括海岸、海底地貌和其他海洋要素。在地图上应当正确表示海岸类型及其特征，显示海底(大陆架、大陆斜坡和大洋盆地)的基本形态、海洋底质及其他水文特征。

1. 海岸的制图综合

海岸的制图综合包含对海岸线的图形概括和海岸性质的概括。前者相当于形状概括，后者相当于质量概括，即减少分类，合并相近性质的岸段。下面主要讨论海岸线的图形概括。

1) 海岸线图形概括的方法

在对海岸线进行形状概括之前，先要研究海岸的类型及其图形特征，以便保持其固有的特点。

描绘海岸线图形时，首先要找出海岸线弯曲的主要转折点，如图 8-9 所示，确定它们的准确位置，由此构成海岸线的基本骨架，以此为依据完成对海岸线图形的化简。

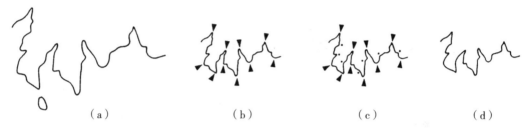

（a）　　　　　　　（b）　　　　　　　（c）　　　　　　　（d）

图 8-9　海岸线图形概括的方法

2) 海岸线图形概括的基本原则

（1）保持海岸线平面图形的类型特征。随着地图比例尺的缩小，表达海岸线图形细部的可能性越来越小，这时，对不同类型海岸具有的固有特点应加以充分的表示。

地图上把海岸分为以侵蚀作用为主的海岸，以堆积作用为主的海岸及生物海岸三类，它们各自有着自己的类型特征。

以侵蚀为主的海岸多为岩质海岸，具有高起的有滩或无滩后滨，概括这类海岸线的轮廓时，要注意海岸多港汊、岛屿及岸线多弯曲的特征，应当使用带有棱角弯曲的线画来表示（如图 8-10），地图比例尺越小，这种"手法"的痕迹就越明显。不当的综合主要表现为对海角的拉直或圆滑。

以堆积为主的海岸多具有低平的后滨，岸坡平缓，岸线平直，在河口常形成三角洲，常有淤泥质或粉沙质海滩、沙嘴、沙坝或潟湖等。概括这类海岸线的图形要保持岸线平滑的特征，一般不应出现棱角弯曲。沙嘴、沙堤都应保持外部平直、内部弯曲的特点，如图 8-11 所示。

以堆积为主的海岸河口三角洲突向海中，河道多分支，沙洲密布，前滨有宽阔的干出滩，它们又常被河道、潮水沟分割。在正确表示其图形特征的同时，还要注意其土质状况，配以相应的沙丘、沙嘴、贝壳堤、沼泽、盐碱地的符号。

生物海岸包括珊瑚礁海岸和红树林海岸，都配以专门符号表示。

（2）保持各段海岸线间的曲折对比。海岸的类型特征中很重要的一个方面是海岸的弯曲类型，弯曲有大有小，弯曲个数有多有少。经过图形概括，其曲折程度肯定会逐渐减少，曲折对比有逐渐拉平的趋势，重要的是要保持各段海岸线间的曲折对比关系。为了达到这个目的，制图中会采用一系列的数学模型加以辅助。

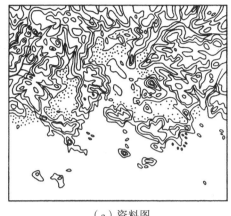  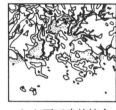

（a）资料图　　　　　　　（b）正确的综合　　　　　　（c）不正确的综合

图 8-10　侵蚀海岸线的图形概括

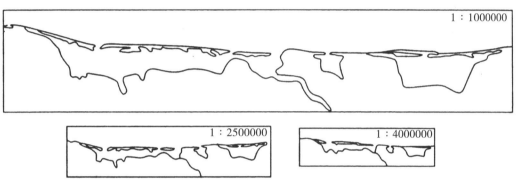

图 8-11　以堆积为主的海岸线图形概括

（3）保持海陆面积的对比。在概括海岸线的弯曲时，将产生究竟应当删去海部弯曲还是陆地弯曲的问题。在实际作业时，海角上常常是删去小海湾，扩大陆地部分为主；海湾中则删去小海角，扩大海部为主。要尽量使删去小海湾和小海角的面积大体相当，保持海陆面积的正确对比。

2. 岛屿的综合

岛屿是海洋要素的组成部分，岛屿综合包括岛屿的形状概括和岛屿的选取。

（1）岛屿的形状概括。岛屿用海岸线表示。大的岛屿岸线概括同海岸线概括的方法一致；小的岛屿则主要应突出其形态特征。海洋中的岛屿图形只能选取或舍去，任何时候都不能把几个小的岛屿合并成一个大的岛屿。

（2）岛屿的选取。应遵照下列各项原则：

① 根据选取标准进行选取。编辑大纲常规定出岛屿的选取标准，例如地形图上常规定为 0.5mm^2，图形面积大于此标准的岛屿都应选取表示在地图上。

② 根据重要意义进行选取。有的岛屿很小，但所处的位置很重要，如位于重要航道上的、标志国家领土主权范围的岛屿，不论在何种小比例尺的地图上都必须选取。

③ 根据分布范围和密度进行选取。对于成群分布的岛屿，要把它们当成一个整体来看待。实施选取时，要先研究岛群的分布范围、岛屿的排列规律、内部各处的分布密度等。首先选取面积在规定的选取标准以上的岛屿，然后选取外围反映群岛分布范围的小岛，最后选取反映各地段密度对比和排列结构规律的小岛，如图 8-12 所示。面积太小又需选取的岛屿，可以改用蓝点表示。

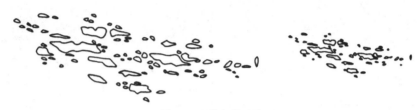

图 8-12　群岛的选取

此外，对海中的明、暗礁，浅滩等，由于它们是航行的重要障碍，也要按选取岛屿的原则和方法进行选取。

3. 海底地貌的综合

海底地貌是由水深注记和等深线表示的。

1）水深注记的选取

编图时，对于资料图上大量的水深注记，首先要选取浅滩上或航道上最浅的水深注记，然后选取标志航道特征的那些水深注记，再选取反映海底坡度变化的水深注记，最后补充水深注记到必要的密度。

浅海区、海底复杂的海区、近海区、有固定航线的航道区都应多选取一些水深注记，其他地区可相对少选一些。

2）等深线的勾绘

如果资料图上是用水深注记表示的，新编图上需要用等深线表示海底地貌，就要根据水深注记勾绘等深线。

勾绘等深线和勾绘等高线有许多地方是一致的，都应先判断地形的基本结构和走向，然后用内插法实施。勾绘等深线的特殊点是要遵守"判浅不判深"的原则，即在无法判定某区域的确切深度时，宁愿把它往浅的方向判，如图 8-13 所示，其结果必然是扩大了浅海的区域。

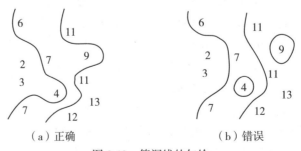

（a）正确　　　　　　　　　（b）错误

图 8-13　等深线的勾绘

3)等深线的综合

(1)等深线的选择：等深线的选择是根据深度表进行的。深度表上往往将浅海区等深距定得小一些，表示得详细些，深海区则表示得比较概略。另外，对表示海底分界线的如对海洋航行安全很重要的-20m，表达大陆架界限的-200m等深线往往是必须选取的。

对于封闭的等深线，位于浅海区小的海底洼地可以舍去，但位于深水区的小的浅部，特别是其深度小于20m时，一般应当保留。

(2)等深线的图形概括：反映浅水区的同名等深线相邻近时可以合并(舍去海沟)，但反映深水区的相邻同名等值线是不可以合并的，即不可以舍去深海区之间的"门槛"。在概括等深线的图形弯曲时，也要遵从"舍深扩浅"的原则，只允许舍去深水区突向浅水区的小弯曲。当然，也要注意等深线间的协调性。

8.4.1.2 陆地水系的综合

陆地水系包括河流、湖泊与水库、沟渠与运河、井、泉等。

1. 河流的制图综合

河流的综合也包含河流选取和河流图形概括两部分。

1)河流的选取

在编绘地图时，河流的选取通常是按事先确定的河流选取标准(通常是一个长度指标，有时也用平均间隔作辅助指标)进行。

河流的选取标准是在用数理统计方法研究全国各地区的河网密度之后确定的。

实地上河网密度系数的分布是连续的，新编图上河流的选取范围是有限的，例如通常的选取标准在0.5~1.5cm之间。为此，制图实践中，常常是将实地河网按密度进行分级，然后在不同密度区中确定选取标准。表8-1所示是我国地图上河流选取标准的参考数值。有规范的地图应以规范的规定为准。

表8-1 我国地图上河流选取标准

河网密度分区	密度系数 km/km²	河流选取标准(cm)	
		平均值	临界标准
极稀区	<0.1	基本上全部选取	
较稀区	0.1~0.3	1.4	1.3~1.5
中等密度区	0.3~0.5	1.2	1.0~1.4
	0.5~0.7	1.0	0.8~1.2
	0.7~1.0	0.8	0.6~1.0
稠密区	1.0~2.0	0.6	0.5~0.8
极密区	>2.0	不超过0.5	

在地图的设计文件中，规定的河流选取标准通常不是一个固定值，而是一个临界值，即一个范围值。这是为了适应不同的河系类型或不同密度区域间的平稳过渡而采取的措施。

在不同类型的河系中，小河流出现的频率不一致，例如，对于同样密度级的区域，羽毛状河系、格网状河系可采用低标准，平行状河系、辐射状河系可取高标准。

为了不使各不同密度区之间形成明显的阶梯，通常在交错地段高密度区采用高标准，低密度区采用低标准。

在选取河流时，通常应先选取主流及各小河系的主要河源，然后以每个小河系为单位，从较大的支流逐渐向较短的支流，根据确定的选取标准对其逐渐加密、平衡，最终实现合理的选取。

河流选取结果应符合一般的选取规律，它主要表现在以下几方面：

(1)河网密度大的地区小河流多，即使是规定用较低的选取标准，其舍去的条数仍然较多；

(2)河网密度小的地区，舍去的条数比较少；

(3)保持各不同密度区间的密度对比关系。

随着地图比例尺的缩小，河流舍弃越来越多，实地密度不断减小，图上密度却不断增大。为此，选取标准的上限应逐渐增大。例如，1∶10万地图上选取的上限可定为1.0cm或1.2cm，1∶100万或更小比例尺地图上，其上限可定为1.5cm或更高。这是由于随着地图比例尺的缩小，河流长度按倍数缩小，地图面积却以长度的平方比缩小，所以，尽管舍去较长的河流，视觉上看到图面上的河网密度还在不断增大。提高选取标准的目的在于尽量降低图面上的河网密度，以免造成错觉。

有一些河流虽然小于所规定的选取标准，也应把它选取到地图上，如表明湖泊进、排水的唯一的小河，连通湖泊的小河，直接入海的小河，干旱地区的常年河，以及大河上较长河段上唯一的小河等。

还有一些河流，尽管其长度大于选取标准，但由于河流之间的间隔较小，例如平均间隔小于3mm，通常也会把它们舍掉。

2) 河流的图形概括

概括河流的图形，目的在于舍弃小的弯曲，突出弯曲的类型特征，保持各河段的曲折对比关系。

(1)河流弯曲的形状。河流的平面图形受地貌结构、坡度大小、岩石性质、水源等自然条件的影响，在不同的河段上具有特定的弯曲形状。河流的弯曲可分为简单弯曲和复杂弯曲。简单弯曲包括图8-14中所示的几种。

微弯曲是一种浅弧状弯曲，山地河流多具有这种类型的弯曲，如图8-14(a)所示。

钝角形弯曲：河流弯曲成钝角形，转折较明显，河流弯曲同谷地弯曲一致，河流的上游以下切为主时形成这种弯曲，如图8-14(b)所示。

半圆形弯曲：河流弯曲成半圆形的弧状，过渡性河段和平原河流上旁蚀作用增强，逐渐形成这类弯曲，如图8-14(c)所示。

套形弯曲：弯曲超过半圆，平原上在没有大量发育汊流、辫流的情况下，常出现这种弯曲，如图8-14(d)所示。

菌形弯曲：河流旁蚀和堆积加剧，曲流继续发育形成菌形，如图8-14(e)所示。

河流的复杂弯曲是在一级的套形或菌形弯曲上发育成的复合弯曲，如图8-15所示。

各种不同的弯曲形状具有不同的曲折系数。微弯曲的河流曲折系数接近于1(<1.2)。

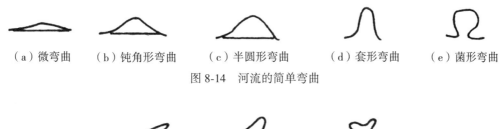

（a）微弯曲　　（b）钝角形弯曲　　（c）半圆形弯曲　　（d）套形弯曲　　（e）菌形弯曲

图 8-14　河流的简单弯曲

（a）　　　　　　（b）　　　　　　（c）

图 8-15　河流的复杂弯曲

具有钝角形弯曲的河段称为弯曲不大的河段，其曲折系数为 1.2~1.4；具有半圆形弯曲的河段，其曲折系数为 1.5 左右；大多数具有套形、菌形和复杂弯曲的河段曲折系数大大超过 1.5。在概括河流图形时，首先要研究河流的弯曲形状和曲折系数。

（2）概括河流弯曲的基本原则。

① 保持弯曲的基本形状。弯曲形状同河流发育阶段密切相关，概括河流图形时保持各河段弯曲形状的基本特征是非常重要的。

② 保持不同河段弯曲程度的对比。曲折系数是同弯曲形状相联系的，概括河流图形时并不需要逐段量测其曲折系数，只要正确地反映了各河段的弯曲类型特征，就能正确保持各河段弯曲程度的对比。

③ 保持河流长度不过分缩短。经过图形概括，河流长度的缩短是肯定的。例如，在 1∶100 万地图上，大约只能保留一般地区河流长度的 40%，其中因图形概括损失掉的长度占河流总长的 13.4%，使用地图时总希望河流能尽可能地接近实地的长度。为此，只允许概括掉那些临界尺度以下的小弯曲，概括后的图形应尽量按照弯曲的外缘部位进行，使图形概括损失的河流长度尽可能地少，如图 8-16 所示。

3）真形河流的图形概括

真形河流指能依比例尺表示其真实宽度的大河，它的形状概括要注意以下几点：

（1）表示主流和汊流的相对宽度以及河床拓宽和收缩的情况。当主流的明显性不够时，可以适当地夸大，使其从众多汊流中突出起来，如图 8-17 所示。

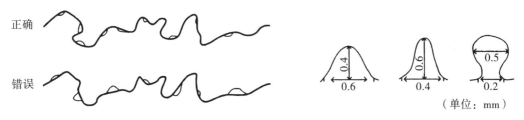

正确

错误

（单位：mm）

图 8-16　河流的图形概括

（2）河心岛单独存在时，只能取舍，不能合并；当它们外部总轮廓一致时，可以适当合并，如图 8-18 所示。

291

（3）保持河流中岛屿的固有特征。河心岛多数是沉积物堆积的结果，它们朝上游的一端宽而浑圆，朝下游的一端则较尖而拖长。这些特征可以间接地指示水流方向。在小比例尺地图上，更加需要强调这一特征。

（4）保持辫状河流中主汊流构成的网状结构及汊流的密度对比关系，如图 8-19 所示。

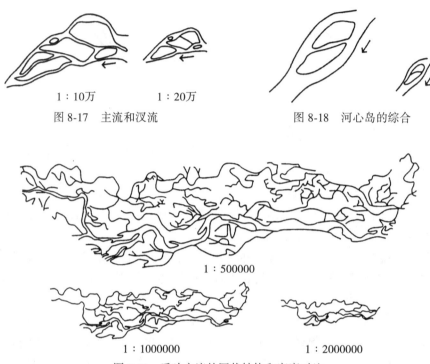

1∶10万　　　1∶20万
图 8-17　主流和汉流

图 8-18　河心岛的综合

1∶500000

1∶1000000　　　　　1∶2000000
图 8-19　反映主流的网状结构和密度对比

2. 湖泊、水库的制图综合

湖泊是陆地上的积水洼地，具有调节水量、航运、养殖、调节气候的功能。

水库又称人工湖，它是在河流上筑坝蓄水而成的，具有和湖泊一样的功能和利用价值。

湖泊和水库的综合有许多共同点，也有其各自的固有特征。

1）湖泊的综合

（1）湖泊的岸线概括：化简湖泊岸线同化简海岸线有许多相同之处，都需要确定主要转折点，采用化简与夸张相结合的方法。然而，化简湖泊岸线还有其自身的特点。

保持湖泊与陆地的面积对比。概括掉湖汊会缩小湖泊面积，概括掉弯入湖泊的陆地又会增大湖泊面积，实施湖泊图形概括时，要注意其面积的动态平衡。在山区，由于湖泊图形同等高线密切相关，等高线综合一般是舍去谷地，这时湖泊也只能舍去小湖汊，其面积损失要从扩大主要弯曲中得到补偿。

保持湖泊的固有形状及其同周围环境的联系。湖泊的形状往往反映湖泊的成因及其同周围地理环境的联系，因此，湖泊的形状特征是非常重要的。

为了制图上的方便，我们把湖泊形状分为浑圆形、三角形、长条形、弧形、桨叶形、多支汊形等，如图 8-20 所示。概括时，应强调其形状特征。

（2）湖泊的选取：湖泊一般只能取舍，不能合并。

地图上湖泊的选取标准一般定为 $0.5\sim1mm^2$，小比例尺地图上选取尺度定得较低。在小湖成群分布的地区，甚至还可以规定更低的标准，当其不能依比例尺表示时，改用蓝点表示。

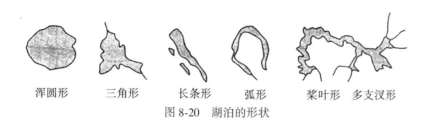

浑圆形　　三角形　　长条形　　弧形　　桨叶形　多支汊形

图 8-20　湖泊的形状

湖泊的选取同海洋中的岛屿选取有许多相似之处。独立的湖泊按选取标准进行选取；成群分布的湖泊在选取时，要注意其分布范围、形状及各局部地段的密度对比关系。

2）水库的综合

地图上的水库有真形和记号性两种。真形水库的综合有形状概括的问题，也有取舍的问题；记号性水库的综合则只有取舍的问题。

概括水库图形时，要注意和等高线概括相协调。由于水系概括先于等高线综合，所以在概括水库图形时要同时顾及后续的等高线的概括。

水库的取合主要取决于它的大小。库容超过 $10^8 m^3$ 的为大型水库；库容在 $2\times10^7\sim10^8 m^3$ 之间的为中型水库，库容小于 $10^7 m^3$ 的为小型水库。

3. 井、泉和渠网的制图综合

井、泉在地图上是作为水源表示的。由于井、泉在实地上占地面积很小，所以都是用独立符号进行表示。它们的综合只有取舍的问题，没有形状概括的问题。

1）井、泉的选取

（1）居民地内部的井、泉，水网地区的井、泉，除在大于 1：2.5 万的地图上部分表示外，其他地图上一般都不表示。但在人烟稀少的荒漠地区，井、泉要尽可能详细地表示。

（2）选取水量大的，有特殊性质的（如温泉、矿泉），处于重要位置上（如路口或路边）的井、泉。

（3）反映井、泉的分布特征。

（4）反映各地区间井、泉的密度对比关系。

2）渠网的综合

渠道是排灌的水道，常由干渠、支渠、毛渠构成渠网。干渠从水源把水引到所灌溉的大片农田，或从低洼处把水排到江河湖海中去，支渠和毛渠都是配水系统，直接插入排灌范围和田块。

由于渠道形状平直，很少有图形概括的问题，其制图综合主要表现为渠道的取舍。

选取渠道要从主要到次要。由主要渠道构成渠网的骨架，再选取连续性较好的支渠。这时，要注意渠间距和各局部区域的密度对比关系，如图 8-21 所示。

8.4.2　居民地的制图综合

我国地图上居民地分为城镇式和农村式两大类，它们都有概括和选取的问题。

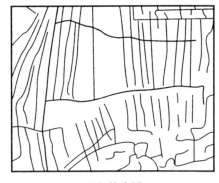

（a）资料缩小图　　　　　　　　　（b）综合图

图 8-21　渠网的选取

　　数量和质量特征的概括通过分级和符号化来体现，所以居民地的制图综合主要讨论其形状概括和选取。

8.4.2.1　居民地的形状概括

　　1. 城镇式居民地的形状概括

　　城镇式居民地形状概括的目的在于保持居民地平面图形的特征。主要从内部结构和外部轮廓两个方面进行研究。

　　内部结构指街道网的结构，即街道网的几何形状、主次街道的配置和密度、街区建筑密度和重要方位物等。

　　街道是城市的骨架，街道相互结合构成不同的平面特征，如放射状、矩形格状、不规则状、混合型等。在街道网中有主要街道和次要街道，它们的数量和密度决定了街区的形状和大小。在街区内部有建筑面积和空旷地，它们决定街区的类型——建筑密集街区和稀疏街区。在街区之外，还会有独立建筑物、广场、空地、绿地、水域、沟壑等。在大比例尺地图上，还要表示重要的方位物等。所有这些，构成城市内部的特征。

　　外部轮廓指街区的外缘图形，它常由围墙、河流、湖（海）岸、道路、陡坡、冲沟等作为标志。研究外部轮廓除研究其轮廓形状外，还要研究居民地的进出通道及其同周围其他要素的联系。

　　1）城市居民地平面图形化简的原则

　　（1）正确反映居民地的内部通行情况。内部通行情况由街道、铁路和水上交通所决定，但研究的重点是街道。

　　街道分为主要街道和次要街道。根据资料地图上符号的宽度及其同外部的交通联系可以判断街道的等级。

　　随着地图比例尺的缩小，街道会变得过于密集，要对其进行取舍。在选取街道时应注意以下几点：

　　① 选取连贯性强，对城镇平面图形结构有较大影响的街道；

　　② 选取与公路，特别是两端都与公路连接的街道；

　　③ 选取与车站、码头、机场、广场、桥梁及其他与重要目标相连接的街道；

　　④ 根据街道网的密度、形状等特征的要求，补充其他的街道。

在选取街道时，首先应选取主要街道，再选取条件好的次要街道。

（2）正确反映街区平面图形的特征。街道网确定了街区的平面图形。舍去街道，等于合并街区，它不但可能改变街区的形状，也可能改变街道与街区的面积对比。

选取街道时，应注意保持街区平面图形特征。

对于构成矩形街区的矩形格状街道网，应注意选取相互垂直的两组街道。对于放射状的结构，应保留收敛于中心点的及围绕该点的另一组成多边形结构的街道。对于不规则的街道网，则不能随意拉直街道，以免使图形规则化，如图8-22所示。

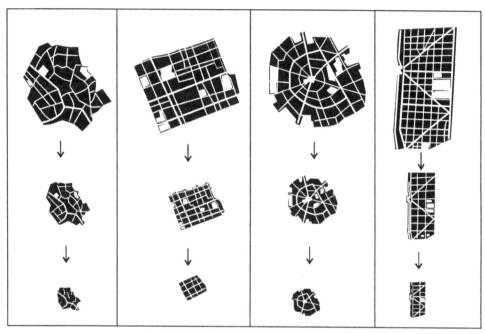

图 8-22　保持街区的平面图形特征

（3）正确反映街道密度和街区大小的对比。在街道密集的地段，街道选取的比例较小，但其选的绝对量和舍的绝对量都比较大；相反，在街道稀疏的地段，街道选取的比例较大，但其选取数量和舍弃数量都比密集地段小。这样就能符合选取的基本规律，既能保持街道的密度对比，又能保持街区的大小对比，如图8-23所示。

（a）资料图　　　　　　（b）正确的概括　　　（c）错误的概括

图 8-23　保持不同地段街道密度和街区大小的对比

（4）正确反映建筑面积与非建筑面积的对比。为了保证建筑地段与非建筑地段的面积对比，必须根据不同的街区类型，实施不同的概括方法。

对于建筑密集街区，根据"合并（建筑物）为主、删除为辅"的原则进行概括。将图上距离很近（如距离小于 0.2mm²）的建筑地段合并，同时删去建筑地段图形上的细小突出部和远离建筑区的独立建筑，使建筑面积和非建筑面积的对比保持平衡，如图 8-24 所示。

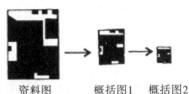

资料图　　　概括图1　概括图2

图 8-24　建筑密集街区的图形概括

对于建筑稀疏街区，应分别采用选取、合并、删除的方法进行概括。

由实地上相距较远的独立建筑物所构成的稀疏街区，一般不能把建筑物合并为一个较大的块，只能采用选取的方法进行概括，如图 8-25 所示。

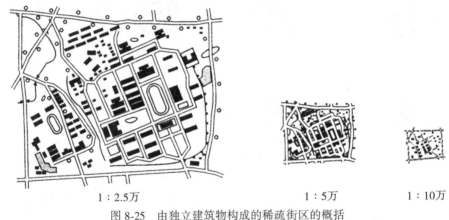

1：2.5万　　　　　　　　　　　　　1：5万　　　　　1：10万

图 8-25　由独立建筑物构成的稀疏街区的概括

有的街区，其内部空地很大，总体上属于稀疏街区，但其中局部地段由密集的建筑物构成，也可以采用合并的办法，只是不要合并太大，造成歪曲，如图 8-26 所示。

（a）资料图　　　　　　　（b）正确的概括　　　　　　（c）不正确的概括

图 8-26　间有密集建筑地段的稀疏街区的图形概括

296

(5)正确反映居民地的外部轮廓形状。概括居民地的外部轮廓图形时,应保持轮廓上的明显拐角、弧线或折线形状,并保持其外部轮廓图形与道路、河流、地形要素的联系。

城镇居民地的周围,通常由房屋稀疏的街区、工厂、居住小区、商业集聚点及独立建筑物构成,并夹杂有种植地和农村地带,它们都影响着城市居民地的外部轮廓。

图 8-27 是城镇居民地外部轮廓形状概括的示例,其中图(b)是对图(a)的正确的概括,图(c)是对图(a)的不正确的概括,它有几处明显的变形。

(a)资料缩小图　　　　　　(b)正确的概括　　　　　　(c)不正确的概括

图 8-27　城镇居民地外部轮廓形状的概括

随着地图比例尺的缩小,居民地图形的面积也随之缩小,这时,居民地内部除几条主要街道外,详细结构已无法表示,而另外一些城镇,甚至无法表示任何街道,只能用一个轮廓图形或圆形符号来表示。

在确定居民地的外部轮廓时,应先找出外部轮廓的明显转折点,将转折点连接成折线,对形状进行较大的概括,如图 8-28 所示。

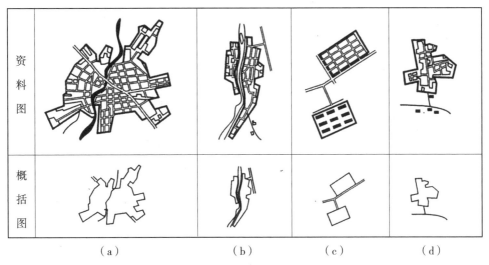

（a）　　　　　　（b）　　　　　　（c）　　　　　　（d）

图 8-28　用外部轮廓图形表示居民地

2)城镇式居民地形状概括的一般程序

为了正确地概括居民地,保证主要物体的精度以及描绘的方便,遵守一定的概括程序是十分必要的。

在地形图的编绘中，对于用平面图形表示的居民地，通常可按图8-29所示的程序进行概括。

（1）选取居民地内部的方位物。先选方位物是为了保证其位置精确，并便于处理同街区图形发生矛盾时的避让关系。方位物过于密集时，应根据其重要程度进行取舍，以免方位物过密，破坏街区与街道的完整。

（2）选取铁路、车站及主要街道。由于铁路是非比例符号，它占据了超出实际位置的图上空间，各种街道图形也有类似的问题。为了不使铁路或主要街道两旁的街区过分缩小，以致引起居民地图形产生显著变形，应使由铁路或主要街道加宽所引起的街区移动量均匀地配赋到较大范围的街区中。

（3）选取次要街道。

（4）概括街区内部结构。

依次绘出建筑地段的图形，用相应的符号表示其质量特征，再绘出不依比例尺表示的独立房屋。

（5）概括居民地外部轮廓形状。

（6）填绘其他说明符号。这是指植被、土质等说明符号，例如果园、菜地、沼泽地等。

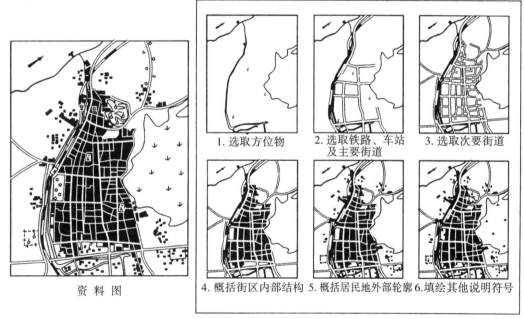

资 料 图

1.选取方位物　2.选取铁路、车站及主要街道　3.选取次要街道

4.概括街区内部结构　5.概括居民地外部轮廓　6.填绘其他说明符号

图8-29　居民地图形概括的一般程序

2. 农村居民地的形状概括

我国的农村居民地分为街区式、散列式、分散式和特殊形式四大类。

1）街区式农村居民地的概括

街区式农村居民地按其建筑物的密度，又可分为密集街区式、稀疏街区式和混合型街区式三种。

对于密集街区式农村居民地，由于街区图形较大，街道整齐，多为矩形结构，概括时应舍去次要街道，合并街区，区分主、次街道。合并后的街区面积不应过大，如图8-30所示。

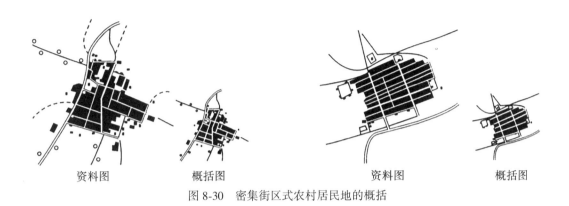

图8-30 密集街区式农村居民地的概括

对于稀疏街区式，由于其街区主要由独立房屋组成，空地面积较大，概括时除舍去次要街道、合并街区外，主要是对独立房屋进行取舍，以保持稀疏街区的特点，如图8-31所示。

混合型街区式农村居民地应根据各部分的固有特征采用相应的办法进行概括，如图8-32所示。

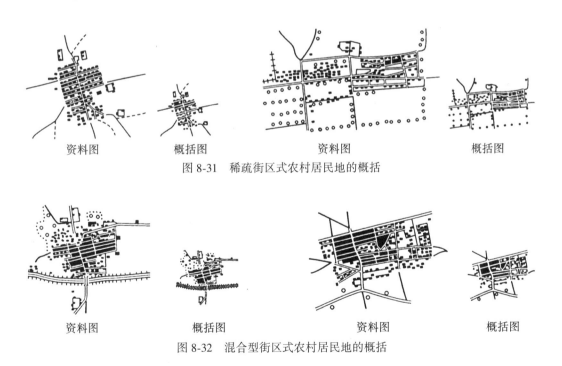

图8-31 稀疏街区式农村居民地的概括

图8-32 混合型街区式农村居民地的概括

2)散列式农村居民地的概括

散列式农村居民地主要由不依比例尺的独立房屋构成，有时其核心也有少量依比例尺的街区建筑，但通常没有明显的街道，房屋稀疏且方向各异，分布为团状或列状。

对散列式农村居民地，其概括主要体现在对独立房屋的选取。选取时应注意：

(1)选取位于重要位置上的独立房屋。所谓重要位置，是指中心部位、道路边或交叉口、河流汇合处等有明显标志的部位。如果图上有依比例尺的房屋，也要优先选取，如图8-33所示。对于独立房屋只能取舍，不能合并，但要保持它们的方向正确，重要的独立房屋的位置也应准确。

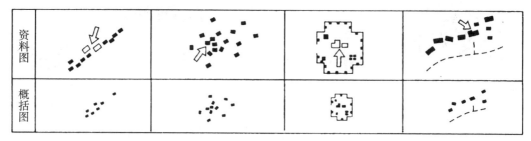

图 8-33　独立房屋的取舍

(2)选取反映居民地范围和形状特征的独立房屋。散列式农村居民地无论是团状还是列状，都有其分布范围，它们形成某种平面轮廓。选取分布在外围的独立房屋，目的在于不要因制图综合而缩小居民地的范围或改变其轮廓形状。

(3)选取反映居民地内部分布密度对比的独立房屋。选取散列式居民地内部的房屋，应注意不同地段的密度对比和房屋符号的排列方向。为了保持其方向和相互间的拓扑关系，所选取的房屋应进行适当的移位，如图8-34所示。

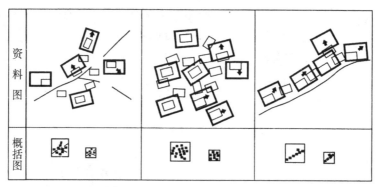

图 8-34　独立房屋的选取和移位

3)分散式农村居民地的概括

分散式农村居民地房屋更加分散，各建筑物都依地势而建，散乱分布，没有规则，看上去往往村与村之间的界限不清。但实际上，分散式农村居民地是散而有界、小而有名的。也就是说，它们看上去是散的，但大多数居民地是有界限的，只是往往距离较近，难以辨认；每一个小居民地都有自己的名称，甚至附近的几个小居民地还有一个总的名称。

在实施概括时，主要采取取舍的方法，表示它们散而有界和小而有名的特点。房屋的舍弃和相应的名称舍弃同步进行。

4)特殊形式的农村居民地的概括

窑洞、帐篷(蒙古包)是两种主要形式的特殊居民地。对它们的概括,应遵守散列式和分散式农村居民地的概括方法。除此之外,还要注意窑洞符号的方向要朝向斜坡的下方;条状分布的窑洞保持两端窑洞符号的位置准确,其间根据实际情况配置符号;对于多层窑洞,当不能逐层表示时,首先选取上下两层,减少分布层数,根据层状和分布特点保持其固有特点,如图 8-35 所示。

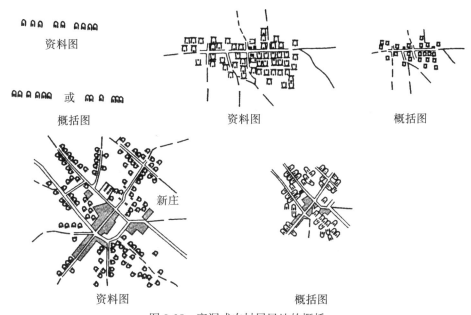

图 8-35　窑洞式农村居民地的概括

帐篷(蒙古包)是不固定的居民地,有的是常年居住的,有的只是季节性居住的。

8.4.2.2　用圈形符号表示居民地

随着地图比例尺的缩小,居民地的平面图形越来越小,以致不能清楚地表示其平面图形。例如,1:25 万比例尺地形图上,就有一部分居民地改用圈形符号。在 1:100 万比例尺的地形图上,只有少数大城市仍用轮廓图形表示。由于圈形符号明显易读,在有些地图上,即便是平面图形很大,也改用圈形符号表示。

1. 圈形符号的设计

在设计居民地的圈形符号时,应注意符号的明显性和尺寸两个方面。

符号的明显性和大小应同居民地的等级相适应,大居民地的圈形符号尺度大,明显性强,小居民地则相反。

符号的明显性取决于符号的面积(尺度)、结构、视觉黑度和颜色。随着居民地等级的降低,符号的面积、结构的复杂度、视觉黑度和颜色的明显性都应随之降低,如图 8-36 所示,按对角线方向设计圈形符号,其差别最明显。

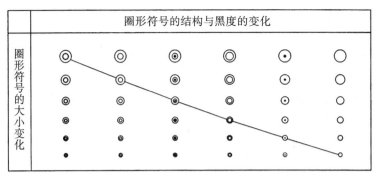

图 8-36 圈形符号的设计

圈形符号的尺寸主要考虑最大尺寸、最小尺寸和适宜的级差三个方面。

符号的最小尺寸与地图的用途及使用方法有关。通常挂图上的圈形符号最小直径不应小于 1.3~1.5mm，普通地图不能小于 1.0~1.2mm，表示得很详细的科学参考图不应小于 0.7~0.9mm。当最小符号的尺寸确定以后，以上各级居民地的符号应保证具有视觉可以辨认的级差，从而按分级要求设定符号系列。

符号级差一般不应小于 0.2mm。如果符号有结构上的差异，小于该级差也可以分辨。最大符号一般不应超出被表示的城市轮廓，太大会影响地图的详细性和艺术效果。一般来说，从下而上能清晰分辨其级别即可。

2. 圈形符号的定位

居民地由平面图形过渡到用圈形符号表示时，首先遇到的是圈形符号定位于何处的问题。圈形符号的定位分为以下几种情况，如图 8-37 所示：

(1)平面图形结构呈面状均匀分布时，圈形符号定位于图形的中心；

(2)居民地由街区和外围的独立房屋组成时，圈形符号配置在街区图形的中心；

(3)居民地图形由有街道结构和部分无街道结构的图形组成时，圈形符号配置在有街道结构部位的中心；

(4)散列式居民地，圈形符号配置在房屋较集中部位的中心；

(5)对于分散式居民地，首先应判明其范围，圈形符号配置在注记所指的主体位置的中心。

定位部位	图形及圈形符号的定位		
以平面图中心定位			
以街区部位定位			
以有街道部位定位			
比较密集部位定位			

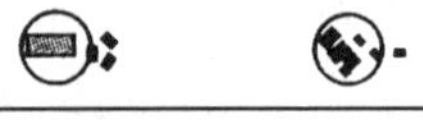

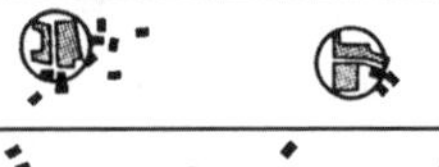

图 8-37 居民地圈形符号的定位

302

3. 圈形符号和其他要素的关系处理

表示居民地的圈形符号和其他要素的关系：同线状要素具有相接、相切、相离三种关系；同面状要素具有重叠、相切、相离三种关系；同离散的点状符号只有相切、相离的关系。其中，同线状要素的关系最具代表性，如图 8-38 所示。

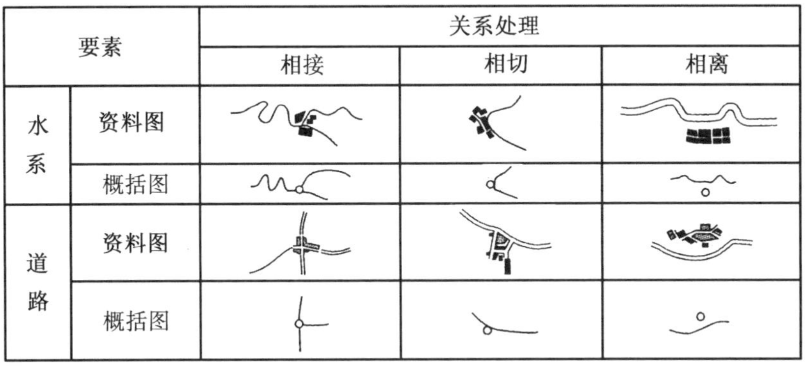

要素		关系处理		
		相接	相切	相离
水系	资料图			
	概括图			
道路	资料图			
	概括图			

图 8-38　圈形符号与线状要素的关系

相接：当线状要素通过居民地时，圈形符号的中心配置在线状符号的中心线上；

相切：当居民地紧靠在线状要素的一侧时，表现为相切关系，圈形符号切干线状符号的一侧；

相离：居民地实际图形同线状物体离开一段距离，在地图上两种符号要离开 0.2mm 以上。

随着地图比例尺的缩小，地图上需处理的相切、相离关系显著增加，这时需要用移位的方法来保持符号之间的拓扑关系。

8.4.2.3　居民地的选取

居民地的选取主要解决选取数量和选取对象的问题。

居民地的选取也应遵守选取基本规律，即在限制最高载负量的条件下，做到既保持必要的清晰性，又具有尽可能的详细性。其他各区舍掉和选取的绝对值都减少，既保持各不同密度区之间的对比关系，又使各密度区之间的差别减少（产生拉平趋势）。达到这种效果的主要手段是正确地确定各不同密度区的选取指标。

1. 选取指标的确定

居民地的选取指标是按不同密度分区确定的。衡量居民地密度通常用实地每 100km² 中的个数（个/100km²），在地图上则用每 100cm² 中的个数（个/100cm²）表示居民地密度或选取指标。

在小比例尺地图上，能够选取到地图上的居民地仅仅是实地上的极少数，用居民地密度来划分区域往往失去了实际意义，这时通常采用人口密度（人/km²）来划分不同的密度区。居民地密度和人口密度既有统一的一面，又有不同的一面，这同各地区居民地的个体大小相关联。确定居民地选取指标的方法很多，基本上可分为图解法、图解解析法、解析法三大类。

图解法是通过样图试验确定居民地选取指标的方法。

303

图解解析法是根据制图区域实地上的居民地密度，确定适宜的面积载负量，按新编图上图形和名称注记的大小，通过计算获得居民地的选取指标。

解析法是使用数学模型来计算居民地选取指标的方法，通常使用数理统计法、方根规律、等比数列、信息论方法等。

2. 选取居民地的一般原则

(1)按居民地的重要性选取。居民地的重要性通过行政意义、人口数、交通状况、经济地位和政治、军事价值等标志来判断，先选取重要的居民地。

(2)按居民地的分布特征选取。按分布特征选取是指不要把居民地孤立地考虑，而是把它看成自然综合体的一部分，将居民地同自然和人文地理条件联系在一起，表达其分布特征。

(3)反映居民地密度的对比。在反映居民地分布规律的同时，要顾及各地区居民地的密度对比关系。

3. 选取居民地的方法

根据选取指标和选取原则，确定具体的选取对象。具体做法是：先定出一个全取线，即按某种资格(例如县级)以上的全部选取，再按其他条件对选取内容进行补充，使之达到规定的选取定额。

8.4.2.4 居民地的名称注记

名称注记是识别居民地的重要标志，地图上表示的居民地都应注出名称。

1. 居民地名称注记的选取

居民地一般都要注出名称，注记的选取主要体现在：

(1)位于城市郊区并和城市连成一体的农村居民地可以选注名称；

(2)当居民地成群分布，有分名也有总名时，在注出总名的条件下，分名可以选注；

(3)大居民地有正名和副名时，副名可按规定选注。

2. 居民地名称注记的定名、定级和配置

1)居民地的定名

定名是指名称正确和用字准确。城镇居民地的名称，应以国家正式公布的名称为准。经过地名普查的地区，所有居民地名称都应以地名录为准，不能随意采用同音字、不规范的简化字。

2)居民地名称注记的定级

居民地名称注记的定级指各级居民地应采取的字体、字大。

在科学参考图上，最小居民地的字大不应小于 1.75mm。居民地名称注记的级差应保持在 0.5mm 以上方能被一般读者察觉，为了增加易读性，往往还要用不同的字体来区分。

根据居民地的重要程度，其名称注记可分别选用等线(黑体)、中等线、宋体和细线体。

3)居民地名称注记的配置

居民地名称注记的配置是解决名称注记应怎样放的问题。首先，它不应压盖同居民地联系的重要地物，例如道路交叉口、整段道路或河流等。名称注记还应尽可能靠近其符号(一般与符号的间距不应超过 0.5mm)，当居民地密集时，要做到归属十分清楚。名称注记一般应采用水平字列，在不得已的情况下才用垂直字列。在自由分布时，以排在右侧为主，也可排在居民地符号周围任何一个方向上有空的位置。

当居民地沿河流或境界分布时，最好不要跨越线状符号配置名称注记，以免造成错觉。

8.4.3 交通网的制图综合

交通网是各种运输通道的总称，包括陆地上的各种道路、管线，空中、水上航线及各类同交通有关的附属物体和标志。地图上应正确显示它们的类型、位置、分布、结构、通行状态、运输能力及其与其他要素的联系等。

8.4.3.1 陆地交通网

陆地交通的主体是道路，也包含管道和电信线路。

1. 道路的分类和分级

地图上的道路分类详细程度同地图比例尺和地图用途有紧密联系。国家基本比例尺地图上，道路需详细分类，在各种类型中还要区分不同的级别。如图 8-39 所示。

$$
\text{道路}
\begin{cases}
\text{铁路}
\begin{cases}
\text{按轨数分：单轨铁路、双轨铁路、多轨铁路}\\
\text{按轨宽分：标准轨铁路(不单独标志)、窄轨铁路}\\
\text{按牵引方式分：电气化铁路、普通牵引铁路(不单独标志)}
\end{cases}\\
\text{公路}
\begin{cases}
\text{按通行能力分：高速公路、主要公路、普通公路、简易公路}\\
\text{按综合标志分：国道、省道、县道、乡镇道路}\\
\text{按交通部标准分：汽车专用路、一般公路}
\end{cases}\\
\text{其他道路——大路、乡村路、小路、时令路}
\end{cases}
$$

图 8-39

不论何种比例尺的地图上，总是把道路作为连接居民地的网络看待，所以通常称为道路网。在考虑其制图综合时，也将其作为网络看待。

2. 道路的选取

1) 选取道路的一般原则

(1) 重要道路应优先选取。道路重要性的标志主要是等级高，优先选取的应当是在该区域内等级相对较高的道路。除此之外，还有些具有特殊意义的道路需优先考虑，它们是：作为区域分界线的道路，通向国境线的道路，沙漠区通向水源的道路，穿越沙漠、沼泽的道路，通向车站、机场、港口、渡口、矿山、隘口等重要目标的道路。

(2) 道路的取舍和居民地的取舍相适应。道路与居民地有着密切的联系，居民地的密度大体上决定着道路网的密度，居民地的等级大体上决定道路的等级，居民地的分布特征则决定着道路网的结构。

在大比例尺地图上，每个居民地都应有一条以上的道路相连；中小比例尺地图上，允许部分小居民地没有道路相连。

(3) 保持道路网平面图形的特征。道路的网状结构取决于居民地、水系、地貌等的分布特征。平原地区道路较平直，呈方形或多边形网状结构，选取后的道路网图形应与资料图上相似，如图 8-40 所示。在山区，由于地形条件的限制，道路会构成不同的网状。

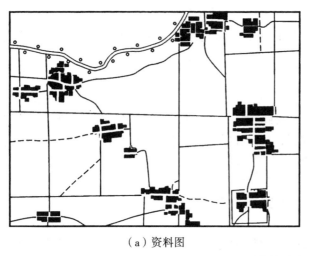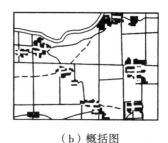

（a）资料图　　　　　　　　　　　（b）概括图

图 8-40　呈矩形网状结构道路的综合

（4）保持不同地区道路的密度对比。基本选取规则对道路选取也是适用的。密度大的地区舍去的道路较多，密度小的地区舍去的道路较少，最终要保持各不同密度区之间的对比关系。随着比例尺的缩小，各地区间的密度差异会减少，但始终要保持密度对比不可倒置。

　　2）各种道路的选取

　　（1）铁路的选取。我国铁路网密度极小，从地形图直到1：400万的小比例尺的普通地理图，都可以完整地表示出全部的营运铁路网，要舍去的只是一些专用线、短小的交叉等。

　　（2）公路的选取。在我国，大中比例尺地图上，普通公路基本上可以表示出来，只会舍去一些专用线、短小支叉、部分的简易公路。在进行公路网改造的地区，新修的高等级公路线路拉直，老线又没有废弃时，二者距离往往很近，中比例尺地图上也可能舍去这些并行的旧公路。

　　在比例尺小于1：100万的地图上，公路会大量地被舍弃，重点选取那些连接各省间重要城市的公路，然后以各级行政中心为节点，表达它们的连接关系，选取时要注意不同节点上公路的条数对比。

　　（3）其他道路的选取：其他道路是舍弃的主要对象。它们的选取旨在反映地区道路网的特征，补充道路网的密度，使之达到保持密度对比和网眼平面结构特征的目的。道路的极大密度不应超过$2cm/1cm^2$的标准。

　　（4）道路附属物的选取。道路的附属物包括火车站、桥梁、渡口、隧道、涵洞、里程碑等。在比例尺大于1：10万的地形图上，应表示全部的火车站，如比例尺再缩小，就要对它们进行选取。

　　桥梁与道路密切相关，只有选取道路时才考虑选取与之相连的桥梁。在大比例尺地图上，双线河上的桥梁一般都要选取。在桥梁被舍弃的条件下，道路应连续通过。

　　在大比例尺地图上，火车和汽车渡口都应表示；否则，会误导读者，认为车辆可以直接越过河流。

隧道在各种比例尺地图上都必须表示，但可以按长度确定其选取标准。隧道只能选取不能合并。桥梁与隧道相间出现时，还要注意它们之间的长度对比关系，以及它们同地貌间的协调关系。

3. 道路的形状概括

道路上的弯曲按比例尺不能正确表达时，就要进行概括。地图上应在保持道路位置尽可能精确的条件下，正确显示道路的基本形状。

大比例尺地图上，道路符号在图上占据的宽度和实地差别不大时，道路的实际弯曲可以正确地表示出来。当符号宽度大大超过实地宽度时，例如，1：10 万地图上要超过近 10 倍，1：100 万地图上要超过约 80 倍，道路的弯曲会自然地消失掉，为了保持各地段道路的基本形状特征，必须对特征形状有意识地加以夸张放大表示。

概括道路形状主要有以下几种方法：

1）删除

道路上的小弯曲可以根据尺度标准给予删除，从而减少道路上的弯曲个数，但是要注意保持各路段的弯曲对比，如图 8-41 所示。

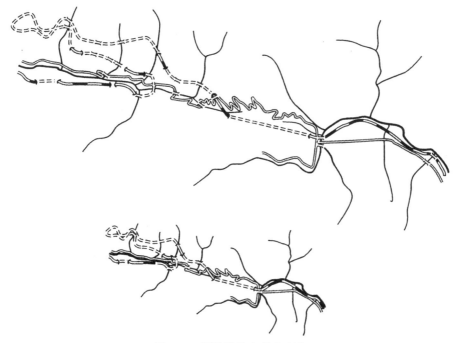

图 8-41　删除道路上的小弯曲

2）夸大具有特征意义的弯曲

对于具有特征意义的小弯曲，即使其尺寸在临界尺度以下，也应当夸大表示。

3）特殊的表示手法——共线或缩小符号

对于山区公路的"之"字形弯曲，为了保持其形状特征，同时又不过多地使道路移位，可采用共线或局部缩小符号的方法做特殊处理，如图 8-42 所示。

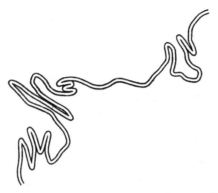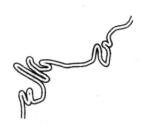

图 8-42　道路符号共边线

4. 管线运输

管线运输是陆地交通的组成部分，包括输送油、气、水、煤的管道，输送电能的高压输电线路，输送信号的通信线路等。

地图上要求准确反映管线的起止点位和走向。管道应注明其输送的物质种类和输送能力。

电信线路绘至居民地边缘时可中断，距道路 3mm 以内的可不表示，其分岔处应绘出其符号。

8.4.3.2　水上交通及空中航线

水上交通包括内河航线和海洋航线。内河航线只在城市图上完整绘出，地形图上一般只表示通航起讫点，区分出定期通航的河段，表示出相应的码头设施、可以通行的水利设施及它们允许通过的吨位。海洋航线又分为近海航线和远洋定期或不定期通航的航线。近海航线沿大陆边缘用弧线绘出，但应避开岛屿和礁群。远洋航线常按两点间的大圆航线方向描绘，注出起止点和里程。在大比例尺地图上还应绘出港口和码头符号。

我国地形图不表示任何的空中航行标志。

8.4.4　地貌的制图综合

地貌是地形图上最重要的要素，对其他要素有着很大的影响。

地貌形态是内力和外力作用共同影响的结果。由内力作用形成的地貌形态称为构造形态，如褶皱、断裂、凹陷、火山等；附加在构造形态上的由外力作用形成的地貌形态称为雕塑形态，如流水、风化、风力、冰蚀、溶蚀等形成的形态。

地貌在地图上的表示法最常用的是等高线法、分层设色法和晕渲法。我们这里只讨论等高线的一些基本问题。

8.4.4.1　地形图上的等高距

等高线间的高程差称为等高距，它的大小直接影响地貌表示的详细程度。正确地选择等高距，是地图设计的重要任务。大中比例尺地形图上都使用固定的等高距，在小比例尺地图上则使用有规则变化的等高距。

为了详细表示地貌，我们把等高线间隔定为读者能清楚辨认和绘图能顺利完成的最小间隔，一般定为 0.2mm。那么，在地图比例尺确定的条件下，等高距的大小由地面倾斜角确定。

为保证地图的统一，每一种比例尺地图只能有一种或两种等高距，但同一幅图上只能采用一种等高距，且不同比例尺地图上的等高距之间应保持简单的倍数关系。我国地形图上的等高距设定见表8-2。

表8-2 我国地形图上的等高距设定

比例尺	1:1万	1:2.5万	1:5万	1:10万	1:25万	1:50万
一般等高距	2	5	10	20	50	100
扩大1倍的等高距		10	20	40	100	200

在坡度较大的山地地区，可由编辑员确定是否使用扩大1倍的等高距。

由于1:100万地图包括的区域范围大，包含的地貌类型多，使用单一的等高距不利于反映地面的特征，所以它采用变距的高度表，见表8-3。

表8-3 变距的高度表

高程（m）	<200	200~3000	>3000
等高线（m）	0，50	200的倍数	250的倍数

为了反映局部的地貌特征，在不同的图幅上可以选用20m、100m、300m、500m的等高线作为补充等高线。

在不同比例尺的地图上，选用等高线的原则和表示方法是有区别的。上面讲的在变距高度表的地图上，补充等高线的符号同基本等高线一致，且在一幅地图上一旦采用，整幅图都必须将此等高线描绘出来。在大中比例尺地形图上，情况就不同了，补充等高线和辅助等高线同基本等高线不仅符号不同，而且只需在基本等高线不能反映其基本特征的局部地段选用，它们通常只在不对称的山脊、斜坡、鞍部、阶地、微起伏的地区或微型地貌形态地区特征的区域才表示。

8.4.4.2 地貌等高线的形状化简

1. 形状化简的基本原则

（1）以正向形态为主的地貌，扩大正向形态，减少负向形态。

这是对一般地貌形态适用的原则，在等高线的形状化简时，要删除谷地、合并山脊，使山脊形态逐渐完整起来。删除谷地时，等高线沿着山脊的外缘越过谷地，使谷地"合并"到山脊之中，如图8-43所示。

（2）以负向形态为主的地貌，扩大负向形态，减少正向形态。

以负向形态为主的地貌形态，是指那些宽谷。凹地占主导地位的地区，如喀斯特地区、砂岩被严重侵蚀的地区、冰川谷和冰斗等，它们都具有宽阔的谷地和狭窄的山脊，这时地貌等高线的形状化简采用删除小山脊，扩大谷地、凹地等。删除小山脊时，等高线沿着谷地的源头把山脊切掉，如图8-44所示。

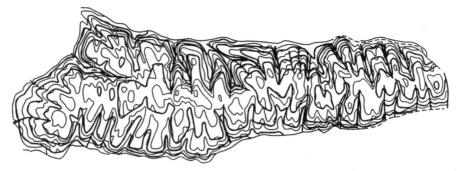

图 8-43　以正向形态为主的地貌等高线的化简

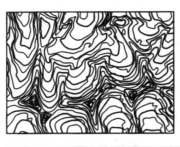

图 8-44　以负向形态为主的地貌等高线的化简

2. 等高线的协调

地表是连续的整体，删除一条谷地或合并两个小山脊，应从整个斜坡坡面来考虑，将表示谷地的一组等高线图形全部删除，使同一斜坡上等高线保持相互协调的特征（如图8-45）。但是不能刻意去追求等高线的协调，例如，在地面比较平坦、等高线的间隔很大时，在干燥剥蚀地区，都不应人为地去追求曲线间的套合。

3. 等高线的移位

为了表达某种地貌局部特征，有时需要在规定的范围内采用夸大图形的方法，适当移动等高线的位置，主要表现在：

（1）为保持地貌图形达到必需的最小尺寸时可进行等高线移位，如山顶的最小直径为0.3mm，山脊的最小宽度、最窄的鞍部都不应小于0.5mm，谷地最窄不应小于0.3mm，等高线与河流的间隔必须大于0.2mm等。

（2）为了保持地貌形态特征而移动等高线。例如，为了强调局部的陡坡、阶地，为了显示主谷和支谷的关系，以及为了协调谷底线而移动等高线。

（3）为了协调等高线同其他要素的关系。特别是同国界线的关系所采用的移位。必须强调的是，除非不得已，编图时是不能移动等高线位置的，即便要移动，也要把移动的量控制在最小的范围之内。

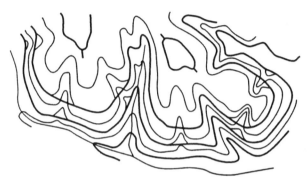

图 8-45   删除谷地时，应使同一斜坡的等高线协调

4. 等高线图形的笔调

笔调是指描绘地貌细微形态时为强调图形的特点而运用的运笔风格。这种风格表现为呈折角状弯曲的"硬笔调"，表现等高线圆滑柔和的"软笔调"，以及介于二者之间的"中间笔调"。各种不同的笔调用于反映不同的地貌形态特征。随着计算机制图的发展，笔调的作用会减小。

8.4.4.3   谷地的选取

谷地的选取是地貌综合的重要组成部分，是保证综合质量的关键之一。谷地的选取由数量和质量两个方面确定。数量指标指选取谷地的数量，用于反映地貌的切割密度；质量指标指各地在表达地貌中的作用，用于控制谷地选取的对象。图 8-46 所示是选取谷地的示意图。

8.4.4.4   山顶的选取和合并

山顶是在局部区域内高程最高的一条等高线，它大多是封闭的。在大比例尺地形图上，需要处理的这一类的问题较少，通常只需按实际情况表示。在中、小比例尺地图上，由于表达山头的独立等高线可能变得很小，就需要进行选取或合并处理。

1. 选取

（1）标志山体最高的山顶必须选取，当它的面积很小时，要夸大到必要的程度，例如达到 0.5mm^2。

（2）优先选取山体结构方向上的山顶。

（3）要能反映山顶的分布密度。

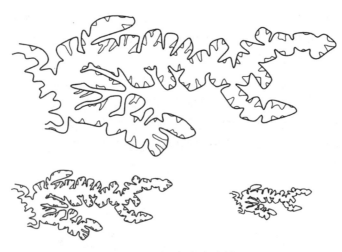

图 8-46　谷地选取示例

2. 合并

独立的山顶有时候是不能合并的，例如在没有明显构造方向时，独立的山顶不能合并，只能进行选取。有时为了强调地形的构造方向性，对于有些山顶可以采用合并的处理手法：

（1）沿山脊线分布的间隔小于 0.5mm 的山顶；

（2）连续分布的方向一致的条形山顶、沙垄、风蚀残丘等。

8.4.4.5　地貌符号和高程注记的选取

1. 地貌符号的选取

地形图上不能用等高线表示的微地形、激变地形和区域微地貌，需要用地貌符号表示，它们分为以下几类：

（1）点状符号，又称独立微地形符号，属于定位的地貌符号，但是并不能反映它们的真实大小，如溶斗、土堆、岩峰、坑穴、隘口、火山口、山洞等，根据其目标性、障碍作用、指示作用进行选取。

（2）线状符号，用线作为基准的符号，用来表示长条形的激变地形，如冲沟、干河床、崩崖、陡石山、岸垄、岩壁、冰裂隙等，它们也是定位符号。这些激变地形符号虽然不能用等高线表示，但可表示其分布范围、长度、宽度、高度等。制图综合时，常根据其大小或间隔进行选取。

（3）面状符号，常没有确定的位置，属于说明符号，只能反映区域的性质和分布范围，也可以有示意性的密度差别，如沙砾地、戈壁滩、石块地、盐碱地、小草丘地、龟裂地、多小丘地、冰碛等。在小比例尺地图上，有些定位符号，如溶斗、石林等，也会转化为说明符号来表示区域性质。

2. 高程注记的选取

高程注记分为高程点的高程注记、等高线的高程注记和地貌符号的比高注记，它们是阅读地貌图形必需的信息。

各种比例尺地图的规范中都规定了高程点选取的密度。对它们进行选取时，首先应选

312

取区域的最高点和最低点，如著名的山峰，主要山顶、鞍部、隘口、盆地、洼地的高程，各种重要地物点的高程，以及迅速阅读等高线图形所必需的高程等。

等高线上的高程注记是为迅速阅读等高线设置的，通常配置在斜坡的底部，应注意字头朝上坡方向，所以一般应尽量避免将等高线注记选在北坡上。

地貌符号的比高注记是符号的组成部分，是一种说明注记。

高程注记需要取整时，通常不采用四舍五入的算法，要只舍不进，即任何时候都不得提高地面的高度。

8.4.4.6 等高线图形化简的实施方法

为了进行等高线的图形化简，要做好以下两项准备工作：

1. 分析地形特征

根据地理研究的成果，分析地形的高、比高、山脊走向、山顶特征、斜坡类型、切割状况等，必要时还要分析其成因，为的是正确反映其类型特征。

2. 勾绘地性线

地性线又称地貌结构线，包括山脊线、谷底线、倾斜变换线等。通过勾绘地性线，可以使制图者进一步认识地形特征，是实施综合前的思维过程。不管是初学者还是有经验的作业员，在实施地貌综合前，都必须研究地性线，这对保证等高线的协调性是绝对必要的。

描绘地貌图形的基本顺序是：高程点、地貌符号、等高线注记、计曲线、控制山脊或谷底位置的等高线、首曲线、辅助等高线。

图 8-47 是等高线综合的一个实例。图(a)是根据 1.5 万地形图缩小为 1：10 万地图上的资料等高线图形，并在此图上勾绘地性线；图(b)是 1：10 万的编绘图；图(c)是由 1：10 万编绘成 1：25 万的编绘图；图(d)则是 1：25 万比例尺地图的放大图，为的是使读者看清图形概括的情况。

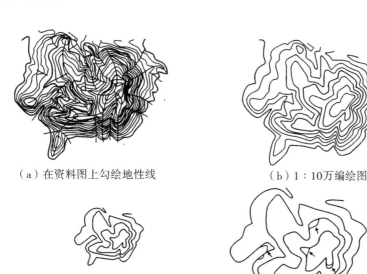

（a）在资料图上勾绘地性线　　　　　　　　（b）1：10万编绘图

（c）1：25万编绘图　　　　　　　　（d）1：25万地图的放大图

图 8-47　等高线图形化简

8.4.4.7 山名注记

地图上需选注一定数量的山名。山名分为山脉、山岭和山峰名称，根据山系规模可分为若干个等级。

山脉、山岭名称均应沿山脊线用曲屈字列注出，字的间隔不应超过字大的5倍。山体很长时，可以分段重复注记。

山峰名称通常采用水平字列，排列在高程点或山峰符号的右侧或左侧，与山峰高程注记配合表示。

8.4.5 植被要素的制图综合

植被是地形图的基本要素之一，包括林地、耕地、园地、草地等。有的资料把土质和植被放在一起讨论，由于土质包括盐碱地、沼泽地等，土质符号都是一些说明地面性质的符号，常归纳到地貌要素中，所以这里只讨论植被要素。

地形图上用套色、配置说明符号和说明注记的方法来表示各类植被的分布范围、性质和数量特征。

8.4.5.1 轮廓形状的化简

地形图上的森林、稻田、园地等，都是用地类界加颜色或说明符号进行表示。

地类界常常不像具有实体的线（如岸线、道路）那样明显和固定，会有穿插、交错、渗透等现象存在，其精度受到很大的限制，所以其概括程度可以相对大一些。根据植被要素本身的特点，其选取指标有所变动，例如，森林的最小面积和林间空地的最小面积定为10mm²，草地的最小面积可以定为100mm²或更大。

当地类界与岸线、道路、境界线、通信线符号重合时，可不表示地类界符号。

有些植被类型不表示地类界，如小面积森林、狭长林带、草地和草原等，只是用符号表示其分布范围，有的还有一定的定位意义，但都显得很概略。

8.4.5.2 植被特征的概括

（1）用概括的分类代替详细的分类。

随着地图比例尺的缩小，植被的类型会逐步减少。例如，在大比例尺地形图上林地分为森林、矮林、幼林等，在中小比例尺地图上则只用统一的林地符号表示。

（2）将面积小的植被类型并入邻近面积较大的植被类型之中。当不同类型的植被交错分布时，可以将小面积的某类型的植被并入邻近面积较大的另一类型的植被中。

（3）混杂生长的植被通过选择其说明符号和注记进行概括。

8.4.6 境界及其他要素的制图综合

8.4.6.1 境界的制图综合

境界是区域的范围线，包括政区境界和其他区域界线。

政区境界是国与国之间和国内各行政区划单位间的领土界线。我国地图上表示国界、未定国界，省、自治区、直辖市界，自治州、盟及地级市界，县、自治县、旗、县级市界。

县级以下的行政境界由于其确定性差，很难在地形图上正确表示，通常只在专题地图上才概略表示。

其他地域界线包括自然保护区界、特区界及其他类似的界线。

1. 地图上表示境界的一般方法

地图上的境界线是不同的点线符号，为了增强其明显性，还可以配合色带符号。

(1)境界线按实地位置描绘，其转折处用点或实线段绘出，境界交会处也应当是点或实线。

(2)陆地上不与其他地物重合的境界线应连续绘出，其符号轴线为境界的正确位置。

(3)不同等级的境界重合时，只绘高级境界的符号。

(4)境界沿河流延伸时，表示境界有如下几种情况：

①以河流中心线分界，当河流内能容纳境界符号时，境界符号应连续不间断绘出；河内绘不下境界符号时，应沿河流两侧分段交替绘出，但色带应按河流中心线连续绘出。

②沿河流一侧分界时，境界符号沿一侧不间断绘出。

③共有河流时，不论河流图形的宽窄，境界符号都不绘在河中，而交替绘在河流的两侧，河中的岛屿用注记标明其归属。

(5)境界两侧的地物符号及其注记都不要跨越境界线，保持在各自的一方。

2. 国界的表示

国界表示国家的领土范围，关系到国家的主权，必须严肃对待。

(1)国界线应以我国政府公布或承认的正式边界条约、协议、议定书及其附图为准。没有条约、协议和议定书时，按传统习惯画法描绘。这些规定都体现在中国地图出版社出版的《标准国界图》上，其他单位都应以该图为准描绘国界。

(2)编绘国界时，应保持位置高度精确，不得对标准国界图进行图形概括。

(3)保持国界界标的精确性，并注出其编号。在大比例尺地图上，还可以精确绘出双立或三界标的位置，当地图比例尺缩小后不能表示分立符号时，改用一个界标符号表示。出版任何带有国界符号的地图都需要由测绘主管部门审查批准。

3. 国内行政境界的表示

国内行政境界也应在地图上精确表示，处理不当，也会造成纠纷。

国内行政境界的画法应符合描绘境界线的一般原则。

出图廓的境界符号应在内外图廓间标注界端注记，标明其行政区域名称。

飞地是指插入到邻区而同本区隔断的区域，其境界线同其隶属的行政单位的境界符号一致，并在其范围内加注表面注记。

4. 其他区域界线的表示

其他区域界线，如自然保护区，用单独设计的描绘，并在其区域范围内加表面注记。

8.4.6.2 独立地物的制图综合

独立地物如发电厂、变电所、粮仓、科学观测站、体育场、电视发射塔、纪念碑、庙宇、教堂等，用独立符号表示。

选取这些地物应根据其重要性而定，取决于其质量特征、功能、方位意义及密度等。

在大比例尺地图上，有些独立地物，如学校、医院等，可以用依比例尺的平面图形表示。当地图比例尺缩小后不再能依比例表示时，可以改用独立符号表示。

8.5　制图综合的基本规律

地图经过漫长的演变和发展，形成了一些约定的规则。

8.5.1　制图物体选取基本规律

在进行制图综合时，我们可以通过许多方法来确定选取指标，并对制图物体实施选取。由于制图者的认识水平和所采用的数学模型的局限性，其选取结果可能是有差异的。那么，如何判断选取结果是否正确，就成为一个必须要研究的问题，这也是选取基本规律问题，即正确的选取结果应符合这样一些基本规律。

（1）制图物体的密度越大，其选取标准定得越低，但被舍弃目标的绝对数量越大。

（2）选取遵守从主要到次要、从大到小的顺序，在任何情况下舍去的都应是较小的、次要的目标，而把较大的、重要的目标保留在地图上，使地图能保持地区的基本面貌。

（3）物体密度系数损失的绝对值和相对量都应从高密度区向低密度区逐渐减少，如图8-48所示。

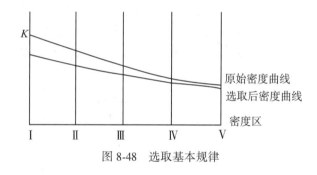

图 8-48　选取基本规律

（4）在保持各密度区之间具有最小的辨认系数的前提下，保持各地区间的密度对比关系。

8.5.2　制图物体形状概括的基本规律

前已论述，制图综合中的概括分为形状概括、数量特征概括和质量特征概括三个方面。其中，数量特征概括和质量特征概括表现为数量特征减少或变得更加概略，减少物体的分类、分级等。所以，制图综合中概括的基本规律实际上主要是研究形状概括的规律。

形状概括基本规律表现为：

（1）舍去小于规定尺寸的弯曲，夸大特征弯曲，保持图形的基本特征。根据地图的用途等制约因素，设计文件给出保留在地图上的弯曲的最小尺度。一般来说，制图综合时应概括掉小于规定尺寸的弯曲，但由于其位置或其他因素的影响，某些小弯曲是不能去掉的，这就要把它夸大到最小弯曲规定的尺寸，不允许对大于规定尺寸的弯曲任意夸大。化简和夸大的结果应能反映该图形的基本(轮廓)特征。

（2）保持各线段上的曲折系数和单位长度上的弯曲个数的对比。曲折系数和单位长度上的弯曲个数是标志曲线弯曲特征的重要指标，概括结果应能反映不同线段上弯曲特征的对比关系。

（3）保持弯曲图形的类型特征。每种不同类型的曲线都有自己特定的弯曲形状，例如，河流根据其发育阶段有不同类型的弯曲，不同类型的海岸线其弯曲形状不同，各种不同地貌类型的等高线图形更有不同的弯曲类型。形状概括应能突出反映各自的类型特征。

（4）保持制图对象的结构对比。把制图对象作为群体来研究，不管是面状、线状还是点状物体的分布都有个结构问题，这其中包括结构类型和结构密度两个方面，综合后要保持不同地段间物体的结构对比关系。

（5）保持面状物体的面积平衡。对面状轮廓的化简，会造成局部的面积损失或面积扩大，总体上应保持损失的和扩大的面积基本平衡，以保持面状物体的面积基本不变。

8.5.3 制图综合对地图精度的影响

地图上的图形是有误差的，根据大量的量测结果，地图上有明确点位的地物点中误差大体在±0.5mm左右。这些误差来自以下几个方面：资料图的误差，展绘地图数学基础的误差，转绘地图内容的误差，制图综合产生的误差，地图复制造成的误差。其中，制图资料的误差视所使用资料的具体情况而定，若是国家基本地形图，或用正规方法编绘的地图，其一般点位的误差可控制在±0.5mm以内。展绘数学基础和转绘地图内容产生的误差视使用的仪器和制图工艺而定，在计算机制图中，这两项误差反映到地图数字化和投影变换中。复制地图产生的误差主要取决于复制工艺；在计算机中数字地图可以准确地再现，不会产生误差；用印刷的办法复制地图则可能由印刷材料、套印及纸张变形等带来误差。

这里主要研究由制图综合产生的误差，这项误差不论是在常规制图中还是在计算机制图中，都是不可避免的。

制图综合引起的误差包括描绘误差、移位误差和由形状概括产生的误差。

8.5.3.1 描绘误差

作业员在蓝图上描绘线划或点状符号，一定会产生误差。受人的视力和绘图能力的限制，常产生±(0.1~0.2)mm的误差；受底图清晰度的影响及线划粗细的影响，清晰的细线划描绘精度较高；受定位的难易程度的影响，难以确定其中心位置的目标，描绘误差较大。当然，作业员的技术素养和认真程度也会对精度产生影响。

在计算机中对地理数据符号化时，对点状符号不会增加误差，对线状符号，尤其是任意形状的曲线，会产生不同的拟合方式带来的误差，但从总体上说，它的精度主要受数字化的影响。

8.5.3.2 移位误差

在编图过程中，有些情况促使作业员对图形进行移位，从而影响地图的精度。

1. 当符号发生争位矛盾时的移位

随着地图比例尺的缩小，符号占位不断扩大，为保持符号间的适应关系，就要不断地处理由此产生的争位矛盾，从而引起移位。这种移位的大小可以根据符号大小推算出来。

2. 为了强调某种特征而产生的移位

为了强调某种特征，允许对地图图形进行局部的移位，例如强调斜坡特征、强调居民地的内部结构特征、强调要素间的适应关系等。

在计算机制图中,这种高智能化的处理很难实现,可以暂不考虑这一类的移位。

8.5.3.3 由形状概括产生的误差

形状概括不断改变图形的结构,可能引起长度、方向和轮廓三方面的变化。

(1)长度变化:概括掉线状符号上的小弯曲,必然引起线状符号长度的缩短。

(2)方向变化:概括轮廓图形上的小弯曲,目的是将轮廓的主要特征传输给读者,但是在被概括的那个局部位置上可能产生方向变化,如原本是南北向的河岸在概括掉小弯曲后会变成东西向。

(3)轮廓图形的改变:形状概括的结果使原来带有许多弯曲的复杂图形向尽可能简单的轮廓转化,直至成为示意性的概略图形甚至点状符号。

长度、方向和轮廓图形的变化都会影响到地图的精度。

思 考 题

1. 何谓制图综合?为什么要进行制图综合?

2. 在地图上进行选取,要用哪几种方法?应遵循何种顺序?

3. 地图上的概括主要包括哪些方面?分别是如何进行的?

4. 随着地图比例尺的缩小,地图上的符号会发生占位性矛盾,在制图综合时是如何处理的?

5. 简述影响制图综合的基本因素。

6. 简述制图综合的基本规律。

课程思政园地

一张疫情地图背后的故事

2020年2月2日,在国务院办公厅全国一体化在线政务服务平台上,新冠肺炎疫情可视化专题信息系统上线了。一张涵盖全国各省、重点城市的疫情地图,为疫情实时发布和国务院、各政府部门的抗击疫情决策提供了有力支撑。全国一体化在线政务服务平台是国务院办公厅牵头建设,由国家政务服务平台、32个地区和40余个国务院部门政务服务平台组成,中国测绘科学研究院参与了平台政务服务大数据分析相关工作。此次疫情地图服务的背后,有中国测绘科学研究院一支30余人的研究团队连续34个小时的奋战,更有该院快速应急测绘保障技术体系的支持。

2020年2月1日,早上8点,中国测绘科学研究院接到开发疫情可视化专题信息系统的任务。由于时值春节假期,多数职工尚未回到工作岗位,研究院迅速通过电话、微信召集了一支30余人的研究团队,分为数据获取组、数据处理组、设计组、技术攻坚组、测试组、数据核查组。大家分散在全国12个城市,通过远程在线办公立即开工。

仅用不到4个小时,数据获取组完成了底图数据和疫情数据的协同获取和持续更新;数据处理组在拿到数据后,2小时内完成了底图数据的处理和疫情数据的核查。与此同时,设计组快速完成专题系统界面和专题地图的设计并出图。技术攻坚组在之前完成的专题后台框架、服务和多端页面基础上，连夜加班完成了疫情数据与底图数据的线上制图。

2020年2月2日12时，疫情防控专题信息系统在北京集成开发完成。测试组和数据核查组同步进行系统测试和数据核查；16时，经过多轮测试和3次核查，系统成功上线。疫情应急发布专题系统中的专题地图，是指对国家或地区卫健委公布数据进行抓取、挖掘、统计与分析可视化形成的专题图，旨在为用户了解疫情动态提供最直接的参考。

此次疫情专题地图是基于中国测绘科学研究院自主研发的电子政府地理信息服务平台，调取地学之窗(Geo Windows)中的标准地图服务，先后在极短的时间内确定了专题地图的比例尺系统，地图表达风格、颜色系统、符号系统，表达基本要素，完成了不同比例尺的底图。随后对从国家或地区卫健委获取的疫情专题数据进行质量检查、分析和可视化表达。在完成了地图设计和制图综合之后，由专业人员对疫情专题图核查了3遍，确认无误后，发布至相关专题中。

疫情发生以来，中国测绘科学研究院先后发布了全国疫情分布专题地图、分省疫情分布专题地图、全国主要城市疫情分布专题地图、全国疫情热力分布专题地图等多张疫情专题地图。其中，疫情数据对接国家卫生健康委员会权威数据，每日程序自动更新，专人核查，确保数据无误。针对每日更新的疫情时间序列数据，中国测绘科学研究院对其进行相关处理分析，先后发布了趋势分析以及和底图叠加制图综合完成的全国疫情时空变化分析。

包括疫情地图在内的可视化专题能够在短时间内快速上线，得益于中国测绘科学研究院在重大疫情及自然灾害的应急测绘地理信息保障中，逐步形成的一套快速应急保障技术体系，实现了从应急数据的获取、快速处理、灾情解译、专题设计、时空数据集成分析、信息发布等全流程应急测绘地理信息保障。

我国是自然灾害与突发公共事件频发国家。多年来，中国测绘科学研究院发挥测绘地理信息和科技创新优势，为国家应急保障能力建设提供有力支撑。中国测绘科学研究院自主研发的SWDC数字航摄仪、无人机航测遥感系统、国家地理信息应急监测系统、机载多波段多极化干涉SAR测图系统、PixelGrid高分辨率遥感影像数据一体化测图系统、FeatureStation遥感影像智能解译工作站、SAR测图工作站、GeoWindows电子政务地理信息服务平台等软硬件系统，为应急测绘保障提供了数据获取、数据处理和应用服务等全流程解决方案。其中，自1992年以来先后研发的五代政务地理信息服务平台——地学之窗(GeoWindows)，以大数据、云计算环境为支撑实现了政务地理信息集成应用与分析服务，为中共中央办公厅、国务院办公厅、国家发展改革委、教育部、农业农村部、中联部、河北省、四川省等基于地理信息的政务信息整合利用提供了平台支撑，促进了测绘地理信息成果在政府决策中的深入应用。

近年来，中国测绘科学研究院融合"互联网+"和"地理信息+"思维，不断升级地理信息服务多平台体验建设，强化地理信息服务支撑和时空动态变化研判，创新打造PC端、移动端、小程序等多平台一体化的地理信息支撑服务，突出定制专题应用，提升快速响应效能。

从2003年非典疫情服务到新冠肺炎疫情服务，中国测绘科学研究院持续为国家及各地政府部门提供应急保障技术支撑。支撑方式由紧急制作专题图逐渐升级为开展数据可视化和时空大数据分析挖掘，结合移动互联应用发展，提供多端合一的地理信息服务支撑与辅助决策支撑等。

（资料来源：王增铮. 一张疫情地图的背后［N］. 中国自然资源报，2020-02-14.）

第9章 地图质量控制和成果归档

9.1 地图编绘质量控制

地图编绘阶段主要完成地图的编稿和编绘工作，提供出版原图和印制地图的主要依据，是编制地图的中心环节。一般包括资料处理，展绘数学基础，进行地图内容的转绘和编绘。编绘原图是地图编绘阶段的最终成果，它集中体现了新编地图的设计思想、主题内容及其表现形式。

地图编辑人员根据地图设计文件要完成的最终成果是编绘原图。

编绘方法一般有编稿法和连编带绘法两种。

编稿法是指在嵌贴有图形资料的裱糊版上进行多色编绘的一种方法。这种方法是适于编图资料比较复杂，完备性、精确性以及现势性等方面参差不齐等条件的一种作业方法，它可以通过编图人员的分析和处理，得到较高质量的原图。

连编带绘法这是将编绘和清绘结合在一起的一种编绘方法，是适用于新编地图内容比较简单、概括程度也不大的情况的一种作业方法。它对作业员的水平要求比较高，既要有编绘的知识和经验，又要有较熟练的清绘技能。

无论是编稿法还是连编带绘法，均采取线划要素版和注记版分开编绘的方法。具体做法是：编稿法是当线划要素版完成之后，蒙上磨砂胶片编写注记，然后通过照相晒蓝套合在一起；连编带绘法是待线划要素版编绘完成之后，蒙上胶片剪贴注记，完成出版原图的准备。

编绘作业程序在完成地图内容转绘之后，即可进行原图的编绘工作。具体应按地图设计文件的要求，进行地图内容各要素的取舍和化简。由于地图内容要素错综复杂，为了处理好各要素间的相互关系，正确显示地物的位置和轮形状，因此在编绘时必须遵循一定顺序，分要素进行编绘作业。

以普通地图为例，编绘作业的一般程序是：

(1)水系：先海岸、湖泊、水库、双线河流，后单线河流，由大到小逐级进行。

(2)居民点：先大城市，后中、小城市及村镇，按大小依次进行。

(3)交通网：先干线主道，后支线次要线路，按主次逐级编绘。

(4)境界线：先国界，后省界、市界、县界等。

(5)等高线：先标出地形结构线，后按等高线概括要求进行取舍和化简。

(6)其他内容：如沙漠、沼泽、各种文化古迹等。

(7)各类注记编排。

(8)经纬线及其他有关整饰内容。

编绘原图的一般制作过程如图9-1所示。

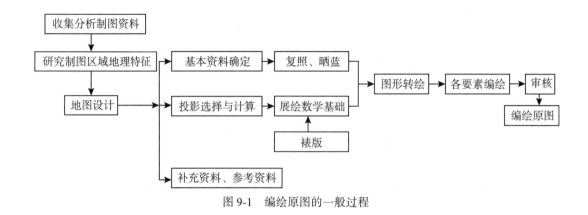

图9-1 编绘原图的一般过程

检查项目包括以下几项：

（1）文件名是否正确；

（2）图廓要素是否完整正确；

（3）数学基础是否符合设计要求；

（4）地形要素表示是否合理，地图综合取舍是否得当，重要要素是否有遗漏；

（5）图内各地图要的编辑有无错误及重复，其代码、属性是否完整、正确；

（6）分层分色是否正确，是否存入分层中；

（7）执行标准的有关记录是否齐全。

9.2 地图制印质量控制

地图与一般的图不同，它具有很强的区域定位性特点，图形符号、色彩层次、图形关系都是一定的定量、定性地理信息的表现。它与普通彩色印刷品在复制方法上存在很大区别任何彩色原稿，只需经过扫描、分色、输出四色胶片、晒版、印刷等工序，即可以网点的形式再现原稿的色彩和阶调，其复制质量主要取决于印刷灰平衡的实现程度与阶调最佳复制水平。地图作为复制原稿来说，它的图面上包含了诸多的点、线、面状要素，因此相比其他出版物，地图制印具有其自身的特点和质量要求。

9.2.1 地图制印

地图制印是将清绘或刻绘的出版原图，通过复照、翻版、分涂、制版、打样、印刷等工艺复制成大量的地图成品的生产过程，即地图的制版印刷。地图制印阶段主要是利用出版原图完成地图制版印刷工作，以便获得大量的印刷地图。地图的制版印刷是地图制图过程的最后一个环节，是地图制图各工序共同劳动成果的集中体现。

9.2.2 地图制印质量要求

地图制印质量要求主要有以下几个方面：

322

（1）套印精度。国家基本比例尺地形图及精度要求较高的地图不大于 0.1mm，一般地图不大于 0.2mm，正反面套印误差不超过 0.4mm。

（2）几何精度。保证要素几何尺寸正确，要素之间的相关位置正确，图廓实际尺寸与理论尺寸之差不超过 0.4mm。

（3）图文印制质量。印刷网点光洁饱满，亮、中、暗调分明，层次清楚，98%以下网点不糊，2%以上网点出齐，网点无变形。文字、线条光洁完整，清晰不糊。

（4）一致性。地图集（册）、成套地图及多幅拼接图的相同墨色应深浅一致。

（5）内容完整、正确。

9.2.3 地图制印质量控制参数

影响地图制印质量的因素错综复杂，无论哪一项发生问题，都会直接影响地图印刷品的质量，而且这些因素之间还相互关联、相互作用，尽管如此，我们仍可以根据这些影响要素找出可以控制的技术参数几何精度、套印精度、相对反差值、实地密度、网点扩大值、油墨叠印率等。

（1）几何精度。地图制印几何精度是对地图制印质量的根本要求，一幅达不到精度要求的地图即使制印得再精美也是废品，地图制印几何精度受工作底图精度、扫描仪的扫描精度及其校正精度、矢量化的点跟踪精度、出片精度、印版精度及印刷精度的影响。

（2）套印精度。为了保证地图各要素的相关位置正确和地图清晰性，在印刷过程中，必须严格控制地图的套印精度。一般地，引起套印误差的因素主要包括胶印机调节精度与纸张的伸缩变形。

各色套印，除应保证要素之间的相关位置正确外，其套合误差国家基本比例尺地形图及精度要求较高的地图不大于 0.1mm，一般地图不大于 0.2mm；双面印件，正反面套印误差不超过 0.4mm。

（3）相对反差值。相对反差也称为印刷对比度，是控制印刷质量的重要参数之一，其计算公式如下：

$$K = \frac{D_V - D_R}{D_V} \quad \text{或} \quad K = 1 - \frac{D_R}{D_V}$$

式中：D_R 为测控条上的网点密度；D_V 为测控条上的实地密度；K 值在 0~1 之间变化，K 值越大，说明网点密度与实地密度之比越小，网点增大值也越小。

（4）最佳实地密度。印刷油墨的最佳实地密度对提高印刷质量、稳定印刷参数有重要作用。最佳实地密度与相对反差值关系密切，应选择提供最大值的实地密度作为最佳印刷密度。最佳实地密度由图解法求得，通过量算某一印刷色不同实地密度下的值，可以绘出被测印刷色的相对反差曲线，曲线顶部对应的值即为被测印刷油墨的最佳实地密度。

（5）网点增大值。因为技术上的原因和光渗效应，印刷中网点增大成为不可避免的现象。网点增大不仅使画面色调产生变化，而且还会降低图文的清晰度。网点的增大变形，主要受胶印机的印刷压力、滚筒包衬材料性质、纸张吸收性与平滑度、油墨黏度与流动度、水墨平衡等因素的影响。

（6）油墨叠印率。该指标反映先印在纸上的油墨对后印油墨的接受能力。地图的一些要素是通过油墨叠印得来的，印刷时，必须尽量提高油墨的叠印率，保证各色叠印的稳定，只有达到较高和稳定的油墨叠印率，才能实现良好的地图色彩再现和阶调再现。在地图印刷中，影响油墨叠印率的因素主要是印刷色序、油墨叠印方式、纸张的表面性能及油墨的干燥性。

9.3 地图成果整理、归档、验收

9.3.1 地图成果整理要求

（1）以项目为单位整理立卷；
（2）成果资料按要求系统整理，组成保管单元；
（3）数据成果资料按要求每一盘为一卷，可独立进行数据读取，并附带说明文件；
（4）归档的成果资料按要求进行包装。

9.3.2 地图成果归档要求

（1）归档内容，包括项目文档、项目成果和项目成果归档目录；
（2）归档要求：
① 按要求填写项目归档申请表；
② 按要求提交电子版文档和正本原件的纸质文档；
③ 归档的成果资料为正本原件；
④ 数据成果资料用光盘介质归档；
⑤ 每个案卷内均须有卷内目录，有必要说明的事项还应有备考表；
⑥ 成果资料汇交后，汇交单位有 1 年的备份保存义务，保存期满后，按要求销毁。

9.3.3 地图成果检查要求

（1）归档内容完整性；
（2）归档内容一致性；
（3）成果（或数据成果存储介质）符合性；
（4）文件的有效性；
（5）数据文件病毒检验。

思 考 题

1. 简述传统地图编制的主要阶段。
2. 地图制印质量要求包括哪几方面？
3. 地图成果归档的要求都有哪些内容？

课程思政园地

地图审核管理

为加强地图审核管理，保证地图质量，根据《中华人民共和国测绘法》等有关法律、法规规定，在中华人民共和国境内公开出版的地图、引进地图、展示、登载地图以及在生产加工的产品上附加的地图图形都需要经审核，审核通过之后编发审图号。

审图号由国务院测绘行政主管部门或者省级测绘行政主管部门编发，自接到地图内容审查意见书后，在5日内作出批准或者不予批准的意见。作出批准意见的，编发审图号，并发出地图审核批准通知书；不予批准的，说明原因，发出地图审核不予批准通知书，并将申请材料退还申请人，不编发审图号。国务院测绘行政主管部门审图号为：GS（××××年）××××号，如：GS（2004）001号。省级测绘行政主管部门审图号为：省（自治区、直辖市）简称S（××××年）××××号，如：京S（2004）006号。

审图号编发后，申请人应当按照国务院测绘行政主管部门或者省级测绘行政主管部门出具的地图内容审查意见书和试制样图上的批注意见，对地图进行修改。在正式出版、展示、登载以及生产的地图产品上载明审图号。

具体审图号的相关管理规定和要求可参考《地图管理条例》《地图审核事项办事指南》以及《地图审核管理规定》等文件。

参 考 文 献

[1] 王文福，马俊海. 地图学基础[M]. 哈尔滨：哈尔滨地图出版社，2004.

[2] 王家耀，孙群，王光霞，等. 地图学原理与方法[M]. 北京：科学出版社，2006.

[3] 王琴，刘剑锋. 地图制图[M]. 武汉：武汉大学出版社，2013.

[4] 何宗宜，宋鹰. 地图学[M]. 武汉：武汉大学出版社，2016.

[5] 马俊海. 现代地图学理论与技术[M]. 哈尔滨：哈尔滨地图出版社，2008.

[6] 吕叔湘，朱得熙. 地图学基础[M]. 北京：测绘出版社，2020.

[7] 王家耀. 地图制图学发展[J]. 武汉大学学报(信息科学版)，2021(5)：28-30.

[8] 胡圣武. 地图学[M]. 北京：清华大学出版社，2008.

[9] 程鹏飞，文汉江，成英燕，王华. 2000 国家大地坐标系椭球参数与 GRS80 和 WGS84 的比较[J]. 测绘学报，2009，38(3)：189-194.

[10] 陈俊勇. 中国现代大地基准——中国大地坐标系统 2000(CGCS 2000)及其框架[J]. 测绘学报，2008，37(3)：269-271.

[11] 王爱生，徐欢，张棋，等. 基于 CGCS2000 椭球的大地测量实用公式[J]. 导航定位学报，2015(3)：105-109，131.

[12] 赵虎，晏磊. 虚拟地球下的小比例尺制图研究[J]. 计算机应用研究，2003，20(12)：58-60.

[13] 冯凯. 大椭圆航线算法的研究[D]. 大连：大连海事大学，2017.

[14] 过家春. 子午线弧长公式的简化及其泰勒级数解释[J]. 测绘学报，2014(2)：125-130.

[15] 曹迎慧. 我国几种常用大地坐标系简介[J]. 城市建设理论研究(电子版)，2015(2)：2340-2341.

[16] 曾安敏，明锋，景一帆. WGS84 坐标框架与我国 BDS 坐标框架的建设[J]. 导航定位学报，2015(3)：43-48，68.

[17] 于玲. 中国近海验潮站长期观测资料的分析[D]. 青岛：国家海洋局第一海洋研究所，2009.

[18] 吕晓华，李少梅. 地图投影与方法[M]. 北京：测绘出版社，2016.

[19] 王美玲，付梦印，刘彤. 地图投影与坐标变换[M]. 北京：电子工业出版社，2014.

[20] 闫瑾，杨绚，李妮，等. 地图投影变形球面大圆弧的度量指标[J]. 测绘学报，2020，49(6)：711-723.

[21] 吕成文. 地图学中地图投影章节教学方法探讨[J]. 安徽师范大学学报(自然科学版)，2019，42(3)：277-280.

[22] 钟业勋，边少锋，刘佳奇，等. 地图投影经纬网构形规律研究[J]. 测绘科学，2019，

44（2）：12-17.

[23]徐立，孙群，徐明世，等. 一种基于信息层次的地图投影选择方法［J］. 测绘工程，2019，28（2）：41-44，51.

[24]钟业勋，边少锋，胡宝清，等. 基于不动子集的常规地图投影分类体系［J］. 广西师范学院学报（自然科学版），2019，35（3）：56-60.

[25]杨晓红. 地图投影辅助教学软件开发［J］. 测绘与空间地理信息，2019，42（9）：191-194.

[26]刘佳奇，刘勇，边少锋. 斜轴墨卡托投影在世界地图表达中的应用［J］. 测绘科学，2019，44（11）：103-108.

[27]唐庆辉，钟业勋，刘佳奇，等. 新编横版和竖版世界地图投影经纬网构形分析［J］. 玉林师范学院学报，2018，39（5）：150-156.

[28]黄建毅，张景秋，孟斌. 美学思维下"地图学"课程改革探索研究——以地图投影内容为例［J］. 测绘工程，2018，27（12）：75-80.

[29]李厚朴，唐庆辉，边少锋，等. 空间地图投影数学分析研究现状与对策［J］. 测绘科学技术，2018，006（002）：110-118.

[30]陈杨，李嘉良，常玉锋，等. 基于北斗卫星导航系统的便携式地图投影仪设计［J］. 电子技术，2016（8）：64-66.

[31]谢春雨. 地质图常用地图投影变形特征分析［J］. 海洋石油，2015，35（2）：30-34.

[32]闫庆武. 地理信息科学专业"地图投影"课程教学改革与实践［J］. 测绘与空间地理信息，2015（1）：7-9.

[33]程志刚，刘静祯，王景雨. 大比例尺数字地图通用投影变换算法设计与实现［J］. 测绘技术装备，2014（2）：41-42.

[34]鹿荻. 基于CorelDraw的地图编绘技术分析［J］. 大科技，2014（35）：188-189.

[35]张菁苡. GIS地图编绘技术问题探寻［J］. 科技创新与应用，2017（7）：298.

[36]刘洢含. 基于ArcGIS的天地图电子地图编绘［J］. 科技创新导报，2017，14（7）：10，13.

[37]徐青，孙群，陈超，等. 模板化数字地图编绘技术的研究与应用［J］. 海洋测绘，2013，33（6）：39-41.

[38]李厚朴，李海波，唐庆辉. 椭球情形下等角和等面积正圆柱投影间的直接变换［J］. 海洋技术学报，2019，38（5）：15-20.

[39]张志衡，彭认灿，董箭，等. 等距离正圆柱投影在极区海图中的应用研究［J］. 海洋测绘，2018，38（4）：67-70，74.

[40]何婵军，邸国辉. 顾及高程归化的斜轴墨卡托圆柱投影的应用研究［J］. 水利水电技术，2017，48（3）：34-38，76.

[41]彭认灿，张志衡，董箭，等. 等距离正圆柱投影世界挂图上大圆航线的绘制［J］. 海洋测绘，2016，36（2）：30-33，49.

[42]王鹏. 铁路工程控制网斜轴圆柱投影计算方法研究及软件研制［J］. 铁道勘察，2015（2）：24-26，27.

[43]王慧敏，姜伟松. 新乡市区1：2000数字地形图的编绘及其质量控制［J］. 科技信息，

2009(29)：995-996.

[44]陈娜.地图制印质量控制方法的研究[D].武汉：武汉大学，2005.

[45]祁向前，胡晋山，鲍勇，赵威成.地图学原理[M].武汉：武汉大学出版社，2012.